初めてのPHP

David Sklar 著

桑村 潤、廣川 類 監訳
木下 哲也 訳

本書で使用するシステム名、製品名は、それぞれ各社の商標、または登録商標です。
なお、本文中では™、®、©マークは省略している場合もあります。

Learning PHP

*A Gentle Introduction to
the Web's Most Popular Language*

David Sklar

Beijing • Boston • Farnham • Sebastopol • Tokyo

©2017 O'Reilly Japan, Inc. Authorized Japanese translation of the English edition of "Learning PHP" ©2016 David Sklar. This translation is published and sold by permission of O'Reilly Media, Inc., the owner of all rights to publish and sell the same.

本書は、株式会社オライリー・ジャパンがO'Reilly Media, Inc.の許諾に基づき翻訳したものです。日本語版についての権利は、株式会社オライリー・ジャパンが保有します。

日本語版の内容について、株式会社オライリー・ジャパンは最大限の努力をもって正確を期していますが、本書の内容に基づく運用結果については責任を負いかねますので、ご了承ください。

MとSへ
ずっと学び続けるように。

まえがき

はじめに

　静的なWebサイトは退屈ですが、魅力的なWebサイトは動的で、内容が変化します。販売サイトに1,000点に上る全商品の名前、説明、価格を巨大な静的なHTMLページに列挙したとすると、使いにくく、読み込みに果てしない時間がかかってしまいます。商品を検索して絞り込み、価格と種類の基準を満たした6つの商品だけを表示した方が便利かつ高速で、売り上げにつながる可能性がずっと高くなるでしょう。

　PHPプログラミング言語を使うと、動的なWebサイトを簡単に作成できます。商品カタログ、ブログ、フォトアルバム、イベントカレンダーなどのインタラクティブな楽しみを生み出したければ、PHPで実現できます。本書を読めば、動的なWebサイトも構築できるようになります。

本書の対象読者

本書は、次のようなさまざまな読者のニーズに応えます。

- 自分自身、家族、非営利組織のためにインタラクティブなWebサイトを作成したい人。
- ISPやホスティングサービスが提供するPHPを使ってWebサイトを構築したい人。
- Drupal、WordPress、MediaWikiなどのPHPで書かれた人気のソフトウェア用のプラグインや拡張機能を記述する必要がある開発者やデザイナー。
- 同僚のプログラマとのコミュニケーションを改善したいページデザイナー。
- クライアントサイドコードを補うサーバサイドプログラムを構築したいJavaScriptのエキスパート。
- PHPをおさえておきたいPerl、Python、Rubyプログラマ。
- インタラクティブなWebサイトを構築するための最も人気のあるプログラミング言語の1つに関する、簡単で専門用語を使っていない入門書が必要な人。

　PHPは学びやすく構文が親しみやすいため、技術者ではないWeb専門家にとって理想的な「入

門」言語です。本書は、このような関心や知識はあるけれども必ずしも技術者ではない人や他の言語に精通していてPHPを学習したいプログラマを対象としています。

　プログラミングが全く初めてで、最初のインタラクティブなWebサイトに取りかかろうとしているなら、本書は最適な書籍です。最初の数章ではPHP言語構文を簡単に紹介し、PHPに適用する基本的なプログラミングの話題を取り上げます。本書の最初から読み始め、先に進んでいってください。

　別の言語でのプログラミングには精通しているが初めてPHPプロジェクトを手がける場合には、本書の第2部（7〜11章）から読み、構文やPHPでの基本的な処理の実行方法に関する具体的な疑問が生じたときに第1部（2〜6章）に戻るとよいでしょう。

　本書では、基本的なコンピュータリテラシ（入力方法、ファイルの操作、Webサーフィン）以外で読者に必要な前提条件はHTMLの知識だけです。HTMLの専門家である必要はありませんが、<html>、<head>、<body>、<p>、<a>、
などの基本的なWebページで使うHTMLタグに慣れていることが前提です。HTMLをよく知らなければ、Elisabeth RobsonとEric Freeman共著の『Head First HTML and CSS』（O'Reilly、和書未刊）を読んでください。

本書の内容

　本書は、最初から順番に章を追って読み進めることを意図して記述しています。ほとんどの章では、それ以前の章の題材を利用しています。2章から13章の最後には、各章の内容を理解しているかを試す演習問題を載せています。

　「**1章　オリエンテーションとはじめの一歩**」ではPHPの一般的な背景と、PHPがWebブラウザやWebサーバとどのように関わるかを示します。また、PHPプログラムとその動作も示し、PHPプログラムがどのように見えるかを理解します。特にプログラミングや動的なWebサイトの構築が初めての場合には、1章をまず読むようにします。

　2〜6章では、PHPの基礎を身に付けます。優れたプログラムを書くには、多少の文法と語彙を学ぶ必要があります。それがこれらの章の目的です（心配しないでください。大きなプログラムではないにしても短いプログラムを書くには十分なPHPの文法と語彙がすぐに身に付きます）。

　「**2章　テキストと数の操作**」では、テキストや数値などのさまざまな種類のデータを扱う方法を示します。PHPプログラムが生成するWebページはテキストの大きな集合なので、どう扱うかは重要です。

　「**3章　ロジック：判定と繰り返し**」では、判定に使うPHPコマンドを説明します。この判定は、**動的なWebサイト**における「動的」の要です。この章のテーマは、例えば商品カタログからユーザがWebフォームに入力した2つの価格の間にある商品だけを表示するためにはどうするかということです。また、本章のテクニックを使うと、Webサイトで許可された人だけに機密情報を表示したり、最後のログイン以降に掲示板に投稿された新しいメッセージ数を通知したりするなど、ユーザ固有の処理を行うことができます。

　「**4章　データのグループ：配列の操作**」では配列を紹介します。配列は、個々の数値やテキスト

の集合です。サブミットされたWebフォームパラメータの処理やデータベースから取得した情報の検査など、PHPプログラムで頻繁に行う多くの処理に配列を使います。

さらに複雑なプログラムを書きたいときには、似たような動作を繰り返したいことに気付くでしょう。「5章 ロジックのグループ：関数とファイル」で取り上げる**関数**は、プログラムの各部分を再利用する上で役立ちます。

「6章 データとロジックの結合：オブジェクトの操作」では、データとロジックを組み合わせて**オブジェクト**にする方法を示します。オブジェクトは、プログラムを構造化するのに役立つ再利用可能な一連のコードです。また、オブジェクトによって既存のPHPアドオンとライブラリをコードに統合することもできます。

7〜11章では、動的なWebサイトを構築する際の基本的な作業であるユーザとのやり取り、情報の保存、他のWebサイトとのやり取りを取り上げます。

「7章 ユーザとの情報交換：Webフォームの作成」では、ユーザがWebサイトとやり取りするための主要手段であるWebフォームの扱いに関する詳細を示します。

「8章 情報の保存：データベース」はデータベースについて解説します。データベースは、商品カタログやイベントカレンダーなどのWebサイトで表示する情報を保持します。この章では、PHPプログラムでデータベースとやり取りする方法を説明します。

データベースだけでなく、ファイルに格納されたデータを扱う必要もあるでしょう。「9章 ファイルの操作」では、PHPプログラムでファイルを読み書きする方法を説明します。

次の「10章 ユーザの記憶：クッキーとセッション」では、ユーザを管理する方法を詳しく説明します。これには一時的なデータのためのクッキーの利用が含まれますが、アカウントへのユーザのログインや商品のショッピングカートなどのセッションデータの管理も含まれます。

この部の最後の章である「11章 他のWebサイトやサービスとのやり取り」では、PHPプログラムで他のWebサイトやWebサービスとやり取りする方法を詳しく調べます。プログラムで他のWebページの内容を取得したり、Web APIを使用したりすることができます。同様に、PHPを使って他のクライアントに通常のWebページを提供するだけでなく、APIレスポンスを返すこともできます。

12〜14章では、プログラムに新機能を取り込むのではなく、より優れたプログラマになるために役立つことを取り上げます。

「12章 デバッグ」ではデバッグについて説明します。プログラムの間違いを見つけ出して修正するのです。

「13章 テスト：プログラムが正しく動作するようにする」では、プログラムのさまざまな部分を検証するテストの記述方法を示します。テストは、プログラムが期待通りに動作することを確認する手段となります。

最後に「14章 ソフトウェア開発で心得ておきたいこと」では、PHP特有ではありませんが、複数の開発者が関わるプロジェクトに参加するときに知っておくと便利なソフトウェアエンジニアリングについて話題にします。

15章以降は、一般的な処理や話題について簡単に検討します。これはPHPの基本構造や情報の格納方法に関する話題ほど基本的ではありませんが、やはりPHPを使っているうちに遭遇する可能性のあることです。それぞれの章でその基本を紹介します。

　「15章　日付と時刻」では、日付と時刻を扱うためのPHPの強力で包括的な機能を示します。「16章　パッケージ管理」ではパッケージ管理を説明します。パッケージ管理は、他の人が書いた便利なライブラリを自分のコードに取り込むための驚くほど簡単な手段を提供します。「17章　メールの送信」では、PHPプログラムからメールメッセージを送る方法を説明します。「18章　フレームワーク」では、3つの人気のPHP Webアプリケーションフレームワークを紹介します。Webアプリケーションフレームワークを使うと、多くの一般的な定型コードがなくなりプロジェクトをすぐに開始できます。「19章　コマンドラインPHP」は、(Webサーバからではなく)コマンドラインからPHPを使う方法を詳しく調べます。これは、簡単なユーティリティを書いたり短いプログラムをテストしたりするための便利な方法となります。最後に、「20章　国際化とローカライゼーション」ではさまざまな言語や文字セットのテキストを完璧に扱うPHPプログラムを正しく書くためのテクニックを説明します。

　付録Aと付録Bでは補足的な話題を取り上げます。PHPプログラムを実行するには、コンピュータにPHPエンジンのコピーをインストールする(または、PHPをサポートするWebホスティングプロバイダのアカウントを取得する)必要があります。「付録A　PHPエンジンのインストールと構成」は、Windows、OS X、LinuxでPHPを稼働させる方法を説明します。

　「付録B　演習問題の解答」には、本書のすべての演習問題の答えを収録しています。演習問題を試してみるまでは覗いてはいけません。日本語版ではダウンロード形式を採用しました。以下のURLからダウンロードして答えを確認してください。

　　http://www.oreilly.co.jp/books/9784873117935/

本書で取り上げない内容

　本書にはページ数に限りがあるため、残念ながらPHPについて知っておくべきことをすべて説明することはできません。本書の主な目的は、PHPとコンピュータプログラミングの基礎に関する入門書となることです。

　すでにPHPプログラマで、PHP 7での新機能を主に知りたいのなら、Davey Shafik著の『Upgrading to PHP 7』(O'Reilly Media、2015年、和書未刊)がこのPHPの最新バージョンでの新機能や違いに関する詳細を調べるのに最適です(無料でダウンロードが可能です[*1])。SitePointにあるBruno Skvorcのリンクと参考資料の一覧にも多くの優れた詳細情報が含まれています(https://www.sitepoint.com/learn-php-7-find-out-whats-new-and-more/)。

[*1] 『Upgrading to PHP 7』のダウンロードは次のURLから可能。http://www.oreilly.com/web-platform/free/upgrading-to-php-seven.csp

その他の情報源

　注釈付きのPHPオンラインマニュアル（http://php.net/manual/ja/index.php）は、PHPの拡張関数ライブラリを調べるのに適しています。ユーザの貢献による豊富なコメントも、役に立つアドバイスとサンプルコードを提供してくれます。さらに、インストール、プログラミング、PHPの拡張、その他さまざまなトピックを取り上げたたくさんのPHPメーリングリストがあります。これらのメーリングリストについては、php.net（http://www.php.net/mailing-lists.php）で学んだり購読したりすることができます。また、PHP Presentation Systemアーカイブ（http://talks.php.net/）を調べるのも有益です。ここには、さまざまなカンファレンスで発表されたPHPに関するプレゼンテーション資料が集められています。

　PHP The Right Way（http://www.phptherightway.com/）も、特に別のプログラミング言語を熟知している場合にPHPを理解するための素晴らしい情報源です。

　本書の内容を習得したら、次の段階としては以下のPHP関連書籍がよいでしょう。

- Rasmus Lerdorf、Peter MacIntyre、Kevin Tatroe共著の『Programming PHP』（O'Reilly、和書『プログラミングPHP 第3版』、オライリー・ジャパン）。PHPプログラムの書き方を技術的な見地でより詳しく解説している。セキュリティ、XML、グラフィックスの生成に関する情報も含まれる。
- David SklarとAdam Trachtenberg共著の『PHP Cookbook』（O'Reilly）。一般的なPHPプログラミングの問題とその解決策を包括的に取り上げている。
- Josh Lockhart『Modern PHP』（O'Reilly）。本書は、構文や特定のPHPタスクに関する書籍ではない。その代わりに、一貫性のある高品質なスタイルでPHPを書き、PHPでのソフトウェアエンジニアリングの優れた実践方法をよく理解できる。コードのデプロイ、テスト、プロファイリングなどの話題を扱う。

以下の書籍は、データベース、SQL、MySQLについて学ぶ際に役立ちます。

- Robin Nixon『Learning PHP, MySQL & JavaScript』（O'Reilly）PHP、MySQL、JavaScriptを連携して堅牢な動的Webサイトを構築する方法を説明する。
- Kevin E. Kline、Daniel Kline、Brand Hunt『SQL in a Nutshell』（O'Reilly、SQLクエリを書く上で知っておく必要のある必須事項と、Microsoft SQL Server、MySQL、Oracle、PostgreSQLで使うSQL方言を取り上げる。和書では『SQLクイックリファレンス』（オライリー・ジャパン、2001年）
- Paul DuBois著の『MySQL Cookbook』（O'Reilly Media、2002年）一般的なMySQLタスクを包括的に取り上げる。和書『MySQLクックブック VOLUME1/VOLUME2』（オライリー・ジャパン、『VOLUME1』は2003年、『VOLUME2』は2004年）
- MySQL Reference Manual（http://dev.mysql.com/doc/refman/5.7/en/）。MySQLの機能とSQL方言に関する究極の情報源。

本書の表記

本書は以下のようなプログラミング規約と表記法を使っています。

プログラミング規約

本書のコード例は、PHP 7.0.0で動作するように作成し、PHP 7.0.5でテストしています。PHP 7.0.5は、本書の執筆時点で利用できるPHP 7の最新バージョンです。PHP 5.4.0以降に追加された機能を本書で参照したり使うときには、通常はその機能が追加されたバージョンを示します。

表記法

本書では以下の表記法に従います。

ゴシック（サンプル）
  新出用語や強調を示す。

等幅（`sample`）
  コマンド、オプション、スイッチ、変数、属性、キー、関数、型、クラス、名前空間、メソッド、モジュール、プロパティ、パラメータ、値、オブジェクト、イベント、XMLタグ、HTMLタグ、マクロ、ファイルの内容、コマンドからの出力を示す。

斜体の等幅（`sample`）
  ユーザ指定の値に置き換えるべきテキストを示す。

このアイコンはヒント、提案、一般的な注記を示す。

このアイコンは警告や注意事項を示す。

謝辞

本書は、多くの人々の懸命な努力の最終的な成果です。以下の人々に感謝します。

- PHPを今日のような第一級の開発プラットフォームにするために時間と才能と献身を捧げた多くのプログラマ、テスター、ドキュメント執筆者、バグ修正者、その他の人々。このような人々がいなければ、何も書けなかったでしょう。
- 熱心なレビュアのThomas David BakerとPhil McCluskey。彼らは多くの間違いを見つけ、紛らわしい説明をわかりやすくしてくれました。彼らがいなければ、本書はこれほど優れたものにはならなかったでしょう。
- 熱心な編集者のAlly MacDonald。著者は書籍を完成させるために必要な多くの要素の1つにすぎず、Allyがその必要な要素すべてを実際に揃えてくれました。

また、Susannahには英知に勝る運命に感謝しています。Susannahと一緒にいると、物事の理屈を抜きにして楽しめます。

意見と連絡先

本書(日本語翻訳版)の内容は最大限の努力をして検証・確認していますが、誤り、不正確な点、バグ、誤解や混乱を招くような表現、単純な誤植などに気が付かれることもあるかもしれません。本書を読んでいて気付いたことは、今後の版で改善できるように私たちに知らせてください。将来の改訂に関する提案なども歓迎します。連絡先を以下に示します。

株式会社オライリー・ジャパン
電子メール japan@oreilly.co.jp

本書についての正誤表や追加情報などは、次のサイトを参照してください。

http://www.oreilly.co.jp/books/9784873117935/ (日本語)
http://shop.oreilly.com/product/0636920043034.do (英語)

目次

まえがき vii

1章　オリエンテーションとはじめの一歩 1
1.1　Webの世界におけるPHPの位置 1
1.2　PHPの優れている点 4
1.2.1　PHPはフリー（無料） 4
1.2.2　PHPはフリー（自由） 5
1.2.3　PHPはクロスプラットフォーム 5
1.2.4　PHPは幅広く使われている 5
1.2.5　PHPは複雑さを隠す 5
1.2.6　PHPはWebプログラミングのために開発されている 6
1.3　実際のPHPプログラム 6
1.4　PHPプログラムの基本ルール 12
1.4.1　開始と終了のタグ 12
1.4.2　ホワイトスペースと大文字小文字の区別 13
1.4.3　コメント 15
1.5　まとめ 17

2章　テキストと数の操作 19
2.1　テキスト 19
2.1.1　テキスト文字列の定義 20
2.1.2　テキストの操作 23
2.2　数値 29
2.2.1　さまざまな種類の数値の利用 29

		2.2.2 算術演算子 ………………………………………………… 30
2.3	変数 …………………………………………………………………………… 31
	2.3.1 変数の操作 ……………………………………………………… 32
	2.3.2 文字列内に変数を入れる ………………………………………… 34
2.4	まとめ ………………………………………………………………………… 36
2.5	演習問題 ……………………………………………………………………… 36

3章　ロジック：判定と繰り返し　39

- 3.1　true と false ………………………………………………………………… 40
- 3.2　判定 …………………………………………………………………………… 41
- 3.3　複雑な判定 …………………………………………………………………… 43
- 3.4　繰り返し ……………………………………………………………………… 50
- 3.5　まとめ ………………………………………………………………………… 53
- 3.6　演習問題 ……………………………………………………………………… 54

4章　データのグループ：配列の操作　55

- 4.1　配列の基本 …………………………………………………………………… 55
  - 4.1.1　配列の作成 ……………………………………………………… 56
  - 4.1.2　適切な配列名の選択 …………………………………………… 57
  - 4.1.3　数値配列の作成 ………………………………………………… 58
  - 4.1.4　配列サイズの洗い出し ………………………………………… 59
- 4.2　配列のループ ………………………………………………………………… 60
- 4.3　配列の変更 …………………………………………………………………… 66
- 4.4　配列のソート ………………………………………………………………… 68
- 4.5　多次元配列の使用 …………………………………………………………… 72
- 4.6　まとめ ………………………………………………………………………… 75
- 4.7　演習問題 ……………………………………………………………………… 76

5章　ロジックのグループ：関数とファイル　77

- 5.1　関数の宣言と呼び出し ……………………………………………………… 78
- 5.2　関数へ引数を渡す …………………………………………………………… 79
- 5.3　関数から値を返す …………………………………………………………… 82
- 5.4　変数スコープ ………………………………………………………………… 87
- 5.5　引数と返り値への規則の適用 ……………………………………………… 91
- 5.6　別ファイルのコードの実行 ………………………………………………… 93
- 5.7　まとめ ………………………………………………………………………… 95

	5.8	演習問題 95

6章　データとロジックの結合：オブジェクトの操作　97

	6.1	オブジェクトの基本 98
	6.2	コンストラクタ 100
	6.3	例外を使った問題の通知 101
	6.4	オブジェクトの拡張 104
	6.5	プロパティとメソッドのアクセス権 107
	6.6	名前空間 108
	6.7	まとめ 110
	6.8	演習問題 110

7章　ユーザとの情報交換：Webフォームの作成　111

	7.1	便利なサーバ変数 115
	7.2	フォームパラメータへのアクセス 116
	7.3	関数を使ったフォーム処理 118
	7.4	データの検証 120
		7.4.1　必須項目 122
		7.4.2　数値要素や文字列要素 123
		7.4.3　数値範囲 125
		7.4.4　メールアドレス 127
		7.4.5　<select>メニュー 128
		7.4.6　HTMLとJavaScript 130
		7.4.7　構文以外 133
	7.5	デフォルト値の表示 133
	7.6	ひとつにまとめる 136
	7.7	まとめ 144
	7.8	演習問題 145

8章　情報の保存：データベース　147

	8.1	データベースにおけるデータの整理 148
	8.2	データベースへの接続 150
	8.3	テーブルの作成 151
	8.4	データベースへのデータの書き込み 154
	8.5	フォームデータの安全な挿入 160
	8.6	完全なデータ挿入フォーム 162

8.7	データベースからのデータの取得	165
8.8	取得した行の書式変更	169
8.9	フォームデータの安全な取得	171
8.10	完全なデータ検索フォーム	173
8.11	まとめ	178
8.12	演習問題	179

9章　ファイルの操作　181

9.1	ファイルパーミッション	181
9.2	ファイル全体の読み書き	182
	9.2.1　ファイルの読み込み	182
	9.2.2　ファイルの書き込み	184
9.3	ファイルの部分的な読み書き	184
9.4	CSVファイル	187
9.5	ファイルパーミッションの検査	190
9.6	エラーチェック	191
9.7	外部から提供されたファイル名の無害化	194
9.8	まとめ	195
9.9	演習問題	196

10章　ユーザの記憶：クッキーとセッション　199

10.1	クッキーの操作	200
10.2	セッションの有効化	205
10.3	情報の格納と取得	205
10.4	セッションの構成	209
10.5	ログインとユーザID	211
10.6	setcookie()とsession_start()がページの先頭に来る理由	217
10.7	まとめ	219
10.8	演習問題	219

11章　他のWebサイトやサービスとのやり取り　221

11.1	ファイル関数を使った簡単なURLアクセス	221
11.2	cURLを使った包括的なURLアクセス	226
	11.2.1　GET経由でURLを取得する	226
	11.2.2　POST経由でURLを取得する	229
	11.2.3　クッキーの使用	230

		11.2.4　HTTPS URLの取得	232
	11.3	APIリクエスト	233
	11.4	まとめ	236
	11.5	演習問題	237

12章　デバッグ　　239

	12.1	エラー出力場所の制御	239
	12.2	パースエラーの修正	240
	12.3	プログラムデータの検査	244
		12.3.1　デバッグ出力の追加	244
		12.3.2　デバッガの利用	248
	12.4	未捕捉例外の処理	251
	12.5	まとめ	252
	12.6	演習問題	253

13章　テスト：プログラムが正しく動作するようにする　　255

	13.1	PHPUnitのインストール	255
	13.2	テストの記述	256
	13.3	テスト対象の分離	260
	13.4	テスト駆動開発	262
	13.5	テストに関する詳細情報	264
	13.6	まとめ	265
	13.7	演習問題	266

14章　ソフトウェア開発で心得ておきたいこと　　267

	14.1	バージョン管理	268
	14.2	課題管理	269
	14.3	環境とデプロイ	269
	14.4	スケーリングはゆくゆく考える	271
	14.5	まとめ	272

15章　日付と時刻　　273

	15.1	日付や時刻の表示	273
	15.2	日付や時刻の解析	275
	15.3	日付と時刻の計算	278
	15.4	タイムゾーン	279

15.5 まとめ ... 279

16章　パッケージ管理 ... 281

16.1 Composerのインストール ... 281
16.2 プログラムへのパッケージの追加 ... 282
16.3 パッケージの検索 ... 283
16.4 Composerに関する詳細情報の入手 ... 286
16.5 まとめ ... 286

17章　メールの送信 ... 287

17.1 Swift Mailer ... 287
17.2 まとめ ... 289

18章　フレームワーク ... 291

18.1 Laravel ... 292
18.2 Symfony ... 293
18.3 Zend Framework ... 295
18.4 まとめ ... 297

19章　コマンドラインPHP ... 299

19.1 コマンドラインPHPプログラムを書く ... 299
19.2 PHPの組み込みWebサーバの使用 ... 301
19.3 PHP REPLの実行 ... 302
19.4 まとめ ... 303

20章　国際化とローカライゼーション ... 305

20.1 テキストの操作 ... 306
20.2 文字エンコーディングの相互変換 ... 308
20.3 日本語メールの送信 ... 308
20.4 ソートと比較 ... 309
20.5 出力のローカライズ ... 310
20.6 まとめ ... 312

付録A　PHPエンジンのインストールと構成 ... 313

A.1 WebホスティングプロバイダでPHPを使う ... 313
A.2 PHPエンジンのインストール ... 314

	A.2.1 OS X	314
	A.2.2 Linux	315
	A.2.3 Windows	315
A.3	PHP構成ディレクティブの変更	316
A.4	まとめ	321

索引 323

1章
オリエンテーションと
はじめの一歩

　PHPでプログラムを書く理由はたくさんあります。インタラクティブな要素を含む小規模なWebサイトを構築する必要があって、PHPを学びたいのかもしれません。または、職場でPHPが使われていて、その変化に追いつかなくてはいけないのかもしれません。この章は、PHPがWebサイトの構築というパズルに適する理由（何ができて、なぜそれが得意なのか）を解説します。また、PHP言語に触れて、その動作も確認します。

1.1　Webの世界におけるPHPの位置

　PHPはWebサイトの構築に使われるプログラミング言語です。一般的にPHPプログラムは、個人が自分のPCで実行してその人だけに使われるのではなく、Webサーバ上で実行されて、多くの人がPCからWebブラウザを使ってアクセスするものです。本節では、PHPがWebブラウザとWebサーバの間でのやり取りにいかに適しているかについて説明します。

　自分PCの前に座り、SafariやFirefoxのようなブラウザを使ってWebページを閲覧すると、インターネットを介して自分のコンピュータと他のコンピュータの間にちょっとした通信が発生します。この通信と、その通信でどのように画面上にWebページが表示されるかを図1-1に示します。

　図中に示した番号は実際の手順を示し、それぞれの手順では次のことが行われています。

❶ ブラウザのロケーションバーにwww.example.com/catalog.htmlを入力する。
❷ ブラウザはwww.example.comというコンピュータにインターネットを介して/catalog.htmlというページをリクエストするメッセージを送る。
❸ Apache HTTPサーバ（www.example.comのコンピュータで動いているプログラム）がメッセージを受け取り、catalog.htmlをディスク装置から読み込む。
❹ Apacheがインターネットを介してそのファイルの内容をブラウザからのリクエストへのレスポンスとしてユーザのコンピュータに送り返す。
❺ ブラウザはそのページに含まれるHTMLタグの指示に従って画面にページを表示する。

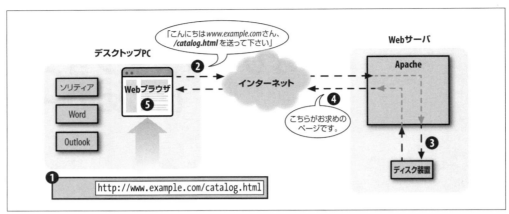

図1-1　PHPを使わない場合のクライアントとサーバの通信

　ブラウザがhttp://www.example.com/catalog.htmlをリクエストするたびに、Webサーバは同じcatalog.htmlファイルの内容を送り返します。誰かがWebサーバ上のファイルを編集したときだけ、Webサーバからのレスポンスが異なります。

　しかし、PHPを使うと、通信の途中でサーバがもっと多くのことを行います。Webブラウザが PHPで生成されたページをリクエストしたときに何が起こるかを**図1-2**に示します。

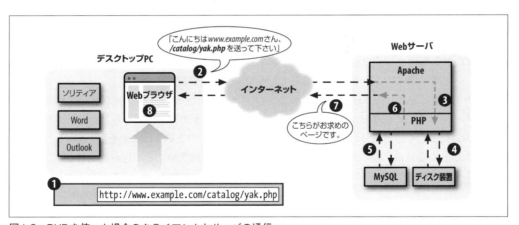

図1-2　PHPを使った場合のクライアントとサーバの通信

　PHPが有効になっている通信では、番号で示した各手順で以下のようなことが行われています。

❶ ブラウザのロケーションバーにwww.example.com/catalog/yak.phpを入力する。

❷ ブラウザは**www.example.com**というコンピュータにインターネットを介して/catalog/yak.phpというページをリクエストするメッセージを送る。

❸ Apache HTTPサーバ (**www.example.com**のコンピュータで動いているプログラム) がメッセー

ジを受け取り、PHPエンジン（www.example.comのコンピュータで動いている別のプログラム）に「/catalog/yak.phpはどのように見えるのか」を尋ねる。

❹ PHPエンジンがyak.phpというファイルをディスク装置から読み込む。

❺ PHPエンジンがyak.phpの中のコマンドを実行し、MySQLのようなデータベースとデータの交換をする。

❻ PHPエンジンは「/catalog/yak.phpはどのように見えるのか」という質問の答えとしてyak.phpプログラムの出力をApache HTTPサーバに返す。

❼ Apache HTTPサーバは、PHPエンジンから得たページの内容をブラウザからのリクエストへのレスポンスとしてインターネットを介してユーザのコンピュータに返す。

❽ ブラウザはそのページに含まれるHTMLタグの指示に従って画面にページを表示する。

PHPはプログラミング言語です。Webサーバコンピュータの中の何かがプログラミング言語で書かれた命令、すなわちPHPプログラムを読んで、何をするかを明らかにします。**PHPエンジン**は命令に従います。プログラマが「PHP」と言うときには、プログラミング言語とエンジンのどちらも指していることが多いものです。本書では、単に「PHP」と言うときはプログラミング言語を意味します。「PHPエンジン」は、PHPプログラムに書かれたコマンドに従ってWebページを生成するものを意味します。

PHP（プログラミング言語）を言葉（人間の言語）に例えると、PHPエンジンは言葉を話す人のようなものです。言葉は異なる単語とその組み合わせを定義しています。言葉を理解する人がその言葉を読んだり聞いたりすると、いろいろな意味に解釈し、戸惑いを感じたり、ミルクを買いにお店へ行ったり、ズボンをはいたりします。PHP（プログラミング言語）で書くプログラムによって、PHPエンジンにデータベースとやり取りさせたり、各自の好みに合わせたWebページを生成させたり、画像を表示させるのです。

本書はこうしたプログラムを書くための詳細（つまり、**図1-2**の手順5で何が起こるか）を解説します（「**付録A　PHPエンジンのインストールと構成**」には、WebサーバへPHPエンジンをインストールして構成する方法の詳細が含まれます）。

PHPは**図1-2**に示すようにWebサーバで実行されることから、**サーバサイド**言語と呼ばれます。JavaScriptなどの言語はWebブラウザに埋め込まれ、デスクトップPCで動作してブラウザで新しいウィンドウをポップアップさせるなどの処理を行えるため、**クライアントサイド言語**として使えます。Webサーバが生成したWebページをクライアントに送ったら（**図1-2**の手順7）、PHPはもう関与しません。ページの内容にJavaScriptが含まれていた場合は、そのJavaScriptがクライアント上で実行されますが、そのページを生成したPHPプログラムからは完全に切り離されています。

単純なHTMLのWebページは、機内食に虫が入っていた航空会社への苦情に対して返される「スープの中に昆虫が入っていたことをお詫びいたします」という定型文のようなものです。乗客からの手紙が航空会社の本社に届いたら、顧客サービス部門で仕事に追われる秘書が「昆虫対策返

信手紙」をファイリングキャビネットから引っ張りだしてコピーし、封筒に入れて乗客に送り返すのです。その手のリクエストには全く同じ対応がなされるのです。

　対照的に、PHPが生成する動的なページは、世界の友人に書く手紙のようなものです。いたずら書き、図表、俳句、そしてたまらなく可愛い赤ん坊がマッシュしたニンジンを台所中にまき散らしたときの愛らしい話など、好きなことを何でもそのページに書くことができます。手紙の内容はそれを宛てた特定の人に合わせて作られています。しかし、一旦手紙を投函したら、変更はできません。手紙は国境を越えて届き、友人がその手紙を読みます。友人が手紙を読んでいる間に手紙を修正する方法はありません。

　ここで、アートやクラフトが好きな友人に手紙を書いているところを想像してみて下さい。いたずら書きや何かの話に加え、「ページの上の蛙の小さな絵を切り取って、ページの下の小さな兎の上に貼って」あるいは、「ページの最後の段落をその他のどの段落よりも先に読んで」というような指示を入れます。友人は手紙を読んで、手紙の指示に従った行動も起こすでしょう。こうした行動は、Webページの中のJavaScriptに似ています。これらの指示は手紙を書くときに設定され、その後変更されることはありません。しかし、手紙を読む人が指示に従うことで、手紙自体を変更することができます。同じように、Webブラウザもページ内のJavaScriptコマンドに従ってウィンドウをポップアップしたり、書式メニューを変更したり、ページを新しいURLにリフレッシュしたりします。

1.2　PHPの優れている点

　PHPに魅力を感じる理由は、自由であったり、学ぶのが簡単であったり、上司に次の週からPHPを使ったプロジェクトに取りかかる必要があると言われたりしたからかもしれません。PHPを使うつもりなので、PHPが特別である理由を少し知っておく必要があります。次に誰かに「PHPの何がそんなに良いのですか」と聞かれたときは、この節の内容をもとにして答えられるでしょう。

1.2.1　PHPはフリー（無料）

　PHPを使うために誰かにお金を払う必要はありません。PHPエンジンを地下室にある10年以上昔の使い古しのPCで実行させようと、数億円もするような「エンタープライズクラス」のサーバが何台もあるような部屋で走らせようと、ライセンス料金、サポート料金、メンテナンス料金、アップグレード料金、その他のいかなる費用もかかりません。

　OS XやほとんどのLinuxディストリビューションにPHPはすでにインストールされています。インストールされていない場合や、Windowsのような他のオペレーティングシステムを使っているときは、http://www.php.net/からPHPをダウンロードできます。付録AでPHPのインストール方法を詳しく説明します。

1.2.2　PHPはフリー（自由）

　　PHPはオープンソースプロジェクトなので、その内部を誰でも調べることができます。PHPが望みの動作をしない場合や、ある機能がなぜそのように動作するのかを知りたいだけの場合には、PHPエンジンの内部がどうなっているかを覗き見ることができます（PHPエンジンはCプログラミング言語で書かれています）。たとえそのための技術的知識がなくても、代わりに調査をしてくれる人を見つけることができるでしょう。ほとんどの人々は自分の車を修理できませんが、ボンネットを開けて修理できるメカニックのところへ車を持って行くことができます。これは素晴らしいことです。

1.2.3　PHPはクロスプラットフォーム

　　Windows、Mac OS X、Linux、その他の多くのバージョンのUnixが動作するWebサーバコンピュータでPHPを利用できます。さらに、Webサーバのオペレーティングシステムを切り替えても、通常はPHPプログラムを変更する必要はありません。WindowsサーバからUnixのサーバへコピーするだけで動作するでしょう。

　　PHPと一緒に使うWebサーバで一番人気のあるものはApacheですが、nginx、Microsoft Internet InformationServer (IIS)、その他でもCGI規格をサポートするWebサーバであれば使うことができます。PHPは、MySQL、PostgreSQL、Oracle、Microsoft SQL Server、SQLite、Redis、MongDBなど多くのデータベースとも連携します。

　　上記の段落に出てきた頭文字を知らなくても気にすることはありません。要するに、どのようなシステムを使っていようとも、PHPはすでに使っているどのデータベースとでもおそらくうまく動作するということです。

1.2.4　PHPは幅広く使われている

　　PHPは2億以上のさまざまなWebサイトで使われています。無数の小規模な個人のホームページからFacebook、Wikipedia、Tumblr、Slack、Yahooなどの巨大サイトまでに及びます。多くの書籍、雑誌、WebサイトでPHPについてとPHPを使って何ができるかを解説しています。PHPのサポートやトレーニングを提供する会社もあります。手短に言うと、PHPユーザであれば、1人ぼっちではないということです。

1.2.5　PHPは複雑さを隠す

　　数百万人の顧客の注文を処理するeコマース用の強力なエンジンをPHPで構築できます。また、記事やプレスリリースなどの刻々と変化するリストへのリンクを自動的に更新する小さなサイトを作ることもできます。もっと単純なプロジェクトにPHPを使っているときには、大規模システムにしか関連しないような懸念に悩まされることはありません。キャッシュ、独自ライブラリ、動的画像生成などの高度な機能が必要なときにも、そのような機能を使えます。そのような高度な機能が必要なければ気にする必要はありません。ユーザの入力処理と出力の表示の基本だけに専念でき

ます。

1.2.6　PHPはWebプログラミングのために開発されている

他のほとんどのプログラミング言語と違い、PHPはWebページを生成するためにゼロから創り出されました。つまり、フォーム送信へのアクセスやデータベースとのやり取りなどの一般的なWebプログラミングタスクは、PHPの方が簡単なことが多いのです。PHPは、HTMLのフォーマット、日付や時刻の操作、Web Cookie（クッキー）の管理など、他のプログラミング言語であれば追加ライブラリを使わないと利用できないことが多い機能も最初から備えています。

1.3　実際のPHPプログラム

PHPを初めて体験する準備ができたでしょうか。この節ではいくつかのプログラムリストを示し、そのプログラムの動作を説明します。各リストの動作のすべてを理解できなくても心配は無用です。それは本書でこれから理解できます。ここではリストを読んで、PHPプログラムがどのようなものであるかという感覚とその動作の概要をつかんでください。まだ詳細を気にする必要はありません。

PHPエンジンに実行するためのプログラムを与えると、PHPエンジンはプログラムのPHP開始と終了のタグの間の部分にだけ注意を払います。これらのタグの外側はすべてそのまま出力されます。これにより、ほとんどがHTMLからなるページに小さなPHPを埋め込むことが容易になります。PHPエンジンは<?php（PHP開始タグ）と?>（PHP終了タグ）の間にあるコマンドを実行します。PHPページは、通常.phpという拡張子のファイルに保存します。**例1-1**にPHPコマンドが1つだけ含まれるページを示します。

例1-1　Hello, World!

```
<html>
<head><title>PHP says hello</title></head>
<body>
<b>
<?php
print "Hello, World!";
?>
</b>
</body>
</html>
```

例1-1の出力は以下のようになります。

```
<html>
<head><title>PHP says hello</title></head>
<body>
<b>
Hello, World!</b>
```

```
</body>
</html>
```

Webブラウザでは図1-3のように表示されます。

図1-3　PHPであいさつする

しかし、変化しないメッセージの出力はPHPの使い方としてはあまり面白くありません。簡素なHTMLページに「Hello, World!」のメッセージを含めても同じ結果になります。動的なデータ（つまり、変化する情報）を出力する方が便利です。PHPプログラムに対する最も一般的な情報源はユーザです。ブラウザがフォームを表示し、ユーザがそのフォームに情報を入力して提出という意味の[submit]ボタンを押すと、ブラウザはその情報をサーバに送って、最終的にサーバがその情報をプログラムが利用できるPHPエンジンに渡します。

例1-2はPHPを使わないHTMLフォームです。このフォームは、userという名前のテキストボックスと[submit]ボタンからなります。このフォームは、<form>タグのaction属性に指定されているsayhello.phpにサブミット（提出）されます。

例1-2　データをサブミットするためのHTMLフォーム

```
<form method="POST" action="sayhello.php">
Your Name: <input type="text" name="user" />
<br/>
<button type="submit">Say Hello</button>
</form>
```

例1-2はブラウザによってレンダリングされ、図1-4のように表示されます。

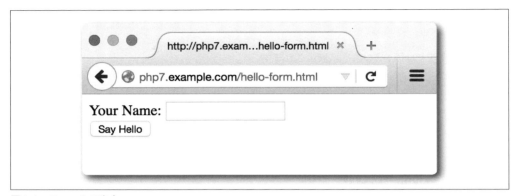

図1-4　フォームの出力

例1-3は、フォームのテキストボックスに入力した名前の人へのあいさつを表示するsayhello.phpプログラムです。

例1-3　動的データ

```
<?php
print "Hello, ";
// 「user」というフォームパラメータでサブミットされたものを出力する
print $_POST['user'];
print "!";
?>
```

テキストボックスにEllenと入力してフォームをサブミットすると、例1-3はHello, Ellen!と出力します。図1-5はそれをWebブラウザで表示したときの様子を表します。

図1-5　フォームパラメータの表示

$_POSTにはサブミットされたフォームのパラメータが格納されています。プログラミング用語

では、これを**変数**と呼びます。保持する値を変更できるためこのように呼ばれます。特に、$_POSTは2つ以上の値を持てるので**配列変数**です。この特別な配列については「**7章 ユーザとの情報交換：Webフォームの作成**」で解説します。また、配列全般については「**4章 データのグループ：配列の操作**」で解説します。

この例では、//で始まる行を**コメント行**と言います。コメント行はソースコードを人が読むために付け加えられたもので、PHPエンジンには無視されます。コメントは、プログラムの動作に関する情報を示すのに便利です。コメントについては「**1.4.3 コメント**」で詳しく説明します。

PHPを使ってuserの値をサブミットするHTMLフォームを出力することもできます。これを**例1-4**に示します。

例1-4　フォームの出力

```
<?php
print <<<_HTML_
<form method="post" action="$_SERVER[PHP_SELF]">
Your Name: <input type="text" name="user" />
<br/>
<button type="submit">Say Hello</button>
</form>
_HTML_;
?>
```

例1-4は**ヒアドキュメント**という文字列構文を使っています。<<<_HTML_ と _HTML_ の間にあるものすべてがprint命令に渡されて表示されます。**例1-3**とちょうど同じように、文字列の中の変数はその値に置き換えられます。今回の変数は$_SERVER[PHP_SELF][*1]です。これは特別なPHP変数で、現在のページの（プロトコルやホスト名を含まない）URLを含みます。**例1-4**のページのURLがhttp://www.example.com/users/enter.phpだとすると、$_SERVER[PHP_SELF]に含まれるのは/users/enter.phpになります。

フォームの動作として$_SERVER[PHP_SELF]を使うと、フォームを出力するためのコードとサブミットされたフォームデータに何らかの処理をするコードを同じページに盛り込むことができます。**例1-5**は**例1-3**と**例1-4**を1つのページに組み合わせたものであり、フォームを表示し、フォームがサブミットされるとあいさつを出力します。

例1-5　あいさつまたはフォームを出力する

```
<?php
// フォームがサブミットされた場合にあいさつを出力する
if ($_POST['user']) {
```

[*1] 訳注：ヒアドキュメント内やダブルクォート(")で括られた$_SERVER[PHP_SELF]は、従来{$_SERVER['PHP_SELF']}と記述していました。従来の記述方法であれば、ヒアドキュメント以外でも使えますので、記述ミスの回避になると思います。

```
    print "Hello, ";
    // 「user」というフォームパラメータでサブミットされたものを出力する
    print $_POST['user'];
    print "!";
} else {
    // そうでなければ、フォームを出力する
    print <<<_HTML_
<form method="post" action="$_SERVER[PHP_SELF]">
Your Name: <input type="text" name="user" />
<br/>
<button type="submit">Say Hello</button>
</form>
_HTML_;
}
?>
```

例1-5は、if()構文を使ってブラウザがフォームパラメータuserの値を送ったかどうかを確かめます。それを使ってあいさつを出力するかフォームを出力するかの2つのうちの1つを決めます。if()については「3章　ロジック：判定と繰り返し」で説明します。$_SERVER[PHP_SELF]を使ったフォームの処理については「7章　ユーザとの情報交換：Webフォームの作成」で解説します。

PHPには、プログラム内で使用できる巨大な内部関数ライブラリがあります。そこに含まれる関数は一般的な作業を実現してくれます。組み込み関数の1つにnumber_format()があり、フォーマットした数値を提供します。例1-6はnumber_format()を使って数値を出力します。

例1-6　フォーマットした数値の出力

```
<?php print "The population of the US is about: ";
print number_format(320853904);
?>
```

例1-6の出力はこうなります。

```
The population of the US is about: 320,853,904
```

「5章　ロジックのグループ：関数とファイル」で関数について解説します。関数を書く方法を示し、関数の呼び出しと結果を取り扱うための文法を説明します。number_format()などの多くの関数は**返り値**を持ちます。返り値はその関数を実行した結果です。例1-6では、2番目のprint命令文が出力するデータとしてnumber_format()からの返り値が与えられます。この場合、カンマで桁を区切った書式で人口を表す数値です。

PHPで書かれる最も一般的なプログラムとして、データベースから取得した情報を含むWebページを表示するプログラムがあります。サブミットされたフォームのパラメータでデータベースから取得してきた情報を制御すると、Webサイトで双方向性の世界への扉が開かれます。例1-7は、データベースサーバへ接続して、フォームパラメータのmealの値に基づいて料理とその値段のリストを取得し、HTMLテーブルに料理と値段を出力するPHPプログラムを示します。

例1-7　データベースからの情報の表示

```php
<?php
// SQLiteデータベース「dinner.db」を使う
$db = new PDO('sqlite:dinner.db');
// 許される食事を定義する
$meals = array('breakfast','lunch','dinner');
// サブミットされたフォームパラメータの「meal」が、
// 「breakfast」、「lunch」、「dinner」のいずれかであるかを確認する
if (in_array($_POST['meal'], $meals)) {
    // その場合、指定された食事のすべての料理を取得する
    $stmt = $db->prepare('SELECT dish,price FROM meals WHERE meal LIKE ?');
    $stmt->execute(array($_POST['meal']));
    $rows = $stmt->fetchAll();
    // データベース内に全く料理が見つからなければ、その旨を報告する
    if (count($rows) == 0) {
        print "No dishes available.";
    } else {
        // HTMLテーブルに各料理と値段を
        // 行として出力する
        print '<table><tr><th>Dish</th><th>Price</th></tr>';
        foreach ($rows as $row) {
            print "<tr><td>$row[0]</td><td>$row[1]</td></tr>";
        }
        print "</table>";
    }
} else {
    // このメッセージはサブミットされたパラメータの「meal」が
    // 「breakfast」、「lunch」、「dinner」のいずれでもない場合に出力する
    print "Unknown meal.";
}
?>
```

例1-7では多くの処理を実行していますが、たった20行のコード（コメントを除く）でデータベースを利用した動的なWebページを作成できることがPHPのシンプルさと強力さの証です。次に、この20行のコードで何が起こっているかを解説します。

　この例の先頭にあるnew PDO()関数は、特定のファイルのSQLiteデータベースへの接続を設定しています。この関数やこの例で使っている他のデータベース関数（prepare()、execute()、fetchAll()）については、「**8章　情報の保存：データベース**」で詳しく説明します。

　このプログラム内の$db、$_POST、$stmt、$rowなどの$で始まるものは変数です。変数は、プログラム実行時に変更したり、プログラムのある時点で作成したり、後に使うために保存したりすることができる値を保持します。変数については「**2章　テキストと数の操作**」で説明します。

　データベースに接続したら、次はどの食事（meal）をユーザがリクエストしているかを調べます。$meals配列は、許される食事（breakfast、lunch、dinner）を保存するように初期化します。

in_array($POST['meal'], $meals)という文は、サブミットされたフォームパラメータmeal ($_POST['meal']の値)が$meal配列にあるかどうかを確認します。なければ、実行はこの例の最後のelseの後に飛び、プログラムはUnknown mealを出力します。

条件を満たした食事がサブミットされたら、prepare()とexecute()でクエリをデータベースに送ります。例えば、食事がbreakfastの場合、送られるクエリは以下のようになります。

```
SELECT dish,price FROM meals WHERE meal LIKE 'breakfast'
```

SQLiteやその他のリレーショナルデータベースへのクエリは、構造化問い合わせ言語(SQL：Structured Query Language)と言われる言語で書かれています。「8章 情報の保存：データベース」でSQLの基本を解説します。prepare()関数は、クエリについてさらに情報を入手できる識別子を返します。

fetchAll()関数は、その識別子を使ってクエリがデータベース内で見つけたクエリと一致する食事をすべて取得します。当てはまる食事がない場合、プログラムはNo dishes availableと出力します。それ以外の場合には、一致した食事についての情報を表示します。

このプログラムはHTMLテーブルの先頭部分を出力します。そして、foreach構文を使ってクエリで見つかったそれぞれの料理を取り出します。print命令文は、fetchAll()が返した配列の要素を使って料理ごとに1つのテーブル行を表示します。

1.4 PHPプログラムの基本ルール

この節ではPHPプログラムの構造についての基本的なルールを示します。「何かを出力する方法」や「2つの値を足し合わせる方法」などのもっと初歩的なことは、横書きの本は上から下へ右から左へ読まなくてはいけないということや、本のページで大事ところは白い部分ではなく黒く印刷してあるところだということに相当します。

すでにPHPの経験が多少ある場合や、DVDプレイヤを新調したときにマニュアルを読む前にすべてのボタンを押してみて操作を覚えるのが好きな人であれば、次の「2章 テキストと数の操作」へ進んで、この章は後で読み返してもかまいません。先へ進んで自分でPHPプログラムを書いて予期せぬ振る舞いをした場合や、プログラムの実行時にPHPエンジンが「parse errors」を出した場合には、復習のためにこの節を読み返してください。

1.4.1 開始と終了のタグ

本章でこれまで示してきた例では、PHPの開始タグとして<?php、PHPの終了のタグとして?>を使っています。PHPエンジンはこれらのタグで囲まれた外側は無視します。開始タグの前や終了タグの後ろのテキストは、PHPエンジンから何の影響も受けずに出力されます。PHPファイルの末尾の終了タグは省略できます。PHPエンジンがファイルの末尾に到達してPHPの終了タグを見つけられない場合、ファイルの最後に終了タグがあるかのように振る舞います。これは、終了タグの後に目に見えない余計なもの(空白行など)が間違ってプログラム出力に含まれないようにす

るためにとても便利です。

例1-8に示すように、PHPプログラムには複数の開始タグと終了タグのペアを使うことができます。

例1-8　複数の開始終了のタグ

```
Five plus five is:
<?php print 5 + 5; ?>
<p>
Four plus four is:
<?php
  print 4 + 4;
?>
<p>
<img src="vacation.jpg" alt="My Vacation" />
```

`<?php`と`?>`の内側のPHPのソースコードはそれぞれPHPエンジンで処理され、ページの残りの部分はそのまま出力されます。**例1-8**の出力は以下のようになります。

```
Five plus five is:
10<p>
Four plus four is:
8<p>
<img src="vacation.jpg" alt="My Vacation" />
```

古いPHPプログラムの中には、`<?php`の代わりに`<?`を開始タグに使っているものがあります。`<?`は`<?php`よりも短いので、**ショートオープンタグ**と呼ばれます。通常は、標準の`<?php`開始タグを使う方がよいでしょう。PHPエンジンが動作するすべてのサーバで正しく機能することが保証されるからです。

ショートタグは、PHP構成設定で有効または無効に切り替えることができます。

「**付録A　PHPエンジンのインストールと構成**」では、プログラムでどの開始タグを有効にするかを制御するためのPHP構成の修正方法を紹介します。

この章の残りの例は、すべて`<?php`開始タグから始まり`?>`で終わります。「**2章　テキストと数の操作**」以降では、すべての例に開始と終了のタグがあるわけではありませんが、PHPエンジンにコードを認識させるためにはPHPプログラムに開始と終了タグが必要です。

1.4.2　ホワイトスペースと大文字小文字の区別

あらゆるPHPプログラムと同様に、この節の例は文が連続したもので、それぞれの文はセミコロンで終わります。セミコロンで区切っている限り、プログラムの同じ行に複数のPHP文を書くこともできます。文と文の間には、いくつ空白行を入れても大丈夫です。PHPエンジンは空白行を無視します。セミコロンは、1つの文が終わって別の文が始まることをエンジンに教えます。文と文の間にホワイトスペースがなくても、またはたくさんのホワイトスペースがあっても、プログ

ラムの実行には影響を与えません（**ホワイトスペース**とは、プログラマ用語でスペース、タブ、改行のような、表示されないので空白に見える文字のことです）。

　実用的には、1行に1文を記述し、ソースコードの可読性が高まる場合のみ文と文の間に空白行を入れるスタイルがよいでしょう。**例 1-9** と**例 1-10** は悪いホワイトスペースの使い方です。その代わりに、**例 1-11** のような書式のコードにしましょう。

例 1-9 　間隔が狭すぎ

```
<?php print "Hello"; print " World!"; ?>
```

例 1-10 　間隔が開きすぎ

```
<?php

print "Hello";


print " World!";

?>
```

例 1-11 　ちょうど良い

```
<?php
print "Hello";
print " World!";
?>
```

　PHPエンジンは行と行の間のホワイトスペースを無視するだけでなく、言語のキーワードと値の間のホワイトスペースも無視します。print と "Hello, World!" の間にはスペースがなくてもよいですし、1つあるいは100個のスペースがあってもかまいません。また、"Hello, World!" と行末のセミコロンの間についても同様です。

　望ましいコーディングスタイルは、print と出力する値の間にスペースを1つ入れ、その値の直後にセミコロンを付けるスタイルです。**例 1-12** は3つの行を示していますが、1番目はスペースを入れ過ぎ、2番目は詰め過ぎ、そして3番目がちょうど良い例となっています。

例 1-12 　スペーシング

```
<?php
print        "Too many spaces" ;
print"Too few spaces";
print "Just the right amount of spaces";
?>
```

言語のキーワード（printなど）と関数名（number_formatなど）は大文字小文字を区別しません。PHPエンジンは、プログラムにキーワードや関数名を書くときに大文字、小文字、または両方を使っていても区別しません。**例1-13**のそれぞれの文はエンジンから見れば同じです。

例1-13　キーワードと関数名は大文字と小文字の区別をしない

```
<?php
// 以下の4行はどれも同じ
print number_format(320853904);
PRINT Number_Format(320853904);
Print number_format(320853904);
pRiNt NUMBER_FORMAT(320853904);
?>
```

1.4.3　コメント

　この章のいくつかの例に示したように、コメントはプログラムがどのように動作するかを他の人々に説明する手段です。ソースコードの中のコメントはどのプログラムでも必要不可欠な部分です。コーディング時には、何を書いているかが極めて明瞭にわかっているかもしれません。しかし、数ヵ月後にそのプログラムを修正する必要が出てきたときには、明瞭であったはずのロジックがそれほど明解ではなくなっているかもしれません。そのときがコメントの出番です。コメントは簡潔な言葉でプログラムがどのように動作するかを説明するので、プログラムがずっと理解しやすいものになります。

　コメントは、プログラムを書いた人以外の人がそのプログラムを修正する必要があるときにさらに重要になります。自分自身とソースコードを読む機会があるその他のすべての人々の役に立つように、プログラムにたくさんのコメントを書きましょう。

　コメントはとても大切なので、PHPはプログラムにコメントを入れるための多くの方法を提供しています。これまでに見た1つの構文は//で行を始める方法です。この方法は、その行をすべてコメントとして扱うようにPHPエンジンに通知します。次の行からは通常のコードとして扱われます。このスタイルのコメントはC++、JavaScript、Javaなどの他のプログラミング言語でも使われています。また、行の文の後ろに//を入れてその行の残りをコメントとして扱うこともできます。PHPは、Perlやシェルスタイルの1行コメントもサポートします。このようなコメント行は#から始めます。

　//と同じ場所に#を使ってコメントを開始できますが、最近のスタイルでは#よりも//が好まれます。1行コメントを**例1-14**に示します。

例1-14　//や#を使った1行コメント

```
<?php
// この行はコメント
print "Smoked Fish Soup ";
```

```
print 'costs $3.25.';

# 別の料理をメニューに加える
print 'Duck with Pea Shoots ';
print 'costs $9.50.';

// 1行コメント内に//や#を入れることができる
// //や#を行の途中に書いてコメントを開始することもできる
print 'Shark Fin Soup'; //  きっと美味しいよ！
print 'costs $25.00!'; # 値段は高め！

# 文字列中に//や#を入れてもコメントの始まりではない
print 'http://www.example.com';
print 'http://www.example.com/menu.php#dinner';
?>
```

複数行コメントは/*から始まり*/で終わります。PHPエンジンは、/*と*/の間のすべてをコメントとして扱います。複数行コメントは、コードの小さなブロックを一時的に無効にするのに便利です。例1-15に複数行コメントを示します。

例1-15　複数行コメント

```
<?php
/* メニューに以下を追加する
    - Smoked Fish Soup
    - Duck with Pea Shoots
    - Shark Fin Soup
*/
print 'Smoked Fish Soup, Duck with Pea Shoots, Shark Fin Soup ';
print 'Cost: 3.25 + 9.50 + 25.00';

/* これは古いメニュー：
以下の行はコメントに含まれるので、実行されない。
print 'Hamburger, French Fries, Cola ';
print 'Cost: 0.99 + 1.25 + 1.50';
*/
?>
```

　PHPには、どのコメントのスタイルが最良かについての厳格なルールはありません。複数行コメントは、特にコードブロックをコメントとして無効にする場合や数行の関数説明を記述したい場合に便利です。しかし、短い説明を行末に付け加えたいときは、//スタイルのコメントが最適です。いずれにしても、最も使いやすいコメントのスタイルを選んでください。

1.5 まとめ

本章では次の内容を取り上げました。

- Webサーバがレスポンスやドキュメントを作成してブラウザに送り返すためのPHPの使い方。
- サーバサイド言語としてのPHP。つまり、Webサーバ上で動作する（Webブラウザ内で動作するJavaScriptのようなクライアントサイド言語とは対照的である）。
- PHPを使うことに決める際の要因：無料でフリー、クロスプラットフォーム、人気がある、Webプログラミング向けに設計されている。
- 情報の出力、フォームの処理、データベースとのやり取りを行うPHPプログラムの概観。
- PHPの開始と終了のタグ（<?phpと?>）、ホワイトスペース、大文字小文字の区別、コメントなどのPHPプログラム構造の基本。

2章
テキストと数の操作

PHPはさまざまなデータ型を扱うことができます。この章では、数値やテキストのような個々の値について解説します。また、プログラムにテキストや数値を使う方法に加え、PHPエンジンがこれらの値に課す制約と操作のための一般的なテクニックも学びます。

ほとんどのPHPプログラムはHTMLの生成やデータベース内の情報の取り扱いに多くの時間を費やすため、テキストの取り扱いに特に多くの時間をかけて理解しましょう。HTMLは特別にフォーマットされたテキストの一種にすぎません。また、ユーザ名、製品説明、住所などのデータベース内の情報もテキストです。テキストを簡単に操作できると、動的Webページを簡単に作成できます。

「1章　オリエンテーションとはじめの一歩」では、変数の実際の動作を解説しましたが、この章ではさらに詳しく説明します。変数とは値を保持する名前付きの入れものです。変数が保持する値は、プログラムの実行時に変更できます。フォームからサブミットされたデータにアクセスしたり、データベースとデータを交換したりするときには変数を使います。現実の世界にあてはめると、変数とは預金残高のようなものです。時間の経過に伴い、「預金残高」という言葉が指す値は変動します。PHPプログラムでは、サブミットされたフォームのパラメータの値を変数に保持できます。プログラムを実行するたびに、サブミットされたフォームパラメータの値は違ってきます。しかし、どのような値でも常に同じ名前で参照できます。この章では、変数の作成方法や値の変更や出力などの変数に関する詳細も説明します。

2.1　テキスト

プログラムでテキストを使うときには、そのテキストを**文字列**と呼びます。テキストは個々の文字が連続したものです。文字列には文字、数字、句読点、空白、タブ、その他の任意の文字を使うことができます。文字列の例には、I would like 1 bowl of soup、"Is it too hot?" he asked、There's no spoon! などがあります。文字列には、画像や音声などのバイナリファイルの中身を使うこともできます。PHPプログラムでの文字列長を制限するものは、コンピュータのメモリ容量だけです。

PHPの文字列は、文字ではなく**バイト**の連続である。英語のテキストだけを扱う場合には、この違いは何の影響もない。英語以外のテキストを扱い、他のアルファベットでの文字を適切に処理したい場合には、**「20章 国際化とローカライゼーション」**を参照してほしい。この章ではさまざまな文字セットについて説明する。

2.1.1 テキスト文字列の定義

PHPプログラムで文字列を示す方法はいくつかあります。一番簡単な方法は、次のように文字列を単一引用符（single quote）で囲むことです。

```
print 'I would like a bowl of soup.';
print 'chicken';
print '06520';
print '"I am eating dinner," he growled.';
```

文字列は単一引用符の内側のすべてからなるので、次のように出力されます。

```
I would like a bowl of soup.chicken06520"I am eating dinner," he growled.
```

この4つのprint命令文の出力はすべて1行に表示されます。print命令文では改行は追加されません[1]。

単一引用符は文字列の一部ではなく**区切り文字**です。区切り文字は、文字列の開始位置と終了位置をPHPエンジンに知らせます。単一引用符で囲まれた文字列の中で単一引用符を使いたい場合は、以下のように文字列内の単一引用符の前にバックスラッシュ（\）を入れます。

```
print 'We\'ll each have a bowl of soup.';
```

\'は文字列内では'に変換されるので、以下のように出力されます。

```
We'll each have a bowl of soup.
```

バックスラッシュは、後続の文字を「文字列の終わり」を意味する単一引用符ではなく、リテラルの単一引用符として扱うようにPHPエンジンに伝えます。このことを「エスケープする」と言います。バックスラッシュは**エスケープ文字**と呼ばれ、エスケープ文字は、後続の文字を特別扱いするようにシステムに伝えます。単一引用符で囲まれた文字列内では、単一引用符は通常「文字列の終わり」を意味します。単一引用符の前にバックスラッシュを入れると、リテラル[2]の単一引用符文字の意味に変わります。

---

[1] テキストを出力するのにechoを使うPHPプログラムもある。echoはprintとほとんど同様に機能する。
[2] 訳注：リテラルとは、プログラム中において数値や文字列を直接記述した定数のことを指す。

> **逆引用符とテキストエディタ**
>
> 　多くの場合、ワープロは'や"の直引用符（straight quate）を''あるいは""のような逆引用符（curly quate）に自動的に変換します。PHPエンジンは直引用符だけを文字列の区切り文字として理解します。プログラムに逆引用符を入れるワープロやテキストエディタでPHPプログラムを書く場合は、2つの選択肢があります。逆引用符を入れないようにするか、設定できるワープロを使います。Emacs、Vi、Sublime Text、Windowsの「メモ帳」などのプログラムは引用符をそのままにしておきます。

　エスケープ文字はその文字自体をエスケープできます。文字列にリテラルのバックスラッシュ文字を使うには、その前にバックスラッシュを付けます。

```
print 'Use a \\ to escape in a string';
```

この出力は次の通りです。

```
Use a \ to escape in a string
```

　最初のバックスラッシュはエスケープ文字です。次の文字の扱いが異なることをPHPエンジンに伝えます。これが2番目のバックスラッシュに影響し、特別な処理（次の文字をリテラルとして扱う）をする代わりに、文字列にリテラルのバックスラッシュを含めます。

　これは左上から右下へのバックスラッシュであり、左下から右上へのフォワードスラッシュとは異なります。PHPプログラムでは、2つのフォワードスラッシュ（//）はコメントを表します。

　単一引用符で囲んだ文字列に改行などのホワイトスペースを使うことができます。

```
print '<ul>
<li>Beef Chow-Fun</li>
<li>Sauteed Pea Shoots</li>
<li>Soy Sauce Noodles</li>
</ul>';
```

これは複数行のHTMLを出力します。

```
<ul>
<li>Beef Chow-Fun</li>
<li>Sauteed Pea Shoots</li>
<li>Soy Sauce Noodles</li>
</ul>
```

　文字列の終わりを示す単一引用符が</ul>の直後にあるので、文字列の末尾に改行は入りません。

　単一引用符で囲まれた文字列内で特別な扱いを受けるのはバックスラッシュと単一引用符のみです。それ以外はすべてリテラルとして扱われます。

また、二重引用符（double quate）で文字列を区切ることもできます。二重引用符で囲まれた文字列は単一引用符で囲まれた文字列とほぼ同じですが、もっと多くの特殊文字があります。この特殊文字を**表2-1**に挙げます。

表2-1　二重引用符で囲まれた文字列内の特殊文字セット

文字	意味
\n	改行（ASCII 10）
\r	復帰（ASCII 13）
\t	タブ（ASCII 9）
\\	\
\$	$
\"	"
\0 .. \777	8進（base 8）数
\x0 .. \xFF	16進（base 16）数

単一引用符で囲まれた文字列と二重引用符で囲まれた文字列の最大の違いは、二重引用符で囲まれた文字列に変数名を使うと変数の値が文字列に置き換えられますが、単一引用符で囲まれた文字列では置き換えられない点です。例えば、$userという変数がBillという値である場合、'Hi $user'はHi $userでしかありません。しかし、"Hi $user"はHi Billになります。詳しくは「2.3 変数」で説明します。

「1.3 実際のPHP」で述べたように、**ヒアドキュメント**（here document）という構文で文字列を定義することもできます。ヒアドキュメントは、<<<と区切りの単語から始めます。ヒアドキュメントは、行頭と同じ単語で終わります。例2-1にヒアドキュメントを示します。

例2-1　ヒアドキュメント

```
<code>
<<<HTMLBLOCK
<html>
<head><title>Menu</title></head>
<body bgcolor="#fffed9">
<h1>Dinner</h>
<ul>
  <li> Beef Chow-Fun
  <li> Sauteed Pea Shoots
  <li> Soy Sauce Noodles
  </ul>
</body>
</html>
HTMLBLOCK
```

例2-1では、区切り単語はHTMLBLOCKです。ヒアドキュメントの区切りにはアルファベット文字、数字、アンダースコア文字を使用できます。区切り単語の最初の文字はアルファベット文かアン

ダースコアに限られます。ヒアドキュメントの区切りのすべての文字を大文字にすると、ヒアド
キュメントが視覚的にわかりやすくなります。ヒアドキュメントの終わりを示す区切りの行には、
区切りだけを書くようにします。区切りは字下げをしたり、ホワイトスペース、コメント、その他
の文字を後ろに入れたりすることはできません。唯一の例外として、文の終わりを示すためのセミ
コロンを区切りの直後に入れることができます。その場合、同じ行のセミコロンの後ろには何も書
いてはいけません。例2-2のコードは、このようなルールに従ってヒアドキュメントを出力します。

例2-2　ヒアドキュメントの出力

```
print <<<HTMLBLOCK
<html>
<head><title>Menu</title></head>
<body bgcolor="#fffed9">
<h1>Dinner</h>
<ul>
  <li> Beef Chow-Fun
  <li> Sauteed Pea Shoots
  <li> Soy Sauce Noodles
  </ul>
</body>
</html>
HTMLBLOCK;
```

　ヒアドキュメントは、二重引用符で囲まれた文字列と同じエスケープ文字と変数置き換え規則に
従います。これは、いくつかの変数が混ざった多くのテキストやHTMLを含む文字列を定義した
り出力したりしたいときに特に便利です。この章の後半の**例2-22**でその例を示します。
　2つの文字列を結合するには、文字列結合演算子の.(ピリオド)を使います。以下に結合された
文字列を示します。

```
print 'bread' . 'fruit';
print "It's a beautiful day " . 'in the neighborhood.';
print "The price is: " . '$3.95';
print 'Inky' . 'Pinky' . 'Blinky' . 'Clyde';
```

結合された文字列は以下のように出力されます。

```
breadfruit
It's a beautiful day in the neighborhood.
The price is: $3.95
InkyPinkyBlinkyClyde
```

2.1.2　テキストの操作

　PHPは、文字列を扱うときに便利な組み込み関数を数多く持っています。この節では、検証と
フォーマットという2つの一般的な作業において便利な関数をいくつか紹介します。

2.1.2.1 文字列の検証

検証（validation）は、外部の発信源から来る入力が期待通りのフォーマットや意味に従っているかを確認する処理です。すなわち、ユーザがフォームの「郵便番号」の欄に本当に郵便番号を入力したか、あるいは、適切な場所に正しいメールアドレスを入力したかといったことを確かめます。「**7章　ユーザとの情報交換：Webフォームの作成**」でフォームを扱う際のあらゆる側面を掘り下げますが、サブミットされたフォームデータはPHPプログラムに文字列として提供されるため、この節ではどのようにこれらの文字列を検証するかを説明します。

trim()関数は、文字列の先頭や末尾のホワイトスペースを取り除きます。文字列の長さを調べるstrlen()と一緒にこの関数を使うと、サブミットされた値の前後のスペースを無視した文字列の長さがわかります。例2-3にその方法を示します（例2-3で使っているif()文については、「**3章　ロジック：判定と繰り返し**」でさらに詳しく取り上げます）。

例2-3　余白を取り除いた文字例の長さを調べる

```
// $_POST['zipcode']は、サブミットされたフォームパラメータ
//「zipcode」の値を保持する
$zipcode = trim($_POST['zipcode']);
// これで$zipcodeには前後のスペースを取り除いた値が含まれる
$zip_length = strlen($zipcode);
// 郵便番号が5文字でなければエラーを出力する
if ($zip_length != 5) {
    print "Please enter a ZIP code that is 5 characters long.";
}
```

trim()を使って、郵便番号として732に続けて2つのスペースが入力されるのを防ぎます。期せずして余計なスペースが入ってしまう場合もあれば、悪意を持って入れる場合もあります。どのような理由であろうとも、必要に応じて余計なスペースを取り除き、対象の文字列長を得られるようにします。

コードをもっと簡潔にするために、trim()とstrlen()の呼び出しをつなげることができます。例2-4は例2-3と同じことを行います。

例2-4　余白を取り除いた文字列の長さを簡潔に調べる

```
if (strlen(trim($_POST['zipcode'])) != 5) {
    print "Please enter a ZIP code that is 5 characters long.";
}
```

例2-4の最初の行では4つのことが起こっています。まず、変数$_POST['zipcode']の値をtrim()関数に渡します。次に、trim()関数の返り値（前後のホワイトスペースを取り除いた$_POST['zipcode']）をstrlen()関数に渡し、余白を取り除いた文字列長を返します。3番目に、この長さを5と比較します。最後に長さが5に等しくなければ、if()ブロック内のprint命令文を実

行します。

2つの文字列を比較するには、**例2-5**に示すように等価演算子（==）を使います。

例2-5　文字列を等価演算子で比較する

```
if ($_POST['email'] == 'president@whitehouse.gov') {
    print "Welcome, Mr. President.";
}
```

例2-5のprint命令文は、サブミットされたフォームパラメータのemailが、すべて小文字のpresident@whitehouse.govのときだけ実行されます。文字列を==で比較するときは、大文字か小文字かが重要です。president@whitehouse.GOVは、President@Whitehouse.Govやpresident@whitehouse.govとは一致しません。

大文字、小文字の違いに注意を払わないで文字列を比較するには、strcasecmp()関数を使います。この関数は、大文字か小文字かの違いを無視して2つの文字列を比較します。strcasecmp()に指定した2つの文字列が大文字、小文字の違いを考慮せずに同じであれば、0を返します。例2-6に、strcasecmp()の使い方を示します。

例2-6　大文字、小文字の違いを意識しない文字列の比較

```
if (strcasecmp($_POST['email'], 'president@whitehouse.gov') == 0) {
    print "Welcome back, US President.";
}
```

例2-6のprint命令文は、サブミットされたフォームパラメータのemailがPresident@Whitehouse.Gov、PRESIDENT@WHITEHOUSE.GOV、presIDENT@whiteHOUSE.GoVなどpresident@whitehouse.govと大文字、小文字の違いがあるだけの場合に実行されます。

2.1.2.2　テキストのフォーマット

printf()関数は、（printと比べて）出力形式を制御できます。printf()には、フォーマット文字列と出力したい項目を渡します。フォーマット文字列内の規則は、それぞれ1つの項目に置き換えられます。例2-7にprintf()の実際の動作を示します。

例2-7　printf()での価格のフォーマット

```
$price = 5; $tax = 0.075;
printf('The dish costs $%.2f', $price * (1 + $tax));
```

この出力は次の通りです。

```
The dish costs $5.38
```

例2-7では、フォーマット規則の%.2fを$price * (1 + $tax)の値で置き換え、小数点以下2桁

にフォーマットします。

文字列フォーマット規則は、%から始まり、規則の動作に影響する以下のようなオプションの修飾子が続きます。

パディング文字
フォーマット規則を置き換える文字列が短すぎる場合、この文字を使って埋め合わせます。スペースで埋め合わせるにはスペース文字を、ゼロで埋め合わせるには0を使います。

符号
数字に対してprintf()でプラス符号（+）を使うと、正の数の前に+を付けます（通常は符号なしで出力します）。また、文字列に対してprintf()でマイナス符号（-）を使うと、右詰めします（通常は左詰めします）。

最小幅
フォーマット規則を置き換える値の最小サイズを指定します。最小サイズより短い場合は、パディング文字でスペースを埋めます。

ピリオドと精度
浮動小数点数の小数点以下を何桁にするかを制御します。例2-7では、この修飾子だけを指定しています。.2は$price * (1 + $tax)を小数点以下2桁にフォーマットします。

修飾子の後には、出力すべき値の種類を示す必須の文字を指定します。ここでは、十進数用のd、文字列用のs、浮動小数点数用のfの3つについて説明します。

パーセント記号と修飾子に混乱して頭をかきむしりたくなったとしても、気にすることはありません。printf()の最も多い用途は、おそらく例2-7に示したような%.2fなどのフォーマット規則での金額のフォーマットでしょう。今のところはprintf()について他に何もわからなくても、小数点数をフォーマットしたいときに頼りになる関数ということだけを覚えておいてください。

しかし、もう少し掘り下げてみると、他にもprintf()でできる便利なことがあります。例えば、パディング文字0と最小幅を使うと、例2-8に示すように、日付や郵便番号をゼロから始まるように適切にフォーマットするために使えます。

例2-8　printf()でのゼロのパディング

```
$zip = '6520';
$month = 2;
$day = 6;
$year = 2007;

printf("ZIP is %05d and the date is %02d/%02d/%d", $zip, $month, $day, $year);
```

例2-8の出力はこうなります。

```
ZIP is 06520 and the date is 02/06/2007
```

符号修飾子は正と負の値を明示的に示すのに便利です。例2-9は温度の表示に使っています。

例2-9　printf()での符号の表示

```
$min = -40;
$max = 40;
printf("The computer can operate between %+d and %+d degrees Celsius.", $min, $max);
```

例2-9の出力はこうなります。

```
The computer can operate between -40 and +40 degrees Celsius.
```

printf()のその他のフォーマット規則について学ぶには、http://www.php.net/sprintfを参照してください。

その他のテキストフォーマットには、文字列の大文字、小文字の操作があります。strtolower()とstrtoupper()関数は、それぞれすべての文字を小文字および大文字にします。例2-10は、strtolower()とstrtoupper()の動作を示します。

例2-10　大文字、小文字の変更

```
print strtolower('Beef, CHICKEN, Pork, duCK');
print strtoupper('Beef, CHICKEN, Pork, duCK');
```

例2-10の出力はこうなります。

```
beef, chicken, pork, duck
BEEF, CHICKEN, PORK, DUCK
```

ucwords()関数は、文字列内のそれぞれの単語の最初の文字を大文字にします。strtolower()と組み合わせると、すべて大文字の名前を正しくキャピタライズするのに便利です。例2-11は、strtolower()とucwords()を組み合わせる方法を示します。

例2-11　ucwords()を使った名前の整形

```
print ucwords(strtolower('JOHN FRANKENHEIMER'));
```

例2-11の出力はこうなります。

```
John Frankenheimer
```

substr()関数を使って、文字列の一部だけを取り出せます。例えば、まとめのページにメッセージの先頭だけを表示したいこともあるでしょう。例2-12に、substr()を使ってサブミットされたフォームパラメータcommentsを切り取る方法を示します。

例2-12　substr()を使った文字列の切り取り

```
// $_POST['comments']の最初の30文字を抜き出す
print substr($_POST['comments'], 0, 30);
// 省略記号を追加する
print '...';
```

サブミットされたフォームパラメータcommentsが以下の場合、

```
The Fresh Fish with Rice Noodle was delicious, but I didn't like the Beef Tripe.
```

例2-12の出力はこうなります。

```
The Fresh Fish with Rice Noodl...
```

　substr()の3つの引数は、処理をする文字列、抽出する部分文字列の開始位置、抽出するバイト数です。文字列の開始位置は1ではなく0から始まるので、substr($_POST['comments'], 0, 30)は、「$_POST['comments']の文字列の先頭から30バイトを抽出する」ことを意味します。

　substr()に負の開始位置を指定すると、文字列の最後から逆向きに数えて開始位置を決めます。-4という開始位置は、「末尾からの4バイトから始める」という意味です。例2-13は、クレジットカード番号の最後の4桁の数字だけを表示するために負の開始位置を使っています。

例2-13　substr()での文字列の末尾の抽出

```
print 'Card: XX';
print substr($_POST['card'],-4,4);
```

サブミットされたフォームパラメータのcardが4000-1234-5678-9101の場合、例2-13の出力は以下のようになります。

```
Card: XX9101
```

　省略形では、substr($_POST['card'],-4,4)の代わりにsubstr($_POST['card'],-4)を使います。最後の引数を省略すると、substr()は（正負にかかわらず）開始位置から文字列の最後までをすべて返します。

　str_replace()関数は、部分文字列を抽出する代わりに文字列の一部分を置き換えます。部分文字列を探して、その部分文字列を新しい文字列に置き換えるのです。この関数は、HTMLのテンプレートベースの単純なカスタマイズに便利です。例2-14は、str_replace()を使って<span>タグのclass属性を設定します。

例2-14　str_replace()の使用

```
$html = '<span class="{class}">Fried Bean Curd<span>
<span class="{class}">Oil-Soaked Fish</span>';

print str_replace('{class}',$my_class,$html);
```

$my_classがlunchに設定されている場合、**例2-14**の出力は次の通りです。

```
<span class="lunch">Fried Bean Curd<span>
<span class="lunch">Oil-Soaked Fish</span>
```

str_replace()への3番目の引数として渡された文字列の{class}（str_replace()の最初の引数）の部分が、lunch（$my_classの値）に置き換えられます。

2.2 数値

PHPでは数値をよく見慣れた表記法を使って表しますが、カンマや数を1000単位ごとにグループ化するその他の区切り文字は使えません。小数部分がある数値を扱う際に、整数と比較して特別なことを行う必要はありません。**例2-15**にPHPで有効な数値を示します。

例2-15　数値の例

```
print 56;
print 56.3;
print 56.30;
print 0.774422;
print 16777.216;
print 0;
print -213;
print 1298317;
print -9912111;
print -12.52222;
print 0.00;
```

2.2.1　さまざまな種類の数値の利用

PHPエンジンは、内部的には小数部分を持つ数値と持たない数値を区別します。前者を**浮動小数点数**（floating-point number）、後者を**整数**（integer）と言います。浮動小数点数は、精度の表現の違いによって小数点が「浮動」するのでこのような名前が付けられています。

PHPエンジンは、オペレーティングシステムの数学機能を使って数値を表すので、使用可能な最大値と最小値や浮動小数点数が持てる小数位の桁はシステムによって異なります[*1]。PHPエンジンの整数と浮動小数点数の内部表現の違いの1つは、格納方法の正確さです。

整数の47は、まさに47として格納されます。浮動小数点数の46.3は、46.2999999として格納されている可能性があります。これは数値を正しく比較する手法に影響します。「3.3　**複雑な判定の構築**」では比較について説明し、浮動小数点数の正しい比較方法を示します。

[*1]　訳注：PHPは通常IEEE 754の倍精度フォーマットを使う。

2.2.2 算術演算子

PHPでの計算は、はるかに高速であること以外は小学校の算数によく似ています。数値の基本演算を**例2-16**に示します。

例2-16　算術演算子

```
print 2 + 2;
print 17 - 3.5;
print 10 / 3;
print 6 * 9;
```

例2-16の出力は以下のようになります。

```
4
13.5
3.3333333333333
54
```

加算（addition）のためのプラス符号（+）、減算（subtraction）のためのマイナス符号（-）、除算（division）のためのフォワードスラッシュ（/）、乗算（multiplication）のためのアスタリスク（*）だけでなく、PHPは指数用の2つのアスタリスク（**）と剰余（modulus、割り算の余りを返す）のためのパーセント記号（%）もサポートしています。

```
print 17 % 3;
```

これは以下を出力します。

```
2
```

17を3で割った答えは5余り2なので、17 % 3は2になります。例4-13に示すように、剰余演算子はHTMLテーブルでCSSクラス名が交互に変わる行を出力するのに便利です。

指数演算子はPHP 5.6で導入された。古いバージョンのPHPを使っている場合には、pow()関数を使うこと。

算術演算子（arithmetic operation）は、本書の後で出てくる他のPHP演算子と同じように、演算子の厳密な優先順位に従います。計算順序が曖昧に記述されている場合、PHPエンジンはこの優先順位に従って計算順序を決めます。例えば、3 + 4 * 2は「3と4を足してから2を掛ける」という意味だとすると、結果は14になります。しかし、「4と2の積に3を加える」という意味だとすると結果は11になります。PHPでは（一般的な数学の世界と同じように）乗算は加算よりも優先度が高いので、2番目の解釈のほうが正しい結果となります。まず、PHPエンジンは4と2を掛け、それから3を足して結果を出します。

すべてのPHP演算子の優先順位の表は、オンラインのPHPマニュアル（http://www.php.net/language.operators.precedence）に含まれています。しかし、括弧を正しく使えば、この表を覚えたり繰り返し参照したりする必要がなくなります。演算子を括弧で囲むと、括弧内の演算を先に行うようにPHPエンジンに明確に指示します。(3 + 4) * 2という式は、3と4を足してその結果に2を掛けます。3 + (4 * 2)という式は、4と2を掛けてその結果に3を足します。

最近の他のプログラミング言語と同様に、計算結果が適切に整数や浮動小数点数で表されるようにするために特別なことをする必要はありません。整数の除算で割り切れないときには、結果は浮動小数点数となります。同様に、整数に何らかの演算を行った結果が整数の最大許容値を越えたり最小許容値を下回ったりした場合は、PHPエンジンがその結果を浮動小数点数に変換するので、計算の正しい結果が得られます。

2.3　変数

変数（variable）は、データベースから取り出したユーザ情報やHTMLフォームに入力されたエントリなど、プログラムが実行時に操作するデータを保持します。PHPでは、変数名の前に$を付けて変数であることを表します。変数に値を代入するには、等号（=）を使います。これは**代入演算子**として知られています。

以下に例を示します。

```
$plates = 5;
$dinner = 'Beef Chow-Fun';
$cost_of_dinner = 8.95;
$cost_of_lunch = $cost_of_dinner;
```

代入は、ヒアドキュメントでも正しく機能します。

```
$page_header = <<<HTML_HEADER
<html>
<head><title>Menu</title></head>
<body bgcolor="#fffed9">
<h1>Dinner</h>
HTML_HEADER;

$page_footer = <<<HTML_FOOTER
</body>
</html>
HTML_FOOTER;
```

変数名に使える文字は以下の文字だけです。

- 大文字または小文字の基本ラテン文字（A-Zとa-z）
- 数字（0-9）
- アンダースコア（_）

- プログラムファイルにUTF-8などの文字エンコーディングを使っている場合には任意の非基本ラテン文字（ç、†、🚃など）

さらに、変数名の最初の文字には数字は使えません。**表2-2**に使用可能な変数名を示します。

表2-2 使用できる変数名

$size
$drinkSize
$SUPER_BIG_DRINK
$_d_r_i_n_k_y
$drink4you2
$напиток
$သောက်စရာ
$DRINK
$😀

　顔文字を含む目を引く美的な変数名も可能ですが、ほとんどのPHPコードは数字、アンダースコア、基本ラテン文字だけを使っています。
　表2-3に使用できない変数名と使用できない理由を挙げます。

表2-3 変数名が使用できない理由

変数名	理由
$2hot4u	先頭が数字
$drink-size	-が含まれる
$drinkmaster@example.com	@と.が含まれる
$drink!lots	!が含まれる
$drink+dinner	+が含まれる

　変数名は大文字と小文字の区別をします。すなわち、$dinnerと$Dinnerと$DINNERという変数名は、$breakfastと$lunchと$supperという名前になっている場合と同様に別々で区別されます。実際には、大文字と小文字が違うだけの変数名を使うべきではありません。プログラムを読んだりデバッグしたりするのが難しくなってしまいます。

2.3.1　変数の操作

　算術や文字列の演算子（operator）は、リテラルの数値や文字列に対するときと同じように数値や文字列を含む変数を操作します。**例2-17**は、変数に対する算術と文字列の操作を示します。

例2-17　変数の操作

```
$price = 3.95;
$tax_rate = 0.08;
$tax_amount = $price * $tax_rate;
```

```
$total_cost = $price + $tax_amount;

$username = 'james';
$domain = '@example.com';
$email_address = $username . $domain;

print 'The tax is ' . $tax_amount;
print "\n"; // 改行を出力する
print 'The total cost is ' .$total_cost;
print "\n"; // 改行を出力する
print $email_address;
```

例2-17の出力は次の通りです。

```
The tax is 0.316
The total cost is 4.266
james@example.com
```

代入演算子（assignment）は、値を変更するための簡潔な方法として算術演算子や文字列演算子と組み合わせることができます。演算子の次に等号を付けると、「変数にこの演算子を適用する」という意味になります。例2-18に $price に3を加える2つの方法を示します。

例2-18　代入と加算の組み合わせ

```
// 普通のやり方で3を足す
$price = $price + 3;
// 複合演算子で3を足す
$price += 3;
```

代入演算子と文字列結合演算子（string concatenation）を組み合わせると、文字列に値を加えます。例2-19に、文字列に添字を加える2つの方法を示します。複合演算子の長所はより簡潔なことです。

例2-19　代入と結合の組み合わせ

```
$username = 'james';
$domain = '@example.com';

// 普通のやり方で $domain を $username の末尾に結合する
$username = $username . $domain;
// 複合演算子で結合する
$username .= $domain;
```

変数に1を加えたり（インクリメント）減らしたり（デクリメント）することは一般的な演算なので、専用の演算子が用意されています。++演算子はその変数に1を加え、--演算子は1を減らします。これらの演算子は通常は for() ループの中で使いますが、その詳細は「**3章　ロジック：判定と**

繰り返し」で説明します。しかし、例2-10に示すように、数値を保持するすべての変数で使えます。

例2-20　増分と減分

```
// $birthdayに1を加える
$birthday = $birthday + 1;
// $birthdayにさらに1を加える
++$birthday;

// $years_leftから1を引く
$years_left = $years_left - 1;
// $years_leftからさらに1を引く
--$years_left;
```

2.3.2　文字列内に変数を入れる

　セルに計算値を入れたHTMLテーブルや標準化されたHTMLテンプレートに特定のユーザの情報を表示するユーザプロフィールページを表示するときなど、変数の値を他のテキストと一緒に出力することが頻繁にあります。二重引用符で囲まれた文字列とヒアドキュメントではこれが簡単にできます。変数を**補間**できるのです。すなわち、文字列に変数名が含まれている場合、変数名はその変数の値に置き換えられます。例2-21では、$emailの値が出力文字列の中に補間されます。

例2-21　変数の補間

```
$email = 'jacob@example.com';
print "Send replies to: $email";
```

　例2-21の出力は次の通りです。

```
Send replies to: jacob@example.com
```

　例2-22に示すように、ヒアドキュメントは多くの変数を長いHTMLのブロックの中に補間するために特に便利です。

例2-22　ヒアドキュメントでの補間

```
$page_title = 'Menu';
$meat = 'pork';
$vegetable = 'bean sprout';
print <<<MENU
<html>
<head><title>$page_title</title></head>
<body>
<ul>
<li> Barbecued $meat
<li> Sliced $meat
<li> Braised $meat with $vegetable
```

```
</ul>
</body>
</html>
MENU;
```

例2-22の出力は次の通りです。

```
<html>
<head><title>Menu</title></head>
<body>
<ul>
<li> Barbecued pork
<li> Sliced pork
<li> Braised pork with bean sprout
</ul>
</body>
</html>
```

> **ヒアドキュメントとナウドキュメント**
>
> PHP 5.3以降では、ヒアドキュメントには**ナウドキュメント**と呼ばれる種類があります。単一引用符の中に開始区切り単語を入れると、ヒアドキュメントの代わりにナウドキュメントになります。ヒアドキュメントとは異なり、ナウドキュメントでは変数補間が行われません。ヒアドキュメントを二重引用符で囲まれた複数行の文字列と考えると、ナウドキュメントは単一引用符で囲まれた複数行の文字列のようなものになります。

PHPエンジンが変数名を取り間違える可能性がある場面で文字列に変数を補間するときには、変数を中括弧で囲んで混乱を避けます。例2-23では、$preparationを適切に補間するためには中括弧で囲む必要があります。

例2-23　中括弧を使った補間

```
$preparation = 'Braise';
$meat = 'Beef';
print "{$preparation}d $meat with Vegetables";
```

例2-23の出力は次の通りです。

```
Braised Beef with Vegetables
```

中括弧がなければ、例2-23のprint命令文はprint "$preparationd $meat with Vegetables";になります。この文では$preparationdという名前の変数を補間するように見えます。変数名がどこまでで、文字通りの文字列がどこから始まるかを示すために中括弧が必要です。中括弧の構文は、

もっと複雑な表現や「**4章　データのグループ：配列の操作**」で解説する配列値を補間する際にも便利です。

2.4　まとめ

本章では次の内容を取り上げました。

- プログラム内で文字列を定義する3つの異なる方法：単一引用符で囲む、二重引用符で囲む、ヒアドキュメントにする。
- エスケーピング：エスケープとは何か、各種の文字列内でエスケープする必要がある文字。
- 文字列の長さを調べることによる文字列の検証、文字列の前後のホワイトスペースの削除、別の文字列との比較。
- printf()を使って文字列をフォーマットする。
- strtolower()、strtoupper()、ucwords()で文字列の大文字小文字を操作する。
- substr()での文字列の一部を選択する。
- str_replace()で文字列の一部を変更する。
- プログラムでの数値を定義する。
- 数値の演算を行う。
- 変数へ値を格納する。
- 変数に適切な名前を付ける。
- 変数で複合演算子を使用する。
- 変数で増分および減分演算子を使用する。
- 文字列内の変数を補間する。

2.5　演習問題[*1]

1. 以下のPHPプログラムのエラーを見つけなさい。
    ```
    <? php
    print 'How are you?';
    print 'I'm fine.';
    ??>
    ```

2. レストランでの食事の合計金額を計算するPHPプログラムを書きなさい。4.95ドルのハンバーガーを2つ、1.95ドルのチョコレートミルクシェイクを1つ、85セントのコーラを1つ。消費税が7.5%で、税抜き金額の16%のチップを払う。

3. 問題2の解を修正して、フォーマットされた請求書を出力しなさい。食事の各品目について、値段、数量、合計金額を出力する。食べ物と飲み物の税抜きの合計額、税込みの合計、税金と

[*1]　答えは本書のWebサイト（http://www.oreilly.co.jp/books/9784873117935/）に掲載している。

チップを含めた合計を出力する。金額は縦に並べて出力する。

4. 変数$first_nameに自分の名前、$last_nameに自分の姓を設定するPHPプログラムを書きなさい。名前と姓をスペースで区切った文字列を出力しなさい。また、その文字列の長さも出力しなさい。

5. 増分演算子（++）と複合乗算演算子（*=）を使って、1から5までの数値と2（2^1）から32（2^5）までの2の乗数を出力するPHPプログラムを書きなさい。

6. 他の演習問題で記述したPHPプログラムにコメントを加えなさい。1行と複数行の両方のコメントを試しなさい。コメントを加えた後にプログラムを実行し、適切に動作してコメントの文法が正しいことを確かめなさい。

3章
ロジック：判定と繰り返し

「2章 テキストと数の操作」では、PHPプログラムでデータを表す方法の基本を学びました。しかし、データがいっぱい詰まったプログラムは、まだ完成半ばです。残りのパズルのピースは、そのデータを使い、いかにプログラムを走らせるかを制御することで、例えば以下のような処理となります。

- 管理者ユーザがログインしたら、特別なメニューを表示する。
- 3時以降は別のページヘッダを出力する。
- 最後のログイン以降に新しいメッセージが届いたらユーザに通知する。

このような処理には共通点があります。データに関わるある論理条件が正しいか間違いかを判定するのです。最初の例では、論理条件は「管理者ユーザがログインしているか」になります。この条件が正しい場合（はい、管理者ユーザがログインしています）は、特別なメニューを表示します。次の例でも同じようなことが起こります。「3時以降か」という条件が正しい場合は、別のページヘッダを出力します。同様に「ユーザの最後のログイン以降に新しいメッセージが届いたか」という条件が正しい場合、ユーザに知らせます。

判定をするときには、PHPエンジンは式をtrueかfalseに判別します。「3.1 trueとfalse」では、式や値がtrueかfalseかをエンジンが判定する方法を説明します。

true値とfalse値は、プログラムで特定の命令文を実行するかどうかを決定するif()のような言語構文で使います。if()構文の詳細については、「3.2 判定」で詳述します。プログラムの結果が状況の変化に左右される場合にはいつでもif()や類似の構文を使います。

trueとfalseは判定の基本ですが、「このユーザは21歳以上か」や「このユーザはWebサイトの月間購読者か、または1日券を購入するのに十分な預金が口座にあるか」などといったより複雑な質問をしたいと思うのが普通です。「3.3 複雑な判定の構築」では、PHPの比較演算子と論理演算子を説明します。このような演算子は、数値や文字列の大小の判別などのプログラムで必要なあらゆる種類の判定を表現するのに役立ちます。また、判定をつなげて、個々の判定に左右される大きな判定にまとめることもできます。

判定は、プログラムで特定の命令文を繰り返し実行し、繰り返しを中止すべきときを示す方法が必要な場合にも使います。多くの場合、「10回繰り返す」などの単純な回数で判断します。これは「10回繰り返したか」という質問と同じです。繰り返しが済んでいる場合にプログラムは次へ進み、済んでいない場合に同じ動作を繰り返します。停止時期の判定はもっと複雑になる可能性もあります。例えば、「学生が6つの問題に正しく回答できるまで異なる数学の問題を出し続けなさい」といったものです。「3.4　繰り返しの実行」で、このような種類のループを実行するPHPのwhile()構文とfor()構文について説明をします。

3.1　trueとfalse

PHPプログラムのすべての式にはtrueまたはfalseという真偽値があります。真偽値は計算で使うために重要な場合もありますが、無視する場合もあります。式をtrueやfalseに評価する方法を知ることはPHPを理解する上で重要です。

ほとんどのスカラー値はtrueです。すべての整数と浮動小数点数（0と0.0は除く）はtrueです。空の文字列と文字0だけを含む文字列以外のすべての文字列はtrueです。特別な定数falseとnullもfalseと評価されます。すなわち、整数の0、浮動小数点数の0.0、空の文字列、文字列"0"、定数false、定数nullの6つの値はfalseです。それ以外はすべてtrueです[*1]。

false値のいずれかに等しい変数やfalse値の1つを返す関数もfalseと評価されます。その他の式はすべてtrueと評価されます。

式の真偽値は2段階の手順で求めます。まず、式の実際の値を求めます。そして、その値がtrueかfalseかを調べます。常識的な値を持つ式もあります。数式の値は紙と鉛筆で計算して得た値です。例えば、7 * 6は42です。42はtrueなので、7 * 6という式はtrueになります。5 - 6 + 1という式は0です。0はfalseなので、5 - 6 + 1という式はfalseになります。

文字列の連結についても同じです。2つの文字列を連結する式の値は、新しく連結された文字列です。'jacob'.'@example.com'という式は文字列jacob@example.comと等しくなり、trueです。

代入演算の値は代入された値です。$price = 5という式が5という値に評価されるのは、$priceに代入されている値がだからです。代入は結果を生み出すので、代入演算をつなげて複数の変数に同じ値を代入することもできます。

    $price = $quantity = 5;

この式は、「$priceは、$quantityに設定した結果の5と等しい値に設定する」という意味です。この式を評価するときには、整数5を変数$quantityに代入します。この代入式の結果は5であり、それが代入される値になります。そして、この結果（5）を変数$priceに代入します。$priceと$quantityは両方とも5になります。

[*1]　空の配列もfalseである。詳しくは「4章　データのグループ：配列の操作」で述べる。

3.2 判定

if()構文を使うと、特定の条件がtrueの場合に限り実行する命令文（statement）をプログラムに加えることができます。これによって状況に応じた動作をプログラムに実行させることができます。例えば、ユーザがWebフォームに正当な情報を入力したかをチェックしてから機密データを提供できます。

if()構文は、テスト式がtrueの場合にコードブロックを実行します。例3-1でその例を説明します。

例3-1　if()を使った判定

```
if ($logged_in) {
    print "Welcome aboard, trusted user.";
}
```

if()構文は、括弧内の式（**テスト式**）の真偽値を割り出します。式がtrueと評価されたら、if()の次の中括弧内の命令文を実行します。式がtrueでなければ、プログラムは中括弧の後の命令文を続けます。この例の場合、テスト式は変数$logged_inになります。$logged_inがtrueである場合は（または、5、-12.6、Grass Carpなどのtrueと評価される値を持つ場合）、「Welcome abroad, trusted user.」と出力します。

中括弧内のコードブロックには命令文をいくつでも入れることができます。しかし、各命令文はセミコロンで終わる必要があります。これはif()構文以外のコードに適用される規則と同じです。しかし、コードブロックを囲む閉じ中括弧の後ろにセミコロンは必要ありません。また、開き中括弧の後ろにもセミコロンを付けません。テスト式がtrueのときに複数の命令文を実行するif()句を例3-2に示します。

例3-2　if()コードブロック内の複数の命令文

```
print "This is always printed.";
if ($logged_in) {
    print "Welcome aboard, trusted user.";
    print 'This is only printed if $logged_in is true.';
}
print "This is also always printed.";
```

if()のテスト式がfalseのときに別の命令文を実行するには、if()構文にelse句を加えます。この例を例3-3に示します。

例3-3　if()での else の使用

```
if ($logged_in) {
    print "Welcome aboard, trusted user.";
} else {
```

```
    print "Howdy, stranger.";
}
```

　例3-3では、1番目のprint命令文はif()テスト式(変数$logged_in)がtrueのときだけに実行されます。else句内にある2番目のprint命令文は、テスト式がfalseのときだけに実行されます。
　if()構文とelse構文は、elseif()構文を使うとさらに拡張できます。1つ以上のelseif()句をif()構文と組み合わせると、複数の条件を別々にテストできます。例3-4にelseif()の例を示します。

例3-4　elseif()の使用

```
if ($logged_in) {
    // $logged_inがtrueのときに実行する
    print "Welcome aboard, trusted user.";
} elseif ($new_messages) {
    // $logged_inがfalseだが$new_messagesがtrueのときに実行する
    print "Dear stranger, there are new messages.";
} elseif ($emergency) {
    // $logged_inと$new_messagesがfalseだが
    // $emergencyがtrueのときに実行する
    print "Stranger, there are no new messages, but there is an emergency.";
}
```

　if()文のテスト式がtrueであれば、PHPエンジンはif()の後ろのコードブロック内の命令文を実行してelseif句とそのコードブロックを無視します。if()文のテスト式がfalseであれば、PHPエンジンは最初のelseif()文に移動して同じ論理を適用します。このテスト式がtrueであれば、そのelseif()文のコードブロックを実行します。falseであれば、エンジンは次のelseif()文へ移動します。
　一式のif()文とelseif()文では、多くてもコードブロックの1つしか実行されません。それは、テスト式がtrueになる最初の命令文のコードブロックです。if()文のテスト式がtrueの場合は、elseif()文のテスト式がtrueであってもelseif()のコードブロックは何も実行されません。if()テスト式またはelseif()テスト式のうちの1つがtrueになると、残りは無視されます。if()文とelseif()文のテスト式がどれもtrueではない場合は、どのコードブロックも実行されません。
　elseif()と一緒にelseを使うと、if()とelseif()のどのテスト式もtrueではない場合に実行するコードブロックを入れることができます。例3-5では、例3-4のコードにelseを追加しています。

例3-5　elseを伴うelseif()

```
if ($logged_in) {
    // $logged_inがtrueのときに実行する
    print "Welcome aboard, trusted user.";
} elseif ($new_messages) {
    // $logged_inがfalseだが$new_messagesがtrueのときに実行する
```

```
        print "Dear stranger, there are new messages.";
} elseif ($emergency) {
    // $logged_inと$new_messagesがfalseだが
    // $emergencyがtrueのときに実行する
print "Stranger, there are no new messages, but there is an emergency.";
} else {
    // $logged_in、$new_messages、$emergency
    // がすべてfalseのときに実行する
print "I don't know you, you have no messages, and there's no emergency.";
}
```

　これまで使用してきたすべてのコードブロックは中括弧で囲まれています。厳密には、1つの命令文だけを含むコードブロックを中括弧で囲む必要はありません。中括弧を省いても、コードはやはり正しく動作します。しかし、中括弧を省くとコードを読むときに紛らわしいことがあるので、常に中括弧で囲むとよいでしょう。PHPエンジンは気にしませんが、プログラムを読む人には（特に最初にプログラムを書いてから数ヵ月後にコードを見直す場合）、中括弧があるとわかりやすいので歓迎されます。

3.3　複雑な判定

　PHPの比較演算子と論理演算子を使うと、if()構文で判定できるもっと複雑な式を組み立てることができます。これらの演算子を使うと、1つのif()文の中で値の比較や否定を行い、複数の式をつなげることができます。

　等価演算子（equality operator）は==（2つの等号）です。等価演算子は、テストする2つの値が等しい場合にtrueを返します。値は変数やリテラルにすることができます。等価演算子の使用例を例3-6に示します。

例3-6　等価演算子

```
if ($new_messages == 10) {
    print "You have ten new messages.";
}

if ($new_messages == $max_messages) {
    print "You have the maximum number of messages.";
}

if ($dinner == 'Braised Scallops') {
    print "Yum! I love seafood.";
}
```

> ## 代入と比較の違い
>
> ==のつもりで=を使わないように注意してください。等号が1つだと値を代入し、代入した値を返します。等号が2つだと等価性を調べ、値が等しい場合にtrueを返します。以下のように2つ目の等号を省くと、通常はifテストが常にtrueになります。
>
> ```
> if ($new_messages = 12) {
>     print "It seems you now have twelve new messages.";
> }
> ```
>
> 上記のコードは、$new_messagesが12に等しいかどうかを調べるのではなく$new_messagesに12を設定します。この代入は、代入している値の12を返します。このif()テスト式は、$new_messagesの値にかかわらず常にtrueになります。さらに、$new_messagesの値を上書きします。==の代わりに=を使わないようにする方法としては、以下のように変数を比較の右側に、リテラルを左側に書きます。
>
> ```
> if (12 == $new_messages) {
>     print "You have twelve new messages.";
> }
> ```
>
> 上記のテスト式は少し奇妙に見えるかもしれませんが、間違って==の代わりに=を使った場合の保護になります。等号が1つだと、テスト式は12 = $new_messagesになり、「$new_messagesの値を12に代入する」という意味になります。これは意味をなしません。12の値は変更できません。PHPエンジンがプログラムにこの式を見つけると、パース（構成要素の分析）エラーが発生してプログラムは動作しません。パースエラーは=が欠けていることを警告します。式の右側にリテラルを書くと、エンジンがコードを解析できるので、エラーは発生しません。

等価演算子の反対は!=（不等価、not-equal）です。不等価演算子は、テストする2つの値が等しくない場合にtrueを返します。例3-7を参照してください。

例3-7　不等号演算子

```
if ($new_messages != 10) {
    print "You don't have ten new messages.";
}

if ($dinner != 'Braised Scallops') {
    print "I guess we're out of scallops.";
}
```

より小さいことを意味する演算子（<）と、より大きいことを意味する演算子（>）を使うと、大き

さを比較できます。<（小なり）と>（大なり）に似ている記号に<=（以下）と>=（以上）があります。例3-8ではこれらの演算子の使い方を示します。

例3-8　少なりと大なり（または以上、以下）

```
if ($age > 17) {
    print "You are old enough to download the movie.";
}
if ($age >= 65) {
    print "You are old enough for a discount.";
}
if ($celsius_temp <= 0) {
    print "Uh-oh, your pipes may freeze.";
}
if ($kelvin_temp < 20.3) {
    print "Your hydrogen is a liquid or a solid now.";
}
```

「2.2　数値」で述べたように、浮動小数点数は内部では代入した値とは微妙に異なった値として格納されている可能性があります。例えば、50.0は内部では50.00000002として格納されていることがあります。2つの浮動小数点数が等しいかどうかをテストするには、等価演算子を使う代わりに、2つの数値の差が容認できる小さな閾値より小さいかどうかを調べます。例えば、金額を比較している場合には、容認できる閾値は0.00001になります。例3-9では2つの浮動小数点数の比べ方を示します。

例3-9　浮動小数点数の比較

```
if(abs($price_1 - $price_2) < 0.00001) {
    print '$price_1 and $price_2 are equal.';
} else {
    print '$price_1 and $price_2 are not equal.';
}
```

例3-9で使っているabs()関数は引数の絶対値を返します。abs()を使うと、$price_1が$price_2より大きくても$price_2が$price_1より大きくても適切に比較できます。

小なりと大なり演算子（そして「以上、以下」の演算子）は、数値や文字列に使用できます。一般的に、文字列は辞書を調べる場合と同様に比較します。辞書で前方に現れる文字列の方が後方に現れる文字列「よりも小さく」なります。この例を例3-10に示します。

例3-10　文字列の比較

```
if ($word < 'baa') {
    print "Your word isn't cookie.";
}
```

```
if ($word >= 'zoo') {
    print "Your word could be zoo or zymurgy, but not zone.";
}
```

しかし、文字列が数字だけの場合や数字で始まる場合、文字列の比較は予期しない結果になることがあります。PHPエンジンはこのような文字列を見つけると、比較するために数値に変換します。例3-11ではこの自動変換の実例を示します。

例3-11　数字と文字列の比較

```
// 以下の値は辞書の順で比較される
if ("x54321"> "x5678") {
    print 'The string "x54321" is greater than the string "x5678".';
} else {
    print 'The string "x54321" is not greater than the string "x5678".';
}

// 以下の値は数値の順で比較される
if ("54321" > "5678") {
    print 'The string "54321" is greater than the string "5678".';
} else {
    print 'The string "54321" is not greater than the string "5678".';
}

// 以下の値は辞書の順で比較される
if ('6 pack' < '55 card stud') {
    print 'The string "6 pack" is less than the string "55 card stud".';
} else {
    print 'The string "6 pack" is not less than the string "55 card stud".';
}

// 以下の値は数値の順で比較される
if ('6 pack' < 55) {
    print 'The string "6 pack" is less than the number 55.';
} else {
    print 'The string "6 pack" is not less than the number 55.';
}
```

例3-11の4つのテストの出力結果は以下のようになります。

```
The string "x54321" is not greater than the string "x5678".
The string "54321" is greater than the string "5678".
The string "6 pack" is not less than the string "55 card stud".
The string "6 pack" is less than the number 55.
```

1番目のテストでは、文字列は両方とも文字で始まっているので、通常の文字列として辞書順で

比較されます。最初の2つの文字（x5）は同じですが、最初の単語の3番目の文字（4）は2番目の単語の3番目の文字（6）より小さいので[*1]、大なりの比較ではfalseを返します。2番目のテストでは、それぞれの文字列はすべて数字で構成されているので、文字列は数値として比較されます。数値の54,321は数値の5,678より大きいので、大なりの比較ではtrueを返します。3番目のテストでは、両方とも数字とそれ以外の文字から構成されているので、文字列として扱い辞書順で比較されます。数字の6はエンジンの辞書では5の次になるので、小なりのテストはfalseを返します。最後のテストでは、PHPエンジンは文字列6 packを数値6に変換してから数値順で数値55と比較します。6は55より小さいので、小なりのテストはtrueを返します。

PHPエンジンであからさまに文字列を数値に変換せずに辞書順で比較したければ、組み込み関数のstrcmp()を使用します。すると、常に辞書順で引数を比較します。

非ASCII文字列の比較

PHPでは文字列をバイト列として扱います。普通の英語辞書にはない文字を使う文字列を比較したい場合には、通常の演算子や文字列比較関数では期待通り動作しない可能性があります。「20.4 ソートと比較」ではCollatorクラスについて説明します。Collatorクラスは異なる文字セットのテキストの比較やソートを行うことができます。

---

strcmp()関数は、引数として2つの文字列をとります。1番目の文字列が2番目の文字列より大きい場合には正数を返し、1番目の文字列が2番目の文字列より小さい場合には負数を返します。strcmp()での「より大きい」と「より小さい」は辞書順で決まります。strcmp()関数は文字列が等しければ0を返します。

例3-11と同じ比較をstrcmp()を使って行った例を例3-12に示します。

例3-12　strcmp()を使用した文字列の比較

```
$x = strcmp("x54321","x5678");
if ($x > 0) {
    print 'The string "x54321" is greater than the string "x5678".';
} elseif ($x < 0) {
    print 'The string "x54321" is less than the string "x5678".';
}

$x = strcmp("54321","5678");
if ($x > 0) {
    print 'The string "54321" is greater than the string "5678".';
} elseif ($x < 0) {
```

[*1] PHPエンジンが文字列を比較するために使用する「辞書」はASCIIの文字コードである。そのため、数値は文字の前にあり、0から9の順になる。また、大文字は小文字の前に来る。

```
        print 'The string "54321" is less than the string "5678".';
}

$x = strcmp('6 pack','55 card stud');
if ($x > 0) {
    print 'The string "6 pack" is greater than the string "55 card stud".';
} elseif ($x < 0) {
    print 'The string "6 pack" is less than the string "55 card stud".';
}

$x = strcmp('6 pack',55);
if ($x > 0) {
    print 'The string "6 pack" is greater than the number 55.';
} elseif ($x < 0) {
    print 'The string "6 pack" is less than the number 55.';
}
```

例3-12の出力は以下のようになります。

```
The string "x54321" is less than the string "x5678".
The string "54321" is less than the string "5678".
The string "6 pack" is greater than the string "55 card stud".
The string "6 pack" is greater than the number 55.
```

strcmp()と辞書順を使うと、2番目と4番目の比較は例3-11とは異なる結果になります。2番目の比較では、文字列の2番目の文字が異なっており4は6より小さいので、strcmp()は文字列54321の方が5678より小さいと判断します。strcmp()は、5678が54321より桁が少ないとか数値的に小さいということを問題にしません。辞書順では、54321は5678より前に来ます。4番目の比較では、strcmp()は6 packを数値に変換しないため結果が異なります。代わりに、6 packと55を文字列として比較し、最初の文字の6が辞書順では55の1文字目より後ろにあるので、6 packの方が大きいと判断します。

宇宙船演算子（<=>）はstrcmp()と同様の比較を行いますが、あらゆるデータ型を比較します。この演算子は、左オペランドが右オペランドより小さいときには負数、左オペランドが大きいときには正数、等しいときには0と評価します。例3-13に宇宙船演算子の動作を示します。

例3-13　宇宙船演算子でのデータ型の比較

```
// 1は12.7より小さいので$aは負数になる
$a = 1 <=> 12.7;

// 「c」は「b」より後に来るので$bは正数になる
$b = "charlie" <=> "bob";

// 数字文字列の比較はstrcmp()ではなく<と>のように機能する
$x = '6 pack' <=> '55 card stud';
```

```
if ($x > 0) {
    print 'The string "6 pack" is greater than the string "55 card stud".';
} elseif ($x < 0) {
    print 'The string "6 pack" is less than the string "55 card stud".';
}

// 数字文字列の比較はstrcmp()ではなく<と>のように機能する
$x ='6 pack' <=> 55;
if ($x > 0) {
    print 'The string "6 pack" is greater than the number 55.';
} elseif ($x < 0) {
    print 'The string "6 pack" is less than the number 55.';
}
```

宇宙船演算子はPHP 7で導入された。古いバージョンのPHPを使っている場合には、他の比較演算子を使ってほしい。

例3-13の出力は次の通りです。

```
The string "6 pack" is greater than the string "55 card stud".
The string "6 pack" is less than the number 55.
```

宇宙船演算子は、文字列と数値の変換に関しては他の比較演算子と同じルールに従います。==、<などと同様に「数字」の文字列を数値に変換します。

真偽値を否定するには!を使います。式の前に!を付けるのは、式がfalseと等しいかどうかを判断するテストを行うようなものです。例3-14の2つのif()文は同じです。

例3-14 否定演算子の使用

```
// $finishedがfalseであれば、テスト式($finished == false)全体は
// trueになる
if ($finished == false) {
    print 'Not done yet!';
}

// $finishedがfalseであれば、テスト式(! $finished)全体は
// trueになる
if (! $finished) {
    print 'Not done yet!';
}
```

否定演算子（negative operator）はどんな値にも使えます。値がtrueなら、否定演算子と組み合わせるとfalseになります。値がfalseなら、否定演算子と組み合わせるとtrueになります。

例3-15にstrcasecmp()の呼び出しに対する否定演算子の動作を示します。

例3-15　否定演算子
```
if (! strcasecmp($first_name,$last_name)) {
    print '$first_name and $last_name are equal.';
}
```

例3-15では、if()コードブロック文はテスト式全体がtrueのときだけ実行されます。strcasecmp()に指定した2つの文字列が等しいと（大文字と小文字の違いは無視します）、strcasecmp()は0を返すのでfalseになります。テスト式はこのfalse値に否定演算子を適用します。falseの否定はtrueです。よって、2つの等しい文字列をstrcasecmp()するとテスト式全体はtrueになります。

論理演算子（logical operator）を使って、1つのif()文の中に複数の式をまとめることができます。論理AND演算子（&&）は、2つの式が両方ともtrueかどうかをテストします。論理OR演算子（||）は、2つの式のどちらか1つ（または両方）がtrueかどうかをテストします。例3-16はこれらの論理演算子を使っています。

例3-16　論理演算子
```
if (($age >= 13) && ($age < 65)) {
    print "You are too old for a kid's discount and too young for the senior's
discount.";
}

if (($meal == 'breakfast') || ($dessert == 'souffle')) {
    print "Time to eat some eggs.";
}
```

例3-16の1番目のテスト式は、部分式が両方ともtrueのとき（$ageが13以上65未満のとき）にtrueになります。2番目のテスト式は少なくとも式のどちらか1つがtrueのとき（$mealがbreakfastか$dessertがsouffleのとき）にtrueになります。

「2章　テキストと数の操作」の演算子優先順位と括弧に関する忠告は、テスト式の論理演算子にも当てはまります。曖昧さをなくすために、大きなテスト式の中のそれぞれの部分式を括弧で囲んでください。

3.4　繰り返し

プログラムが処理を繰り返すことを、**ループ**と言います。ループはよく起こります。例えば、データベースから一連の行を取り出したり、HTMLテーブルの行を出力したり、HTMLの<select>メニューに要素を出力したりしたいときなどです。この節では、2種類のループ構文while()とfor()を説明します。それぞれの仕様は異なりますが、どちらもループに不可欠な2つ

の属性を指定する必要があります。それは、繰り返しを実行するコードと中止する条件です。実行するコードは、if()構文の後ろの中括弧内に入れるコードブロックと同様です。ループを中止する条件は、if()構文のテスト式と同様の論理式です。

while()構文は、if()を繰り返すようなものです。while()には、if()と同様に式を指定します。式がtrueなら、コードブロックを実行します。しかし、if()とは違い、while()はコードブロックを実行した後でもう一度式をチェックします。それでもtrueなら、コードブロックをもう一度実行します（式がtrueである限り何度も繰り返し実行します）。式がfalseになったら、プログラムの実行はコードブロックの後の行へと続きます。すでにわかっていると思いますが、コードブロックはループをいつまでも延々と繰り返さないようにテスト式の結果を変更すべきです。

例3-17では、while()を使って10通りのメニューを持つHTMLフォームの<select>を出力します。

例3-17　while()を使った<select>メニューの出力[*1]

```
$i = 1;
print '<select name="people">';
while ($i <= 10) {
    print "<option>$i</option>\n";
    $i++;
}
print '</select>';
```

例3-17の出力は次の通りです。

```
<select name="people"><option>1</option>
<option>2</option>
<option>3</option>
<option>4</option>
<option>5</option>
<option>6</option>
<option>7</option>
<option>8</option>
<option>9</option>
<option>10</option>
</select>
```

while()ループを実行する前に、このコードは$iを1に設定して<select>開始タグを出力します。テスト式は$iと10を比較します。$iが10以下である限り、コードブロックの2つの命令文を実行します。1行目は<select>メニューの<option>タグを出力し、2行目で$iを増分します。while()ループ内の$iを増やさないと、例3-17はいつまでも<option>1</option>を出力し続ける

[*1] 訳注：ここで登場する$i++は後置増分演算子と呼ばれるもので、33ページで登場した++$iとは異なりインクリメントする前に元の値を返す。

ことになります。

　コードブロックが `<option>10</option>` を出力すると、`$i++` の行で `$i` が 11 になります。そして、テスト式 (`$i <= 10`) を評価します。すると、trueではない（11は10以下の値ではない）ので、プログラムは while() ループのコードブロックを素通りして続く行で `</select>` 終了タグを出力します。

　for() 構文も何回も同じ文を実行するための手段を提供します。例3-18は、for() を使って例3-17と同じHTMLフォーム `<select>` メニューを出力します。

例3-18　for()を使った `<select>` メニューの出力

```
print '<select name="people">';
for ($i = 1; $i <= 10; $i++) {
    print "<option>$i</option>\n";
}
print '</select>';
```

　for() は、while() より使い方が少し複雑です。括弧の中の1つのテスト式を入れる代わりに、セミコロンで区切られた3つの式が入ります。初期化式、テスト式、そして繰り返し式です。しかし、コツがわかれば、for() は初期化と繰り返し条件を簡単に表せるループを作る簡潔な方法になります。

　例3-18の最初の式 (`$i = 1`) は**初期化式**です。ループを開始するときに1回だけ評価されます。ここには変数の初期化や他の設定コードを入れます。例3-18の2番目の式 (`$i <= 10`) はテスト式です。このテスト式は、ループするたびにループ本体の命令文の前に1回評価されます。trueなら、ループ本体を実行します（例3-18の `print "<option>$i</option>"`）。例3-18の3つ目の式 (`$i++`) は**繰り返し式**です。この式は、ループ本体を実行した後に毎回実行します。例3-18では、一連の命令文は以下のようになります。

1. 初期化式：`$i = 1;`
2. テスト式：`$i <= 10`（true、`$i` は1）
3. コードブロック：`print"<option>$i</option>";`
4. 繰り返し式：`$i++;`
5. テスト式：`$i <= 10`（true、`$i` は2）
6. コードブロック：`print "<option>$i</option>";`
7. 繰り返し式：`$i++;`
8. （`$i` の値を増やしながらループが続く）
9. テスト式：`$i <= 10`（true、`$i` は9）
10. コードブロック：`print "<option>$i</option>";`
11. 繰り返し式：`$i++;`
12. テスト式：`$i <= 10`（true、`$i` は10）

13. コードブロック：print "<option>$i</option>";
14. 繰り返し式：$i++;
15. テスト式：$i <= 10（false、$iは11）

　カンマで式を区切ると、for()ループの初期化式と繰り返し式で複数の式を結合できます。これは一般的にループを進める際に複数の変数を変更したいときに使います。例3-19では、変数$minと$maxに使っています。

例3-19　for()の中での複数の式

```
print '<select name="doughnuts">';
for ($min = 1, $max = 10; $min < 50; $min += 10, $max += 10) {
    print "<option>$min - $max</option>\n";
}
print '</select>';
```

　ループ内を通るたびに、$minと$maxを10ずつ増やします。例3-19の出力は次の通りです。

```
<select name="doughnuts"><option>1 - 10</option>
<option>11 - 20</option>
<option>21 - 30</option>
<option>31 - 40</option>
<option>41 - 50</option>
</select>
```

3.5　まとめ

本章では次の内容を取り上げました。

- 式の真偽値（trueまたはfalse）を評価する。
- if()を使って判定する。
- elseを使ってif()を拡張する。
- elseif()を使ってif()を拡張する。
- if()、elseif()、elseコードブロックへ複数文を配置する。
- テスト式で等価演算子（==）と不等価演算子（!=）を使用する。
- 代入（=）と等価比較（==）を区別する。
- テスト式で4通りの演算子、小なり（<）、大なり（>）、以下（<=）、以上（>=）演算子を使用する。
- abs()を使って2つの浮動小数点数を比較する。
- 演算子を使って2つの文字列を比較する。
- strcmp()やstrcasecmp()を使って2つの文字列を比較する。
- テスト式で宇宙船演算子（<=>）を使用する。
- テスト式で否定演算子（!）を使用する。

- 論理演算子（&&と||）を使って複雑なテスト式を作成する。
- while()を使ってコードブロックを繰り返す。
- for()を使ってコードブロックを繰り返す。

3.6　演習問題[*1]

1. 式の評価にPHPプログラムを使わずに、以下の式がtrueかfalseかどうかを判断しなさい。
    a. 100.00 - 100
    b. "zero"
    c. "false"
    d. 0 + "true"
    e. 0.000
    f. "0.0"
    g. strcmp("false,"False")
    h. 0 <=> "0"

2. このプログラムの出力結果をPHPエンジンで実行せずに予想しなさい。
    ```
    $age = 12;
    $shoe_size = 13;
    if ($age > $shoe_size) {
        print "Message 1.";
    } elseif (($shoe_size++) && ($age > 20)) {
        print "Message 2.";
    } else {
        print "Message 3.";
    }
    print "Age: $age. Shoe Size: $shoe_size";
    ```

3. while()を使って、-50°Fから50°Fまでの5度刻みの華氏と摂氏の温度表を出力しなさい。華氏では、水は32°Fで凍り212°Fで沸騰する、そして摂氏では、水は0°Cで凍り、100°Cで沸騰する、と定義されています。したがって、華氏から摂氏に換算するには、温度値から32を引き、5倍して9で割る。摂氏から華氏に換算するには、9をかけて5で割り、32を足す。

4. 問題3の答えをwhile()の代わりにfor()を使って修正しなさい。

[*1] 答えは本書のWebサイト（http://www.oreilly.co.jp/books/9784873117935/）に掲載している。

4章
データのグループ：配列の操作

　配列（array）はフォームからサブミットされたデータ、クラスの生徒名、各都市の人口などの関係している値の集合です。「2章　テキストと数の操作」では、変数が値を入れる名前の付いた容器であることを解説しました。配列は、複数の値を持つ容器です。

　本章では配列の操作方法を説明します。次の節「配列の基本」では、配列の作成方法や要素の操作方法などの基本事項を採り上げます。配列内の各要素を出力したり、特定の条件で検査を行ったりすることはよくあります。「4.2　配列のループ」では、foreach()構文とfor()構文を使ってこのような操作を行う方法を説明します。「4.3　配列の変更」ではimplode()関数とexplode()関数を紹介します。これらの関数は配列から文字列、文字列から配列への変換を行います。もう1種類の配列の変更は並べ替えで、「4.4　配列のソート」で説明します。最後に、「4.5　多次元配列の使用」では他の配列を内包する配列について探検します。

　配列の操作は一般的なPHPプログラミングタスクです。「7章　ユーザとの情報交換：Webフォームの作成」ではフォームデータの処理方法を示します。PHPエンジンはフォームデータを自動的に配列に格納します。「8章　情報の保存：データベース」で説明するように、データベースから情報を取り出す際には、そのデータを配列にまとめることが少なくありません。配列を簡単に扱えると、このようなデータ操作が簡単になります。

4.1　配列の基本

　配列は複数の**要素**（element）から成り立っています。各要素は**キー**（key）と**値**（バリュー：value）を持ちます。例えば、**図4-1**で示すように、野菜の色に関する情報を持つ配列はキーとして野菜の名前、値（バリュー）として色を持ちます。

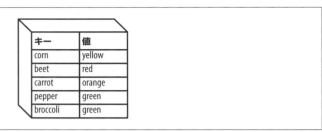

図4-1　野菜の色に関する情報を持つ配列のキーと値

配列はキーごとに1つの要素だけを持つことができます。野菜の色の配列には、値がblueの要素が複数あっても、キーがcornである別の要素はありえません。しかし、同じ値が1つの配列内で何回も出てくることはあります。緑の胡椒、緑のブロッコリー、緑のセロリはありえます。

corn、4、-36、Salt Baked Squidなど、任意の文字列や数値を配列要素のキーにすることができます。配列とその他の非スカラー値[*1]はキーにはできませんが、要素値にすることはできます。要素値は、文字列、数値、true、false、別の配列のような非スカラー型など、何でも構いません。

4.1.1　配列の作成

配列を作成するにはarray()言語構造を使います。キーと値を=>でつないだ、キーと値のペアのカンマ区切りリストを指定します。これを例4-1に示します。

例4-1　配列の作成

```
$vegetables = array('corn' => 'yellow',
                    'beet' => 'red',
                    'carrot' => 'orange');

$dinner = array(0 => 'Sweet Corn and Asparagus',
                1 => 'Lemon Chicken',
                2 => 'Braised Bamboo Fungus');

$computers = array('trs-80' => 'Radio Shack',
                   2600 => 'Atari',
                   'Adam' => 'Coleco');
```

例4-1の配列キーと値は、文字列（corn、Braised Bamboo Fungus、Colecoなど）と数値（0、1、2600など）です。このような文字列や数値はPHPプログラムの他の文字列や数値と同様に記述し、文字列は引用符で囲みますが、数値は囲みません。

array()言語構造の簡略法は角括弧です（**短縮配列構文**と呼ばれます）。例4-2は例4-1と同じ配列を作成しますが、短縮配列構文を使っています。

[*1]　**スカラー**は、単一の値（数値、テキスト、true、false）を持つデータを表す。複数の値を持つ配列のような複合データ型はスカラーではない。

例4-2　短縮配列構文の使用

```
$vegetables = ['corn' => 'yellow', 'beet' => 'red', 'carrot' => 'orange'];

$dinner = [0 => 'Sweet Corn and Asparagus',
           1 => 'Lemon Chicken',
           2 => 'Braised Bamboo Fungus'];

$computers = ['trs-80' => 'Radio Shack', 2600 => 'Atari', 'Adam' => 'Coleco'];
```

短縮配列構文はPHP 5.4で導入された。PHPの古いバージョンを使っている場合にはarray()を使う必要がある。

　また、特定の配列キーに値を割り当てることで、配列に要素を1つずつ追加することもできます。例4-3は上記の2つの例と同じ配列を作成しますが、要素を1つずつ作成します。

例4-3　要素ごとの配列の作成[*1]

```
// 文字列のキーを持つ$vegetablesという配列
$vegetables['corn'] = 'yellow';
$vegetables['beet'] = 'red';
$vegetables['carrot'] = 'orange';

// 数値のキーを持つ$dinnerという配列
$dinner[0] = 'Sweet Corn and Asparagus';
$dinner[1] = 'Lemon Chicken';
$dinner[2] = 'Braised Bamboo Fungus';

// 文字列と数値のキーが混在する$computersという配列
$computers['trs-80'] = 'Radio Shack';
$computers[2600] = 'Atari';
$computers['Adam'] = 'Coleco';
```

　例4-3では、配列の変数名の後の角括弧は配列の特定のキーを参照します。そのキーに値を割り当てると、配列の要素を作成します。

4.1.2　適切な配列名の選択

　配列を保持する変数名は、他の変数名と同じ規則に従います。配列変数とスカラー変数の名前は同じ変数名プールの名前を使うので、$vegetablesという名前の配列と$vegetablesという名前の

[*1]　訳注：配列$vegitablesを定義せずに直接キーを指定して定義する方法は公式ドキュメントでは推奨されていない（http://php.net/manual/ja/language.types.array.php#language.types.array.syntax.modifying）。

スカラーを同時に使うことはできません。配列にスカラー値を割り当てた場合（またはその逆の場合）、古い値は黙って削除され、変数は新しい値になります。例4-4では$vegetablesはスカラーになり、$fruitsは配列になります。

例4-4　配列とスカラーの衝突

```
// $vegetables は配列になる
$vegetables['corn'] = 'yellow';

// 「corn」と「yellow」の痕跡を削除して $vegetables はスカラーになる
$vegetables = 'delicious';

// $fruits はスカラーになる
$fruits = 283;

// 正しく動作しない -- $fruits は 283 のままで
// PHPエンジンは警告を発する
$fruits['potassium'] = 'banana';

// しかし、これは $fruits を上書きして配列になる
$fruits = array('potassium' => 'banana');
```

　例4-1では、$vegetables配列と$computers配列は関係のリストを格納します。$vegetables配列は野菜と色を関連付け、$computers配列はコンピュータ名とメーカーを関連付けます。しかし、$dinner配列では、配列値である料理名に関心があるだけで、配列キーは要素を区別するための数字です。

4.1.3　数値配列の作成

　PHPは、キーとして数値だけを持つ配列を操作するための近道を提供しています。キーと値のペアの代わりに値のリストだけを指定して[]やarray()で配列を作成すると、PHPエンジンは自動的に数値キーをそれぞれの値に割り当てます。キーは0から始まり、要素ごとに1ずつ増やします。例4-5では、このテクニックを使って$dinner配列を作成します。

例4-5　array()を使った数値配列の作成

```
$dinner = array('Sweet Corn and Asparagus',
                'Lemon Chicken',
                'Braised Bamboo Fungus');
print "I want $dinner[0] and $dinner[1].";
```

　例4-5は以下を出力します。

```
I want Sweet Corn and Asparagus and Lemon Chicken.
```

　内部的には、PHPエンジンは数値キーを持つ配列と文字列キーを持つ配列（そして、数値キー

と文字列キーが混ざった配列）を同等に扱います。他のプログラム言語の機能と似ているので、プログラマは多くの場合、数値キーだけを持つ配列を「数値（numeric）」配列、「インデックス付き（indexed）」配列、または「順序付き（ordered）」配列と呼び、文字列キーを持つ配列を「連想（associative）」配列と呼びます。つまり、**連想配列**はキーが配列内の値の位置以外を表す配列です。キーがそれぞれの値を**連想**させるのです。

例4-6に示すように、配列を作成するときや空の角括弧が付いた配列に要素を追加するときには、PHPは配列キーの数値を自動的に増やします。

例4-6　[]を使った要素の追加

```
// 2つの要素を持つ$lunch配列を作成する
// $lunch[0] を設定する
$lunch[] = 'Dried Mushrooms in Brown Sauce';
// $lunch[1] を設定する
$lunch[] = 'Pineapple and Yu Fungus';

// 3つの要素で$dinnerを作成する
$dinner = array('Sweet Corn and Asparagus', 'Lemon Chicken',
                'Braised Bamboo Fungus');

// $dinnerの最後に要素を追加する
// $dinner[3] を設定する
$dinner[] = 'Flank Skin with Spiced Flavor';
```

空の括弧は配列に要素を加えます。新しい要素は、すでに配列内にある最も大きい数値キーよりも1つ大きい数値キーを持ちます。配列がまだ存在していない場合は、空の括弧はキーが0の要素を追加します。

最初の要素をキー1ではなくキー0にするのは、（コンピュータプログラマとは対照的に）普通の人々の考え方に反するものなので、繰り返しになるが、数値キーを持つ配列の最初の要素は要素1ではなく要素0になる。

4.1.4　配列サイズの洗い出し

count()関数は配列内の要素の数を知らせます。例4-7にcount()の例を示します。

例4-7　配列サイズの洗い出し

```
dinner = array('Sweet Corn and Asparagus',
               'Lemon Chicken',
               'Braised Bamboo Fungus');

$dishes = count($dinner);
```

```
print "There are $dishes things for dinner.";
```

例4-7の出力はこうなります。

```
There are 3 things for dinner.
```

空の配列（すなわち、要素が入っていない配列）を渡すと、count()は0を返します。また、if()テスト式では空の配列はfalseに評価されます。

4.2　配列のループ

最も一般的な配列操作の1つは、配列内の要素を個々にとらえて何らかの方法で処理をすることです。HTMLテーブルの行としてまとめたり、値を合計して累計を求めたりする場合です。

配列の要素を反復処理するための最も簡単な方法は、foreach()を使うことです。foreach()構文を使うと、配列の各要素に対して1回ずつコードブロックを実行できます。例4-8は、foreach()を使用して配列内の要素を含むHTMLテーブルを出力します。

例4-8　foreach()を使ったループ

```
$meal = array('breakfast' => 'Walnut Bun',         くるみパン
              'lunch' => 'Cashew Nuts and White Mushrooms',  カシューナッツとホワイトマッシュルーム
              'snack' => 'Dried Mulberries',       干しマルベリー
              'dinner' => 'Eggplant with Chili Sauce');  ナスのチリソース
print "<table>\n";
foreach ($meal as $key => $value) {
    print "<tr><td>$key</td><td>$value</td></tr>\n";
}
print '</table>';
```

例4-8の出力はこうなります。

```
<table>
<tr><td>breakfast</td><td>Walnut Bun</td></tr>
<tr><td>lunch</td><td>Cashew Nuts and White Mushrooms</td></tr>
<tr><td>snack</td><td>Dried Mulberries</td></tr>
<tr><td>dinner</td><td>Eggplant with Chili Sauce</td></tr>
</table>
```

foreach()は、$mealの各要素のキーを$keyに、値を$valueにコピーします。そして、中括弧の中のコードを実行します。例4-8では、コードはHTMLで$keyと$valueを出力してテーブル行を作成します。コードブロック内のキーと値には任意の変数名を使えます。しかし、foreach()の前にその変数名が使われていると、配列の値で上書きされます。

foreach()を使ってHTMLテーブルのデータを出力しているときには、テーブル行に適用するCSSクラスを交互に切り替えたいことが少なくありません。これは、切り替えるクラス名を別個

の配列に格納すると簡単に行えます。そして、foreach()を通過するたびに0と1で変数を切り換えて適当なクラス名を出力します。例4-9は、$row_styles配列の2つのクラス名を切り替えます。

例4-9　テーブル行クラスの切り替え

```
$row_styles = array('even','odd');
$style_index = 0;
$meal = array('breakfast' => 'Walnut Bun',
              'lunch' => 'Cashew Nuts and White Mushrooms',
              'snack' => 'Dried Mulberries',
              'dinner' => 'Eggplant with Chili Sauce');
print "<table>\n";
foreach ($meal as $key => $value) {
    print '<tr class="' . $row_styles[$style_index] . '">';
    print "<td>$key</td><td>$value</td></tr>\n";
    // $style_indexを0と1で切り替える
    $style_index = 1 - $style_index;
}
print '</table>';
```

例4-9の出力はこうなります。

```
<table>
<tr class="even"><td>breakfast</td><td>Walnut Bun</td></tr>
<tr class="odd"><td>lunch</td><td>Cashew Nuts and White Mushrooms</td></tr>
<tr class="even"><td>snack</td><td>Dried Mulberries</td></tr>
<tr class="odd"><td>dinner</td><td>Eggplant with Chili Sauce</td></tr>
</table>
```

foreach()コードブロック内では、$keyと$valueなどのループの変数を変えても実際の配列に影響しません。配列要素値を変えたい場合は、$key変数を配列のインデックスとして使います。例4-10は、このテクニックを使って配列の各要素の値を2倍にします。

例4-10　foreach()を使った配列の変更

```
$meals = array('Walnut Bun' => 1,
               'Cashew Nuts and White Mushrooms' => 4.95,
               'Dried Mulberries' => 3.00,
               'Eggplant with Chili Sauce' => 6.50);

foreach ($meals as $dish => $price) {
    // $price = $price * 2 ではうまくいかない
    $meals[$dish] = $meals[$dish] * 2;
}

// 配列をもう一度反復処理して変更した値を出力する
foreach ($meals as $dish => $price) {
```

```
    printf("The new price of %s is \$%.2f.\n",$dish,$price);
}
```

例4-11の出力はこうなります。

```
The new price of Walnut Bun is $2.00.
The new price of Cashew Nuts and White Mushrooms is $9.90.
The new price of Dried Mulberries is $6.00.
The new price of Eggplant with Chili Sauce is $13.00.
```

例4-11に示すように、数値配列に使うforeach()にはもっと簡潔な形式があります。

例4-11　数値配列でのforeach()の使用

```
$dinner = array('Sweet Corn and Asparagus',        スイートコーンとアスパラガス
                'Lemon Chicken',                    レモンチキン
                'Braised Bamboo Fungus');           キヌガサタケの煮込み
foreach ($dinner as $dish) {
    print "You can eat: $dish\n";
}
```

例4-11は以下を出力します。

```
You can eat: Sweet Corn and Asparagus
You can eat: Lemon Chicken
You can eat: Braised Bamboo Fungus
```

この形式のforeach()では、asの後ろに1つの変数名だけを指定し、コードブロック内で各要素値をその変数にコピーします。しかし、コードブロック内では要素キーにはアクセスできません。

foreach()で配列の現在位置を追跡するには、別の変数を使ってforeach()コードブロックを実行するたびに増分するようにします。for()の場合は、ループ変数で明示的に位置を取得します。foreach()ループでは配列要素値がわかりますが、for()ループでは配列要素の位置がわかります。同時に両方がわかるループ構文は存在しません。

そのため、数値配列を反復しているときに現在の要素を調べたい場合には、foreach()の代わりにfor()を使います。for()ループでは、0から始まり配列の要素数より1つ少ない数値になるまで続くループ変数を使います。これを例4-12に示します。

例4-12　for()を使った数値配列の反復

```
$dinner = array('Sweet Corn and Asparagus',
                'Lemon Chicken',
                'Braised Bamboo Fungus');
for ($i = 0, $num_dishes = count($dinner); $i < $num_dishes; $i++) {
  print "Dish number $i is $dinner[$i]\n";
}
```

例4-12の出力はこうなります。

```
Dish number 0 is Sweet Corn and Asparagus
Dish number 1 is Lemon Chicken
Dish number 2 is Braised Bamboo Fungus
```

for()で配列内を反復する際には、現在の配列要素までの累積カウンタを利用できます。例4-13に示すように、このカウンタ値を剰余演算子（%）と一緒に使ってテーブル行のクラスを切り替えます。

例4-13　for()を使ったテーブル行クラスの切り替え

```
$row_styles = array('even','odd');
$dinner = array('Sweet Corn and Asparagus',
                'Lemon Chicken',
                'Braised Bamboo Fungus');
print "<table>\n";

for ($i = 0, $num_dishes = count($dinner); $i < $num_dishes; $i++) {
    print '<tr class="' . $row_styles[$i % 2] . '">';
    print "<td>Element $i</td><td>$dinner[$i]</td></tr>\n";
}
print '</table>';
```

例4-13は$i % 2で正しいテーブル行クラスを計算します。$iは偶数と奇数を交互に繰り返すので、この値は0と1を交互に繰り返します。例4-9の$style_indexのように別の変数を使って適切な行クラス名を保持する必要はありません。例4-13の出力はこうなります。

```
<table>
<tr class="even"><td>Element 0</td><td>Sweet Corn and Asparagus</td></tr>
<tr class="odd"><td>Element 1</td><td>Lemon Chicken</td></tr>
<tr class="even"><td>Element 2</td><td>Braised Bamboo Fungus</td></tr>
</table>
```

foreach()を使って配列内を反復するときには、要素には配列に追加された順番でアクセスします。1番目に追加された要素に最初にアクセスし、2番目に追加された要素には2番目にアクセスするといった具合です。通常のキーの順序とは異なる順序で追加された要素を持つ数値配列があると、予期しない結果が生じます。例4-14は、配列要素を数値順やアルファベット順で出力しません。

例4-14　配列要素の順番とforeach()

```
$letters[0] = 'A';
$letters[1] = 'B';
$letters[3] = 'D';
$letters[2] = 'C';
```

```
foreach ($letters as $letter) {
    print $letter;
}
```

例4-14の出力はこうなります。

```
ABDC
```

要素に数値キーの順番でアクセスすることを保証するには、for()を使ってループ内を反復します。

```
for ($i = 0, $num_letters = count($letters); $i < $num_letters; $i++) {
    print $letters[$i];
}
```

今度はこのような出力になります。

```
ABCD
```

配列で特定の要素を探す場合に配列全体を反復する必要はありません。特定の要素はもっと効率の良い方法で探すことができます。あるキーを持つ要素を探すには、例4-15に示すようにarray_key_exists()を使います。この関数は、指定の配列に指定のキーを持つ要素がある場合にtrueを返します。

例4-15　特定のキーを持つ要素の調査

```
$meals = array('Walnut Bun' => 1,
               'Cashew Nuts and White Mushrooms' => 4.95,
               'Dried Mulberries' => 3.00,
               'Eggplant with Chili Sauce' => 6.50,
               'Shrimp Puffs' => 0); // Shrimp Puffs are free!
$books = array("The Eater's Guide to Chinese Characters",
               'How to Cook and Eat in Chinese');

// これはtrue
if (array_key_exists('Shrimp Puffs',$meals)) {
    print "Yes, we have Shrimp Puffs";
}
// これはfalse
if (array_key_exists('Steak Sandwich',$meals)) {
    print "We have a Steak Sandwich";
}
// これはtrue
if (array_key_exists(1, $books)) {
    print "Element 1 is How to Cook and Eat in Chinese";
}
```

特定の値を持つ要素を調べるには、例4-16に示すようにin_array()を使います。

例4-16　特定の値を持つ要素の調査

```
$meals = array('Walnut Bun' => 1,
               'Cashew Nuts and White Mushrooms' => 4.95,
               'Dried Mulberries' => 3.00,
               'Eggplant with Chili Sauce' => 6.50,
               'Shrimp Puffs' => 0);
$books = array("The Eater's Guide to Chinese Characters",
               'How to Cook and Eat in Chinese');

// これはtrue：キー Dried Mulberriesの値は3.00
if (in_array(3, $meals)) {
    print 'There is a $3 item.';
}
// これはtrue
if (in_array('How to Cook and Eat in Chinese', $books)) {
    print "We have How to Cook and Eat in Chinese";
}
// これはfalse：in_array()は大文字小文字を区別する
if (in_array("the eater's guide to chinese characters", $books)) {
    print "We have the Eater's Guide to Chinese Characters.";
}
```

　in_array()関数は、指定の値を持つ要素を見つけるとtrueを返します。文字列を比較するときには大文字小文字を区別します。array_search()関数はin_array()と似ていますが、要素を見つけるとtrueの代わりに要素キーを返します。例4-17では、array_search()は値段が6.50ドルの料理の名前を返します。

例4-17　特定の値を持つ要素の検索

```
$meals = array('Walnut Bun' => 1,
               'Cashew Nuts and White Mushrooms' => 4.95,
               'Dried Mulberries' => 3.00,
               'Eggplant with Chili Sauce' => 6.50,
               'Shrimp Puffs' => 0);

$dish = array_search(6.50, $meals);
if ($dish) {
    print "$dish costs \$6.50";
}
```

　例4-17の出力は次の通りです。

```
Eggplant with Chili Sauce costs $6.50
```

4.3 配列の変更

算術演算子、論理演算子、その他の演算子を使うと、通常のスカラー変数と同様に個々の配列要素を操作できます。例4-18に配列要素の操作を示します。

例4-18　配列要素の操作

```
$dishes['Beef Chow Foon'] = 12;
$dishes['Beef Chow Foon']++;
$dishes['Roast Duck'] = 3;

$dishes['total'] = $dishes['Beef Chow Foon'] + $dishes['Roast Duck'];
if ($dishes['total'] > 15) {
    print "You ate a lot: ";
}
print 'You ate ' . $dishes['Beef Chow Foon'] . ' dishes of Beef Chow Foon.';
```

例4-18の出力は次の通りです。

```
You ate a lot: You ate 13 dishes of Beef Chow Foon.
```

二重引用符の付いた文字列やヒアドキュメントに配列要素値を補間するのは、数値や文字列の補間に似ています。最も簡単な方法は文字列に配列要素を使うことですが、要素キーを引用符で囲んではいけません。これを例4-19に示します。

例4-19　二重引用符で囲まれた文字列における配列要素値の補間

```
$meals['breakfast'] = 'Walnut Bun';
$meals['lunch'] = 'Eggplant with Chili Sauce';
$amounts = array(3, 6);

print "For breakfast, I'd like $meals[breakfast] and for lunch,\n";
print "I'd like $meals[lunch]. I want $amounts[0] at breakfast and\n";
print "$amounts[1] at lunch.";
```

例4-19の出力は次の通りです。

```
For breakfast, I'd like Walnut Bun and for lunch,
I'd like Eggplant with Chili Sauce. I want 3 at breakfast and
6 at lunch.
```

例4-19の補間は、文字、数字、アンダースコアだけからなる配列キーでしか正しく機能しません。ホワイトスペースや他の句読点を含む配列キーがある場合には、例4-20のように中括弧で囲んで補間します。

例4-20　中括弧を使った配列要素値の補間

```
$meals['Walnut Bun'] = '$3.95';
$hosts['www.example.com'] = 'website';

print "A Walnut Bun costs {$meals['Walnut Bun']}.\n";
print "www.example.com is a {$hosts['www.example.com']}.";
```

例4-20は以下を出力します。

```
A Walnut Bun costs $3.95.
www.example.com is a website.
```

二重引用符で囲んだ文字列やヒアドキュメントでは、中括弧内の式を評価してから文字列に値を埋め込みます。例4-20で使っている式は配列要素だけなので、文字列に要素値を補間します。

配列から要素を削除するにはunset()を使います。

```
unset($dishes['Roast Duck']);
```

unset()での要素の削除は、要素値を0や空の文字列に設定することとは異なります。unset()を使うと、配列を反復処理したときや配列内の要素数を数えたときにその要素は存在しなくなります。店の在庫を表す配列にunset()を使うと、その店がもはやその商品を扱っていないと言うようなものです。要素の値を0や空の文字列に設定するのは、その商品が一時的に品切れであることを表します。

一度に配列内のすべての値を出力したいときには、implode()関数を使うのが最も簡単です。implode()関数は、配列のすべての値を結合してそれぞれの値の間に区切り文字を入れて文字列を作成します。例4-21は、選んだ点心料理をカンマで区切ったリストを出力します。

例4-21　implode()を使った配列からの文字列の作成

```
$dimsum = array('Chicken Bun','Stuffed Duck Web','Turnip Cake');
$menu = implode(', ', $dimsum);
print $menu;
```

例4-21の出力は次の通りです。

```
Chicken Bun, Stuffed Duck Web, Turnip Cake
```

区切り文字なしで配列を展開するには、以下のようにimplode()の最初の引数に空の文字列を使います。

```
$letters = array('A','B','C','D');
print implode('',$letters);
```

これは以下を出力します。

```
ABCD
```

例4-22に示すように、implode()を使うとHTMLテーブル行の出力が簡単になります。

例4-22 implode()を使ったHTMLテーブル行の出力

```
$dimsum = array('Chicken Bun','Stuffed Duck Web','Turnip Cake');
print '<tr><td>' . implode('</td><td>',$dimsum) . '</td></tr>';
```

例4-22の出力は次の通りです。

```
<tr><td>Chicken Bun</td><td>Stuffed Duck Web</td><td>Turnip Cake</td></tr>
```

implode()関数は値の間に区切り文字を挿入するので、完全なテーブル行を作るには、最初の要素の前の開始タグと最後の要素の後の終了タグも出力します。

implode()の反対の動作をする関数はexplode()と呼ばれ、文字列をばらして配列に入れます。explode()に渡す引数の区切り文字は、配列要素を分離するために探し出す文字列です。例4-23はexplode()の例を示します。

例4-23 explode()を使った文字列の配列への変換

```
$fish = 'Bass, Carp, Pike, Flounder';
$fish_list = explode(', ', $fish);
print "The second fish is $fish_list[1]";
```

例4-23の出力は次の通りです。

```
The second fish is Carp
```

4.4 配列のソート

配列のソートにはいくつかの方法があります。どの関数を使うかは、配列をどのように並べ替えたいかと配列の種類によって決まります。

sort()関数は要素の値で配列をソートします。ソートのときに配列のキーをリセットするので、数値配列にだけ使用すべきです。例4-24はソートの前と後の配列を示します。

例4-24 sort()を使ったソート

```
$dinner = array('Sweet Corn and Asparagus',
                'Lemon Chicken',
                'Braised Bamboo Fungus');
$meal = array('breakfast' => 'Walnut Bun',
              'lunch' => 'Cashew Nuts and White Mushrooms',
              'snack' => 'Dried Mulberries',
              'dinner' => 'Eggplant with Chili Sauce');

print "Before Sorting:\n";
foreach ($dinner as $key => $value) {
```

```
        print " \$dinner: $key $value\n";
}
foreach ($meal as $key => $value) {
    print " \$meal: $key $value\n";
}

sort($dinner);
sort($meal);

print "After Sorting:\n";
foreach ($dinner as $key => $value) {
    print " \$dinner: $key $value\n";
}
foreach ($meal as $key => $value) {
    print " \$meal: $key $value\n";
}
```

例4-24の出力は次の通りです。

```
Before Sorting:
 $dinner: 0 Sweet Corn and Asparagus
 $dinner: 1 Lemon Chicken
 $dinner: 2 Braised Bamboo Fungus
   $meal: breakfast Walnut Bun
   $meal: lunch Cashew Nuts and White Mushrooms
   $meal: snack Dried Mulberries
   $meal: dinner Eggplant with Chili Sauce
After Sorting:
 $dinner: 0 Braised Bamboo Fungus
 $dinner: 1 Lemon Chicken
 $dinner: 2 Sweet Corn and Asparagus
   $meal: 0 Cashew Nuts and White Mushrooms
   $meal: 1 Dried Mulberries
   $meal: 2 Eggplant with Chili Sauce
   $meal: 3 Walnut Bun
```

どちらの配列も要素値によって昇順にソートされています。$dinnerの最初の値はBraised Bamboo Fungusになり、$mealの最初の値はCashew Nuts and White Mushroomsになっています。数値配列なので$dinnerのキーはソートする前から変わっていません。しかし、$mealのキーは0から3の数値に変換されています。

連想配列を要素値でソートするにはasort()を使います。この関数はキーと値をそのまま保持します。例4-25は、例4-24の$meal配列をasort()でソートした例を示します。

例4-25　asort()を使ったソート

```
$meal = array('breakfast' => 'Walnut Bun',
              'lunch' => 'Cashew Nuts and White Mushrooms',
```

```
            'snack' => 'Dried Mulberries',
            'dinner' => 'Eggplant with Chili Sauce');
print "Before Sorting:\n";
foreach ($meal as $key => $value) {
    print " \$meal: $key $value\n";
}

asort($meal);

print "After Sorting:\n";
foreach ($meal as $key => $value) {
    print " \$meal: $key $value\n";
}
```

例4-25の出力は次の通りです。

```
Before Sorting:
    $meal: breakfast Walnut Bun
    $meal: lunch Cashew Nuts and White Mushrooms
    $meal: snack Dried Mulberries
    $meal: dinner Eggplant with Chili Sauce
After Sorting:
    $meal: lunch Cashew Nuts and White Mushrooms
    $meal: snack Dried Mulberries
    $meal: dinner Eggplant with Chili Sauce
    $meal: breakfast Walnut Bun
```

asort()では値はsort()と同じ方法でソートされますが、今回はキーがそのままです。

sort()とasort()は要素値で配列をソートしますが、ksort()を使うとキーで配列をソートすることもできます。ksort()はキーと値のペアを一緒に保持しますが、キーの順に並べます。例4-26は、ksort()でソートした$mealを表します。

例4-26　ksort()を使ったソート

```
$meal = array('breakfast' => 'Walnut Bun',
              'lunch' => 'Cashew Nuts and White Mushrooms',
              'snack' => 'Dried Mulberries',
              'dinner' => 'Eggplant with Chili Sauce');

print "Before Sorting:\n";
foreach ($meal as $key => $value) {
    print " \$meal: $key $value\n";
}

ksort($meal);

print "After Sorting:\n";
```

```
foreach ($meal as $key => $value) {
    print " \$meal: $key $value\n";
}
```

例4-26の出力は次の通りです。

```
Before Sorting:
    $meal: breakfast Walnut Bun
    $meal: lunch Cashew Nuts and White Mushrooms
    $meal: snack Dried Mulberries
    $meal: dinner Eggplant with Chili Sauce
After Sorting:
    $meal: breakfast Walnut Bun
    $meal: dinner Eggplant with Chili Sauce
    $meal: lunch Cashew Nuts and White Mushrooms
    $meal: snack Dried Mulberries
```

配列はソートされ、キーはアルファベット順になりました。各要素は変わらないので、ソートした後の各キーに対する値は、ソートする前と同じです。ksort()で数値配列をソートすると、キーが数値の昇順になるように要素がソートします。これはarray()や[]を使って数値配列を作成したときと同じ順序です。

配列ソート関数sort()、asort()、ksort()に対して、降順でソートする関数があります。逆順にソートする関数はrsort()、arsort()、krsort()という名前です。これらの関数はsort()、asort()、ksort()と全く同じことを行いますが、ソートされ配列では最大（またはアルファベット順で最後）のキーや値が最初になり、以降の要素が降順に並ぶように配列をソートします。例4-27にarsort()の動作を示します。

例4-27 arsort()を使ったソート

```
$meal = array('breakfast' => 'Walnut Bun',
              'lunch' => 'Cashew Nuts and White Mushrooms',
              'snack' => 'Dried Mulberries',
              'dinner' => 'Eggplant with Chili Sauce');

print "Before Sorting:\n";
foreach ($meal as $key => $value) {
    print " \$meal: $key $value\n";
}

arsort($meal);

print "After Sorting:\n";
foreach ($meal as $key => $value) {
    print " \$meal: $key $value\n";
}
```

例4-27の出力は次の通りです。

```
Before Sorting:
    $meal: breakfast Walnut Bun
    $meal: lunch Cashew Nuts and White Mushrooms
    $meal: snack Dried Mulberries
    $meal: dinner Eggplant with Chili Sauce
After Sorting:
    $meal: breakfast Walnut Bun
    $meal: dinner Eggplant with Chili Sauce
    $meal: snack Dried Mulberries
    $meal: lunch Cashew Nuts and White Mushrooms
```

asort()関数と同様、arsort()関数はキーと値の関係を維持しますが、要素を（値の）降順にソートします。Wから始まる値を持つ要素が最初になり、Cから始まる値を持つ要素が最後になります。

4.5　多次元配列の使用

「4.1　配列の基本」で述べたように、配列要素の値を別の配列にすることができます。これは、単なるキーと1つの値よりも複雑な構造を持つデータの保存をしたいときに役に立ちます。標準的なキーと値のペアは、食事の種類（breakfastやlunchなど）と1つの料理（Walnut Bun、Chicken with Cashew Nutsなど）を対応付けるには適していますが、それぞれの食事に複数の料理がある場合にはどうでしょうか。そのときには、要素値は文字列ではなく配列にすべきです。

例4-28に示すように、array()構文や短縮配列構文[]を使用して、要素値としてさらに配列を持つ配列を作成できます。

例4-28　array()と[]を使った多次元配列の作成

```
$meals = array('breakfast' => ['Walnut Bun','Coffee'],
               'lunch' => ['Cashew Nuts', 'White Mushrooms'],
               'snack' => ['Dried Mulberries','Salted Sesame Crab']);

$lunches = [ ['Chicken','Eggplant','Rice'],
             ['Beef','Scallions','Noodles'],
             ['Eggplant','Tofu'] ];

$flavors = array('Japanese' => array('hot' => 'wasabi',
                                     'salty' => 'soy sauce'),
                 'Chinese' => array('hot' => 'mustard',
                                    'pepper-salty' => 'prickly ash'));
```

配列の配列の要素にアクセスするには、さらに多くの角括弧の組を使って要素を指定します。角括弧の組が増えるごとに、配列全体の1つ深いレベルにアクセスします。例4-28で定義した配列の要素にアクセスする方法を例4-29に示します。

例4-29　多次元配列要素へのアクセス

```
print $meals['lunch'][1];            // White Mushrooms（ホワイトマッシュルーム）
print $meals['snack'][0];            // Dried Mulberries（干しマルベリー）
print $lunches[0][0];                // Chicken（チキン）
print $lunches[2][1];                // Tofu（豆腐）
print $flavors['Japanese']['salty']; // soy sauce（しょう油）
print $flavors['Chinese']['hot'];    // mustard（マスタード）
```

配列の各レベルは**次元**（dimension）と呼ばれます。この節の前までは、本章のすべての配列は1次元配列でした。キーのレベルは1つだけです。例4-29に示した$meals、$lunches、$flavorsなどの配列は、1次元よりも多くの次元を持つので**多次元配列**と呼ばれます。

角括弧構文で多次元配列の作成や変更を行うこともできます。例4-30に多次元配列の操作を示します。

例4-30　多次元配列の操作

```
$prices['dinner']['Sweet Corn and Asparagus'] = 12.50;
$prices['lunch']['Cashew Nuts and White Mushrooms'] = 4.95;
$prices['dinner']['Braised Bamboo Fungus'] = 8.95;

$prices['dinner']['total'] = $prices['dinner']['Sweet Corn and Asparagus'] +
                             $prices['dinner']['Braised Bamboo Fungus'];

$specials[0][0] = 'Chestnut Bun';
$specials[0][1] = 'Walnut Bun';
$specials[0][2] = 'Peanut Bun';
$specials[1][0] = 'Chestnut Salad';
$specials[1][1] = 'Walnut Salad';
// インデックスを省略すると、配列の最後に要素を追加する
// 次は$specials[1][2]を作成する
$specials[1][] = 'Peanut Salad';
```

多次元配列の各次元を反復処理するには、入れ子にしたforeach()やfor()ループを使います。例4-31は、foreach()を使って多次元連想配列を反復処理します。

例4-31　foreach()を使った多次元配列の反復処理

```
$flavors = array('Japanese' => array('hot' => 'wasabi',
                                     'salty' => 'soy sauce'),
                 'Chinese'  => array('hot' => 'mustard',
                                     'pepper-salty' => 'prickly ash'));

// $cultureはキーで、$culture_flavorsは値（配列）
foreach ($flavors as $culture => $culture_flavors) {
    // $flavorはキーで、$exampleは値
```

```
        foreach ($culture_flavors as $flavor => $example) {
            print "A $culture $flavor flavor is $example.\n";
        }
    }
```

例4-31の出力は次の通りです。

```
A Japanese hot flavor is wasabi.
A Japanese salty flavor is soy sauce.
A Chinese hot flavor is mustard.
A Chinese pepper-salty flavor is prickly ash.
```

例4-31の1番目のforeach()ループは、$flavorsの1次元目を反復処理します。$cultureに格納されたキーはJapaneseとChineseという文字列で、$culture_flavorsに格納された値はこの次元の要素の値となる配列です。次のforeach()はこの要素値配列を反復処理し、hotやsaltyなどのキーを$flavorにコピーし、wasabiやsoy sauceなどの値を$exampleにコピーします。2番目のforeach()は、両方のforeach()命令文の変数を使ってメッセージを完成させて出力します。

例4-32に示すように、入れ子にしたforeach()ループが多次元連想配列を反復処理するのと同様に、入れ子にしたfor()ループは多次元数値配列を反復処理します。

例4-32　for()を使った多次元配列の反復処理

```
$specials = array( array('Chestnut Bun', 'Walnut Bun', 'Peanut Bun'),
                   array('Chestnut Salad','Walnut Salad', 'Peanut Salad') );
// $num_specialsは2：$specialsの第1次元の要素数
for ($i = 0, $num_specials = count($specials); $i < $num_specials; $i++) {
    // $num_subは3：各サブ配列の要素数
    for ($m = 0, $num_sub = count($specials[$i]); $m < $num_sub; $m++) {
        print "Element [$i][$m] is " . $specials[$i][$m] . "\n";
    }
}
```

例4-32の出力は次の通りです。

```
Element [0][0] is Chestnut Bun
Element [0][1] is Walnut Bun
Element [0][2] is Peanut Bun
Element [1][0] is Chestnut Salad
Element [1][1] is Walnut Salad
Element [1][2] is Peanut Salad
```

例4-32では、外側のfor()ループは$specialsの2つの要素を反復処理します。内側のfor()ループはさまざまな文字列を持つサブ配列の要素を反復処理します。print命令文では、$iは第1次元のインデックス（$specialsの要素）であり、$mは第2次元（サブ配列）のインデックスです。

多次元配列の値を二重引用符の付いた文字列やヒアドキュメントに補間するには、例4-20のよ

うな中括弧構文を使います。例4-33では、補間のための中括弧を使って例4-32と同じ出力を作成します。実際に例4-33で異なる行はprint命令文だけです。

例4-33　多次元配列要素値の補間

```
$specials = array( array('Chestnut Bun', 'Walnut Bun', 'Peanut Bun'),
                   array('Chestnut Salad','Walnut Salad', 'Peanut Salad') );

// $num_specialsは2：$specialsの第1次元の要素数
for ($i = 0, $num_specials = count($specials); $i < $num_specials; $i++) {
    // $num_subは3：各サブ配列の要素数
    for ($m = 0, $num_sub = count($specials[$i]); $m < $num_sub; $m++) {
        print "Element [$i][$m] is {$specials[$i][$m]}\n";
    }
}
```

4.6　まとめ

本章では次の内容を取り上げました。

- 配列構成要素（要素、キー、値）を理解する。
- プログラムで2つの方法で配列を定義する：array()を使う方法と短縮配列構文を使う方法。
- 角括弧を使って配列に要素を追加する。
- PHPで数値キーを持つ配列を扱う簡単な方法を理解する。
- 配列の要素数を数える。
- foreach()を使って配列の各要素を参照する。
- foreach()とクラス名の配列を使ってテーブル行CSSクラス名を交互に入れ替える。
- foreach()コードブロック内で配列要素値を変更する。
- for()を使って数値配列の各要素を参照する。
- for()と剰余演算子(%)を使ってテーブル行CSSクラス名を交互に入れ替える。
- foreach()とfor()で配列要素を参照する順番を理解する。
- 特定のキーを持つ配列要素を調べる。
- 特定の値を持つ配列要素を調べる。
- 文字列内の配列要素値を補間する。
- 配列から要素を取り除く。
- implode()を使って配列から文字列を生成する。
- explode()を使って文字列から配列を生成する。
- sort()、asort()、ksort()を使って配列をソートする。
- 配列を逆順にソートする。
- 多次元配列を定義する。

- 多次元配列の個々の要素にアクセスする。
- foreach()やfor()を使って多次元配列の各要素を参照する。
- 文字列内の多次元配列要素を補間する。

4.7 演習問題[*1]

1. 米国国勢調査局によると、2010年の米国の10大都市（人口）は次の通りであった。
   - New York, NY（8,175,133人）
   - Los Angeles, CA（3,792,621人）
   - Chicago, IL（2,695,598人）
   - Houston, TX（2,100,263人）
   - Philadelphia, PA（1,526,006人）
   - Phoenix, AZ（1,445,632人）
   - San Antonio, TX（1,327,407人）
   - San Diego, CA（1,307,402人）
   - Dallas, TX（1,197,816人）
   - San Jose, CA（945,942人）

   都市と人口に関する上記の情報を持つ配列を定義しなさい。都市と人口の情報だけでなく、10都市の総人口も加えた表を出力しなさい。

2. 結果表の行が人口順になるように前の演習問題の結果を修正しなさい。次に、行が都市名順になるように結果を修正しなさい。

3. 演習問題2.で作成した表に、10都市の州別人口の総計の行も追加するように修正しなさい。

4. 次に挙げたさまざまな情報に対して、(1) 配列への情報の格納方法、(2) 少数の要素を持つ配列を作成するサンプルコード、を記述しなさい。例えば、a.に対する答えは、(1) の答えは「キーが学生名であり、値が成績とID番号の連想配列になる連想配列」、(2)の答えは次のようなコードになるだろう。

   ```
   $students = [ 'James D. McCawley' => [ 'grade' => 'A+','id' => 271231 ],
                 'Buwei Yang Chao' => [ 'grade' => 'A', 'id' => 818211 ] ];
   ```

   a. クラスの学生の成績とID番号
   b. 店の在庫の各商品の数
   c. 1週間の給食：食事内容（前菜、副菜、飲み物など）と1日の給食費
   d. あなたの家族の名前
   e. あなたの家族の名前、年齢、続柄

[*1] 答えは本書のWebサイト（http://www.oreilly.co.jp/books/9784873117935/）に掲載している。

5章
ロジックのグループ：関数とファイル

　プログラムを書くときに、不精であることは長所になります。今までに書いたコードを再利用すると、作業を極力少なくするのが容易になります。関数（function）がコードを再利用するための鍵となります。**関数**とは、命令文を入力し直す代わりに関数名を呼び出して実行できる名前付きの命令文の集合です。これにより、時間を節約でき、間違いを避けることができます。加えて、関数を使うと、他の人々が書いたコードを簡単に利用できるようになります（PHPエンジンの開発者が書いた組み込み関数を利用するとわかります）。

　独自の関数を定義して使用する際の基本は、「5.1.1　関数の宣言と呼び出し」で説明します。関数を呼び出すときには、操作する値を渡せます。例えば、ユーザが現在のWebページにアクセスできるかどうかチェックするための関数を書く場合、ユーザ名と現在のWebページ名を関数に与える必要があります。このような値を**引数**と呼びます。「5.2　関数へ引数を渡す」では、引数を受け取る関数の書き方と関数内での引数の使い方について説明します。

　関数には一方通行のものもあります。引数は渡せますが、何も返しません。HTMLページの先頭部分を出力する print_header 関数はページのタイトルを含む引数を取りますが、実行後には何の情報も返しません。出力を表示するだけです。ほとんどの関数は双方向に情報をやり取りします。前述したアクセス制御関数はその一例です。アクセス制御関数は true（アクセスを承認）か false（アクセスを拒否）の値を返します。この値を**返り値**（戻り値）と呼びます。関数の返り値は、その他の値や変数と同様に使えます。返り値については「5.3　関数から値を返す」で取り扱います。

　関数内の文では、関数外の文と同じように変数を使えます。しかし、関数内の変数と関数外の変数は2つの個別の世界に存在します。PHPエンジンは、関数内の $name という変数と関数外の $name という変数を2つの別個の変数として扱います。「5.4　変数スコープ」では、プログラムのどの部分でどの変数を利用できるかについての規則を説明します。この規則を理解することが重要です。これを間違えると、コードで初期化されていない変数や正しくない変数を使うことになってしまいます。これは、追跡の難しいバグとなります。

　関数は再利用にとても役立つので、関数定義が詰まった別ファイルを作成してプログラムからそのファイルを参照すると便利です。すると、さまざまなプログラム（および、同じプログラムのさ

まざまな部分）でコードが重複することなく関数を共有できます。「5.6　別ファイルのコードの実行」では、プログラムに複数ファイルを組み込むためのPHPの機能を説明します。

5.1　関数の宣言と呼び出し

新たな関数を作成するには、functionキーワードに続いて関数名を書き、次に中括弧内に関数の本体を記述します。例5-1は、page_header()という新しい関数を宣言（declaration）します[*1]。

例5-1　関数の宣言

```
function page_header() {
    print '<html><head><title>Welcome to my site</title></head>';
    print '<body bgcolor="#ffffff">';
}
```

関数名は変数名と同じ規則に従います。関数名は文字（アルファベットの大文字小文字、ASCIIコード0x7F～0xFF）、アンダースコアから開始します。2番目以降は文字、数字、アンダースコアを使うことができます。PHPエンジンでは変数と関数を同じ名前にできないことはありませんが、できれば避けたいものです。似たような名前が多いとプログラムがわかりにくくなってしまいます。

例5-1で定義したpage_header()関数は、組み込み関数と同じように呼び出せます。例5-2は、page_header()を使って完全なページを出力します。

例5-2　関数の呼び出し

```
page_header();
print "Welcome, $user";
print "</body></html>";
```

関数は呼び出しの前でも後でも定義できます。PHPエンジンはプログラムファイル全体を読み込み、ファイル内のコマンドを実行する前にすべての関数定義を処理します。例5-3ではpage_header()は呼び出し前に定義され、page_footer()は呼び出し後に定義されていますが、page_header()関数とpage_footer()関数はどちらも正しく実行されます。

例5-3　呼び出し前後での関数の定義

```
function page_header() {
    print '<html><head><title>Welcome to my site</title></head>';
    print '<body bgcolor="#ffffff">';
}
```

[*1]　厳密には、丸括弧は関数名の一部ではないが、関数を指すときには丸括弧を入れるようにするとよい。このようにすると、関数を変数や他の言語構文と区別できる。

```
page_header();
print "Welcome, $user";
page_footer();

function page_footer() {
    print '<hr>Thanks for visiting.';
    print '</body></html>';
}
```

5.2　関数へ引数を渡す

いつでも同じことを実行する関数もあれば（前節のpage_header()など）、変更可能な入力を操作する関数もあります。関数に渡される入力値は**引数**（argument）と呼ばれます。引数は関数の柔軟性を高めるため、関数の威力が大きくなります。前節のpage_header()を修正し、ページカラーを保持する引数を取るようにしてみましょう。修正した関数宣言を例5-4に示します。

例5-4　引数を取る関数の宣言

```
function page_header2($color) {
    print '<html><head><title>Welcome to my site</title></head>';
    print '<body bgcolor="#' . $color . '">';
}
```

関数宣言で関数名の後の括弧の間に$colorを加えます。これで関数内で$colorという変数を使用できます。この変数は、呼び出し時に関数に渡された値を保持します。例えば、以下のように関数を呼び出すことができます。

```
page_header2('cc00cc');
```

すると、page_header2()の中で$colorにcc00ccを設定するので出力はこうなります。

```
<html><head><title>Welcome to my site</title></head><body bgcolor="#cc00cc">
```

例5-4のように引数を取る関数を定義するときには、呼び出し時に関数に引数を渡さなければいけません。引数に値を指定せずに関数を呼び出すと、PHPエンジンは警告を出します。例えば、page_header2()を以下のように呼び出すと、

```
page_header2();
```

PHPエンジンは以下のようなメッセージを出力します。

```
PHP Warning: Missing argument 1 for page_header2()
```

この警告を避けるには、関数宣言にデフォルトを指定してオプションの引数を取る関数を定義します。関数の呼び出し時に値を指定すると、関数は指定の値を使います。関数の呼び出し時に値を指定しないと、関数はデフォルト値を使います。デフォルト値を指定するには、引数名の後ろに付

け加えます。例5-5は、$color のデフォルト値に cc3399 を設定します。

例5-5　デフォルト値の指定

```
function page_header3($color = 'cc3399') {
    print '<html><head><title>Welcome to my site</title></head>';
    print '<body bgcolor="#' . $color . '">';
}
```

page_header3('336699') の呼び出しは、page_header2('336699') の呼び出しと同じ結果になります。各関数の本体を実行すると、$color は 336699 の値を持ち、これは <body> タグの bgcolor 属性で出力される色になります。しかし、引数のない page_header2() は警告を出しますが、引数のない page_header3() は実行することができ、$color を cc3399 に設定します。

引数のデフォルト値はリテラルでなければいけません。例えば、12、cc3399、Shredded Swiss Chard のような値です。変数にすることはできません。以下に示すコードにはこの問題があり、PHP エンジンはプログラムの実行を停止します。

```
$my_color = '#000000';

// これは間違い：デフォルト値を変数にすることはできない
function page_header_bad($color = $my_color) {
    print '<html><head><title>Welcome to my site</title></head>';
    print '<body bgcolor="#' . $color . '">';
}
```

複数の引数を受け取る関数を定義するには、関数宣言で各引数をカンマで区切ります。例5-6では、page_header4() は $color と $title の2つの引数を取ります。

例5-6　2つの引数を取る関数の定義

```
function page_header4($color, $title) {
    print '<html><head><title>Welcome to ' . $title . '</title></head>';
    print '<body bgcolor="#' . $color . '">';
}
```

関数を呼び出すときに複数の引数を渡すには、関数呼び出しで引数値をカンマで区切ります。例5-7は、$color と $title に値を指定して page_header4() を呼び出します。

例5-7　2つの引数を取る関数の呼び出し

```
page_header4('66cc66','my homepage');
```

例5-7の出力は次の通りです。

```
<html><head><title>Welcome to my homepage</title></head><body bgcolor="#66cc66">
```

例5-6では、両方の引数が必須です。複数の引数を取る関数でデフォルト引数値を指定するには、引数を1つ取る関数の場合と同じ構文を使えます。しかし、オプションの引数はすべての必須の引数の後に記述します。例5-8は、1つ、2つ、または3つの引数がオプションである3つの引数を取る関数を定義する正しい方法を示します。

例5-8　複数のオプション引数

```
// オプションの引数が1つ：オプション引数を最後に指定する
function page_header5($color, $title, $header = 'Welcome') {
    print '<html><head><title>Welcome to ' . $title . '</title></head>';
    print '<body bgcolor="#' . $color . '">';
    print "<h1>$header</h1>";
}
// この関数の可能な呼び出し方
page_header5('66cc99','my wonderful page'); // デフォルトの$headerを使う
page_header5('66cc99','my wonderful page','This page is great!'); // デフォルトは使わない

// オプションの引数が2つ：2つのオプション引数を最後に指定する
function page_header6($color, $title = 'the page', $header = 'Welcome') {
    print '<html><head><title>Welcome to ' . $title . '</title></head>';
    print '<body bgcolor="#' . $color . '">';
    print "<h1>$header</h1>";
}
// この関数の可能な呼び出し方
page_header6('66cc99'); // デフォルトの$titleと$headerを使う
page_header6('66cc99','my wonderful page'); // デフォルトの$headerを使う
page_header6('66cc99','my wonderful page','This page is great!'); // デフォルトは使わない

// すべてオプションの引数
function page_header7($color = '336699', $title = 'the page', $header = 'Welcome') {
    print '<html><head><title>Welcome to ' . $title . '</title></head>';
    print '<body bgcolor="#' . $color . '">';
    print "<h1>$header</h1>";
}
// この関数の可能な呼び出し方
page_header7(); // すべてデフォルトを使う
page_header7('66cc99'); // デフォルトの$titleと$headerを使う
page_header7('66cc99','my wonderful page'); // デフォルトの$headerを使う
page_header7('66cc99','my wonderful page','This page is great!'); // デフォルトは使わない
```

すべてのオプション引数は、曖昧さを避けるために必ず引数リストの最後に指定します。page_header6()を必須の第1引数$color、オプションの第2引数$title、必須の第3引数の$headerで定義できるとしたら、page_header6('33cc66','Good Morning')はどのような意味になるでしょうか。引数'Good Morning'は、$titleと$headerのどちらの値にもなりえます。しかしすべてのオプション引数を必須の引数の後に指定するようにすれば、このような混乱は避けられます。

関数に引数として渡した変数に変更を加えても、関数外ではその変数に影響はありません[*1]。**例 5-9**では、関数外の$counterの値は変わりません。

例5-9　引数値の変更

```
function countdown($top) {
    while ($top > 0) {
        print "$top..";
        $top--;
    }
    print "boom!\n";
}

$counter = 5;
countdown($counter);
print "Now, counter is $counter";
```

例5-9の出力は次の通りです。

```
5..4..3..2..1..boom!
Now, counter is 5
```

countdown()に引数として$counterを渡すと、countdown()関数の最初で$counterの値を$topへコピーするようにPHPエンジンに伝えます。なぜなら、$topは引数の名前だからです。関数内で$topに何が起こったとしても、$counterには影響しません。$counterの値を$topにコピーしたら、$counterは関数の動作には関係なくなります。

引数の名前が関数外の変数と同じ名前の場合に引数を変更しても、関数外の変数に影響を与えません。例5-9のcountdown()の引数を$topの代わりに$counterに変更しても、関数外での$counterの値は変わりません。引数と関数外の変数が偶然にも同じ名前であるだけで、どちらも完全に無関係なままです。

5.3　関数から値を返す

これまで本章に登場したヘッダ出力関数は、出力を表示するという動作をします。関数はデータの出力やデータベースへの情報の保存などの動作に加えて、**返り値**と呼ばれる値を計算することもできます。返り値は後にプログラム中でも使用します。関数の返り値を取得するには、関数呼び出しを変数に割り当てます。**例5-10**は、変数$number_to_displayに組み込み関数number_format()の返り値を格納します。

[*1] オブジェクトは例外である。関数にオブジェクトを渡すと、関数内でそのオブジェクトに行った変更は関数外のオブジェクトに影響する。オブジェクトについては「**6章　データとロジックの結合：オブジェクトの操作**」で説明する。

例5-10　返り値の取得

```
$number_to_display = number_format(321442019);
print "The population of the US is about: $number_to_display";
```

例5-10は例1-6と同じように出力します。

```
The population of the US is about: 321,442,019
```

　関数の返り値を変数に割り当てることは、文字列や数値を変数に割り当てることと同じです。$number = 57という文は、「変数$numberに57を格納する」という意味です。$number_to_display = number_format(321442019)という文は、「引数321442019でnumber_format()関数を呼び出して、その返り値を$number_to_displayに保存する」という意味です。関数の返り値を変数に格納すれば、プログラム内の他の変数と同じようにその変数や変数に含まれる値を使用できます。

　関数から値を返すには、returnキーワードを使って返り値を指定します。関数の実行中にreturnキーワードがあると、すぐに動作を中止して関連する値を返します。例5-11では、消費税とチップを加えたレストランの請求書の総額を返す関数を定義します。

例5-11　関数から値を返す

```
function restaurant_check($meal, $tax, $tip) {
    $tax_amount = $meal * ($tax / 100);
    $tip_amount = $meal * ($tip / 100);
    $total_amount = $meal + $tax_amount + $tip_amount;

    return $total_amount;
}
```

　restaurant_check()が返す値は、プログラムの中で他の値と同じように使えます。例5-12ではif()文で返り値を使います。

例5-12　if()文での返り値の使用

```
// 15.22ドルの食事に8.25%の税と15%のチップを加えた合計を求める
$total = restaurant_check(15.22, 8.25, 15);

print 'I only have $20 in cash, so...';
if ($total > 20) {
    print "I must pay with my credit card.";
} else {
    print "I can pay with cash.";
}
```

　1つのreturn命令文は1つの値しか返せません。return 15, 23のように複数の値を返すことはできません。関数から2つ以上の値を返したい場合は、1つの配列に複数の値を入れてその配列を

返します。

例5-13に、チップの加算前と加算後の総額を含む2要素配列を返すrestaurant_check()を修正したものを示します。

例5-13　関数から配列を返す

```php
function restaurant_check2($meal, $tax, $tip) {
    $tax_amount = $meal * ($tax / 100);
    $tip_amount = $meal * ($tip / 100);
    $total_notip = $meal + $tax_amount;
    $total_tip = $meal + $tax_amount + $tip_amount;

    return array($total_notip, $total_tip);
}
```

例5-14は、restaurant_check2()が返す配列を使います。

例5-14　関数が返す配列の使用

```php
$totals = restaurant_check2(15.22, 8.25, 15);

if ($totals[0] < 20) {
    print 'The total without tip is less than $20.';
}
if ($totals[1] < 20) {
    print 'The total with tip is less than $20.';
}
```

1つのreturn命令文では1つの値しか返せませんが、関数内に複数のreturn命令文があってもかまいません。関数内のプログラムの流れで最初に出くわしたreturn命令文で関数は動作を中止して値を返します。これは必ずしも関数の先頭から一番近いreturn命令文とは限りません。**例5-15**は、例5-12の現金かクレジットカードかのロジックを、適切な支払い方法を決める新しい関数に変更します。

例5-15　複数のreturn命令文を持つ関数

```php
function payment_method($cash_on_hand, $amount) {
    if ($amount > $cash_on_hand) {
        return 'credit card';
    } else {
        return 'cash';
    }
}
```

例5-16は、restaurant_check()の結果を新しいpayment_method()関数に渡して使います。

例5-16　返り値を別の関数に渡す

```
$total = restaurant_check(15.22, 8.25, 15);
$method = payment_method(20, $total);
print 'I will pay with ' . $method;
```

例5-16の出力は次の通りです。

```
I will pay with cash
```

このような結果になるのは、restaurant_check()が返す金額が20未満だからです。この値が$total引数でpayment_method()に渡されます。payment_method()での$amountと$cash_on_handの最初の比較はfalseなので、payment_method()内のelseブロックを実行します。これによって関数は文字列cashを返します。

「3章　ロジック：判定と繰り返し」で述べた真偽値に関する規則は、他の値と同じように関数の返り値にも適用されます。このことを活用し、if()文やその他のフロー制御構文内で関数を使用できます。例5-17は、if()文のテスト式の中でrestaurant_check()関数を呼び出して何を実行すべきかを決定します。

例5-17　if()での返り値の使用

```
if (restaurant_check(15.22, 8.25, 15) < 20) {
    print 'Less than $20, I can pay cash.';
} else {
    print 'Too expensive, I need my credit card.';
}
```

例5-17のテスト式を評価するために、PHPエンジンはまずrestaurant_check()関数を呼び出します。そして、関数の返り値を、変数やリテラル値の場合と同様に20と比較します。restaurant_check()が20未満の数値を返す場合（この例の場合）、1番目のprint命令文を実行します。それ以外の場合は、2番目のprint命令文を実行します。

テスト式は、比較や他の演算子のない関数呼び出しだけで構成することもできます。このようなテスト式では、「3.1　trueとfalse」で概説した規則に従って関数の返り値をtrueまたはfalseに変換します。返り値がtrueなら、テスト式はtrueになります。返り値がfalseなら、テスト式もfalseになります。関数をテスト式で使うことを明らかにするために、関数で明示的にtrueまたはfalseを返すこともできます。例5-18のcan_pay_cash()関数では、trueかfalseを返して食事代を現金で支払うかどうかを決めています。

例5-18　trueまたはfalseを返す関数

```
function can_pay_cash($cash_on_hand, $amount) {
    if ($amount > $cash_on_hand) {
        return false;
    } else {
```

```
        return true;
    }
}

$total = restaurant_check(15.22,8.25,15);
if (can_pay_cash(20, $total)) {
    print "I can pay in cash.";
} else {
    print "Time for the credit card.";
}
```

例5-18では、can_pay_cash()関数は2つの引数を比較します。$amountの方が大きければ、この関数はtrueを返します。それ以外ではfalseを返します。関数の外側のif()文は、ひたすらif()としての使命（テスト式の真偽値を見つける）を果たします。このテスト式は関数呼び出しなので、2つの引数20と$totalでcan_pay_cash()を呼び出します。can_pay_cash()関数の返り値がテスト式の真偽値となり、どちらのメッセージを出力するかを制御します。

テスト式に変数を入れることができるように、テスト式に関数の返り値を入れることもできます。値を返す関数を呼び出せる状況であれば、restaurant_check(15.22,8.25,15)などの関数を呼び出すコードを検討できます。なぜなら、関数の呼び出しはプログラムの実行時に関数の返り値に置き換えられるからです。

テスト式で代入演算子と一緒に関数呼び出しを使い、代入の結果が代入された値となる事実を利用する方法は簡単で、よく使われます。すると、関数を呼び出し、その返り値を保存して返り値がtrueかどうかを調べるという動作をすべて1つのステップで実行できます。例5-19にこの方法の例を示します。

例5-19　テスト式での代入と関数呼び出し

```
function complete_bill($meal, $tax, $tip, $cash_on_hand) {
    $tax_amount = $meal * ($tax / 100);
    $tip_amount = $meal * ($tip / 100);
    $total_amount = $meal + $tax_amount + $tip_amount;
    if ($total_amount > $cash_on_hand) {
        // 請求額が手持ちよりも高い
        return false;
    } else {
        // 支払いができる
        return $total_amount;
    }
}

if ($total = complete_bill(15.22, 8.25, 15, 20)) {
    print "I'm happy to pay $total.";   喜んで$totalドル払います。
} else {
    print "I don't have enough money. Shall I wash some dishes?";   手持ちが足りません。
}                                                                    皿洗いしましょうか？
```

例5-19では、complete_bill()関数は税金とチップを含む請求額が$cash_on_handより多ければfalseを返します。請求額が$cash_on_hand以下であれば、請求額を返します。関数外のif()文がテスト式を評価するときには、以下が行われます。

1. 引数15.22、8.25、15、20でcomplete_bill()を呼び出す。
2. complete_bill()の返り値を$totalに代入する。
3. 代入結果（代入された値と同じになる）をtrueかfalseのどちらかに変換し、テスト式の最終結果として使う。

5.4　変数スコープ

例5-9で説明したように、関数内で引数の変数を変更しても、関数外の変数には影響を与えません。なぜなら、関数内の動作は異なる**スコープ**で起こるからです。関数外で定義した変数は**グローバル変数**と呼ばれ、1つのスコープの中にあります。関数内で定義した変数は**ローカル変数**と呼ばれます。関数ごとに別々のスコープを持っています。

各関数が大企業の支社、関数外のコードは本社であると考えてください。フィラデルフィア支社のオフィスでは、社員は「アリスはこの素晴らしい報告書を書いたよ」とか「ボブが僕のコーヒーにいれる砂糖の量はいつもいいかげんだ」など、互いを名前で呼び合います。このような発言はフィラデルフィア支社（ある関数のローカル変数）の社員についての話題で、別の支社（他の関数のローカル変数）や本社（グローバル変数）に勤務するアリスやボブのことを言っているわけではありません。

ローカル変数とグローバル変数は同様に機能します。ある関数内の$dinnerという変数は、その関数への引数であるかどうかにかかわらず、関数外の$dinnerという変数や別の関数内の$dinnerという変数とは完全に別物です。例5-20は、異なるスコープの変数が別物であることを具体的に示します。

例5-20　変数のスコープ

```
$dinner = 'Curry Cuttlefish';

function vegetarian_dinner() {
    print "Dinner is $dinner, or ";
    $dinner = 'Sauteed Pea Shoots';
    print $dinner;
    print "\n";
}

function kosher_dinner() {
    print "Dinner is $dinner, or ";
    $dinner = 'Kung Pao Chicken';
    print $dinner;
    print "\n";
```

```
}

print "Vegetarian ";
vegetarian_dinner();
print "Kosher ";
kosher_dinner();
print "Regular dinner is $dinner";
```

例5-20の出力は次の通りです。

```
Vegetarian Dinner is , or Sauteed Pea Shoots
Kosher Dinner is , or Kung Pao Chicken
Regular dinner is Curry Cuttlefish
```

どちらの関数も、関数内で$dinnerに値を設定する前には値がありません。関数内ではグローバル変数$dinnerの影響はありません。関数内で$dinnerを設定しても、関数外で設定したグローバル変数$dinnerや別の関数の$dinner変数には影響ありません。各関数内では、$dinnerは$dinnerのローカル版を参照するので、他の関数でたまたま同じ名前を持つ変数とは完全に別物です。

しかし、すべての例え話と同じように、変数のスコープを会社組織に例えるのは完全ではありません。会社では、他の場所にいる従業員について気軽に話題にできます。フィラデルフィア支社の社員は「本社のアリス」や「アトランタのボブ」について話をし、本社の重役は「フィラデルフィアのアリス」や「チャールストンのボブ」の将来を決めることができます。しかし変数では、関数内からグローバル変数にアクセスすることはできますが、関数外からその関数のローカル変数にアクセスすることはできません。これは、支社の社員が本社の社員についての話はできても他の支社の社員の話はできず、本社の社員が支社の社員の話をできないのと同じです。

関数内からグローバル変数にアクセスする方法は2通りあります。最もわかりやすい方法は、$GLOBALSと呼ばれる特別な配列を探すことです。グローバル変数は、この配列の要素としてアクセスできます。例5-21は、$GLOBALS配列の使い方を具体的に説明します。

例5-21 $GLOBALS配列

```
$dinner = 'Curry Cuttlefish';

function macrobiotic_dinner() {
    $dinner = "Some Vegetables";
    print "Dinner is $dinner";
    // 海の恵みに屈する
    print " but I'd rather have ";
    print $GLOBALS['dinner'];
    print "\n";
}
macrobiotic_dinner();
print "Regular dinner is: $dinner";
```

例5-21の出力は次の通りです。

```
Dinner is Some Vegetables but I'd rather have Curry Cuttlefish
Regular dinner is: Curry Cuttlefish
```

例5-21では、関数内からグローバル変数$dinnerに$GLOBALS['dinner']としてアクセスしています。$GLOBALS配列でグローバル変数を変更することもできます。例5-22にその方法を示します。

例5-22　$GLOBALSを使った変数の変更

```
$dinner = 'Curry Cuttlefish';

function hungry_dinner() {
    $GLOBALS['dinner'] .= ' and Deep-Fried Taro';
}

print "Regular dinner is $dinner";
print "\n";
hungry_dinner();
print "Hungry dinner is $dinner";
```

例5-22の出力は次の通りです。

```
Regular dinner is Curry Cuttlefish
Hungry dinner is Curry Cuttlefish and Deep-Fried Taro
```

hungry_dinner()関数内では、$GLOBALS['dinner']を他の変数と同じように変更でき、変更するとグローバル変数$dinnerが変わります。この例の場合、$GLOBALS['dinner']には例2-19の結合演算子を使って文字列が付加されます。

関数内からグローバル変数にアクセスする2番目の方法は、globalキーワードを使うことです。この方法は、関数内でその名前の付いた変数を使ったときにローカル変数ではなくその名前を持つグローバル変数を参照すべきであることをPHPエンジンに知らせます。このことを「変数をローカルスコープに持ち込む」と言います。例5-23にglobalキーワードの動作を示します。

例5-23　global キーワード

```
$dinner = 'Curry Cuttlefish';

function vegetarian_dinner() {
    global $dinner;
    print "Dinner was $dinner, but now it's ";
    $dinner = 'Sauteed Pea Shoots';
    print $dinner;
    print "\n";
}
```

```
print "Regular Dinner is $dinner.\n";
vegetarian_dinner();
print "Regular dinner is $dinner";
```

例5-23の出力は次の通りです。

```
Regular Dinner is Curry Cuttlefish.
Dinner was Curry Cuttlefish, but now it's Sauteed Pea Shoots
Regular dinner is Sauteed Pea Shoots
```

最初のprint命令文は、グローバル変数$dinnerの変更前の値を表示します。vegetarian_dinner()のglobal $dinnerの行は、関数内で$dinnerを使うと同じ名前を持つローカル変数ではなくグローバル変数$dinnerを参照することを意味します。そのため、vegetarian_dinner()関数の最初のprint命令文はすでに設定されたグローバル変数を出力し、次の行の代入でグローバル変数値を変更します。関数内でグローバル変数を変更したので、関数外の最後のprint命令文も変更した値を出力します。

globalキーワードは、一度に複数の変数名に使うことができます。カンマで各変数名を区切るだけです。例えば、以下のように書きます。

```
global $dinner, $lunch, $breakfast;
```

一般的には、関数内ではglobalキーワードではなく$GLOBALS配列を使ってグローバル変数にアクセスする。$GLOBALSを使うことで、変数アクセスのたびにグローバル変数を対象としていることが明確になる。ごく短い関数を書いているときを除いては、globalを使ってグローバル変数を対象としていることを簡単に忘れ、なぜコードが正しくない動作をするのか戸惑ってしまうだろう。$GLOBALS配列を使うとほんの少しだけ余分に入力の手間がかかるが、コードが驚くほどわかりやすくなる。

$GLOBALS配列を使う例について奇妙な点に気がついているかもしれません。この例では関数内に$GLOBALSを使っていますが、globalキーワードで$GLOBALSをローカルスコープに持ち込んでいません。$GLOBALS配列は、関数内で使っても関数外で使っても、常にスコープの中にあります。これは$GLOBALSが**スーパーグローバル**と呼ばれる特殊な種類の定義済み変数だからです。スーパーグローバル変数はPHPプログラム内のどこでも使える変数であり、スコープに持ち込むために何もする必要はありません。本社や支社の誰もが下の名前で呼ぶ顔見知りの従業員のようなものです。

スーパーグローバル変数は常に、自動的にデータが存在する配列です。サブミットされたフォームデータ、クッキー(cookie)の値、セッション情報などが含まれています。「7章 ユーザとの情報交換：Webフォームの作成」と「10章 ユーザの記憶：クッキーとセッション」では、それぞれ異なる状況で便利な特定のスーパーグローバル変数を説明します。

5.5　引数と返り値への規則の適用

　PHPエンジンに特に指示していない限り、関数の引数と返り値には型や値に関する制約はありません。例5-9のcountdown()関数では引数が数値であるとみなしますが、引数として"Caramel"などの文字列を渡すこともでき、PHPエンジンはエラーを発しません。

　型宣言は、引数値に関する制約を表す方法です。型宣言は引数に使える値の種類をPHPエンジンに知らせ、正しくない種類を指定したときに警告できるようにします。**表**5-1にPHPエンジンが理解できるさまざまな宣言の種類とそのサポートが導入されたPHPバージョンを示します。

表5-1　型宣言

宣言	引数規則	導入バージョン
array	配列に限る	5.1.0
bool	真偽値（trueかfalse）に限る	7.0.0
callable	呼び出し可能な関数やメソッドを表すものに限る[*1]	5.4.0
float	浮動小数点数に限る	7.0.0
int	整数に限る	7.0.0
string	文字列に限る	7.0.0
クラスの名前	そのクラスのインスタンスに限る（クラスとインスタンスについての詳しい情報は「6章　データとロジックの結合：オブジェクトの操作」を参照）	5.0.0

　関数を定義するときには、引数名の前に関数宣言を記述します。例5-24は、例5-9の関数にint型宣言を適切に行っています。

例5-24　引数型の宣言

```
function countdown(int $top) {
    while ($top > 0) {
        print "$top..";
        $top--;
    }
    print "boom!\n";
}

$counter = 5;
countdown($counter);
print "Now, counter is $counter";
```

　例5-9と例5-24の違いは、countdown(の後で$topの前のintだけです。countdown()に有効な整数（5など）を渡すと、このコードは正しく動作します。別の種類の値を渡すと、PHPエンジンはエラーを発します。例えば、PHP 7を使っているときにcountdown("grunt");と呼び出すと、以下

[*1]　有効な関数名、最初の要素がオブジェクトインスタンスで2番目の要素がメソッド名を保持する文字列である2要素配列、またはその他のいくつかのものを含む文字列にすることができる。詳細についてはhttp://www.php.net/language.types.callableを参照。

のようなエラーメッセージが表示されます。

```
PHP Fatal error: Uncaught TypeError: Argument 1 passed to countdown()
must be of the type integer, string given, called in decl-error.php
on line 2 and defined in countdown.php:2
Stack trace:
#0 decl-error.php(2): countdown('grunt')
#1 {main}
  thrown in countdown.php on line 2
```

このエラーメッセージでは、PHPエンジンはTypeErrorについて通知し、どの関数（countdown()）に渡したどの引数（1）の型が一致していないかを示し、求められる引数型（integer）と実際の引数型（string）も含まれています。また、問題がある関数呼び出しの場所と呼び出した関数の定義場所に関する情報も得られます。

PHP 7では、このTypeErrorは例外ハンドラで捕捉できる例外です。「**6.3 例外を使った問題の通知**」では、プログラムで例外を捕捉する方法を詳しく説明します[*1]。

PHP 7は、関数が返す値の種類に関する型宣言もサポートしています。関数の返り値の型の検査を行うには、引数リストを閉じる)の後に:を追加し、返り値の型宣言を行います。例えば、**例5-25**は例5-26のrestaurant_check()に返り値の型宣言を追加しています。

例5-25　返り値の型の宣言

```
function restaurant_check($meal, $tax, $tip): float {
    $tax_amount = $meal * ($tax / 100);
    $tip_amount = $meal * ($tip / 100);
    $total_amount = $meal + $tax_amount + $tip_amount;

    return $total_amount;
}
```

例5-25の関数がfloat以外の値を返すと、PHPエンジンはTypeErrorを発行します。

[*1] 古いPHPバージョンでは、型宣言違反を`Catchable fatal error`という逆説的な名前で示す。このエラーでは、特殊なエラーハンドラで自らエラーを処理しない限りプログラムは動作を停止する。http://www.php.net/set_error_handlerは、このような状況で独自のエラーハンドラを実装する方法を説明する。

PHP 7のスカラー型宣言では、宣言の実施はデフォルトでは絶対的に厳密というわけではない。
PHP 7では、型宣言をしても**実際には**型宣言と一致しないが一致させることが**できる**引数の型や返り値の型を変換しようとする。数値は黙って文字列に変換し、数字を含む文字列は黙って適切な数値型に変換する。
この緩いデフォルトは、特定のファイルの先頭で`declare(strict_types=1);`を記述すると無効にできる。すると、そのファイルでの関数呼び出しの引数と返り値は、型宣言と一致しなければいけなくなる（しかし、やはりfloatと宣言した引数に整数を渡すことができる）。
厳密な型付けを全体に適用することはできない。厳密な型付けを使いたい個々のファイルで宣言する必要がある。

5.6　別ファイルのコードの実行

　これまでに登場したPHPコード例は、主に自己完結型の個別ファイルです。使用する変数や関数も同じファイルで宣言しています。プログラムが大規模になるとコードを複数のファイルに分割できると管理しやすくなります。requireディレクティブは、別のファイルにあるコードをロードするようにPHPエンジンに指示し、そのコードを多くの場所で再利用しやすくします。

　例えば、本章で以前に定義した関数を考えてみましょう。例5-26に示すように、それらの関数を1つのファイルに統合し、restaurant-functions.phpとして保存します。

例5-26　独自ファイルにおける関数宣言

```php
<?php
function restaurant_check($meal, $tax, $tip) {
    $tax_amount = $meal * ($tax / 100);
    $tip_amount = $meal * ($tip / 100);
    $total_amount = $meal + $tax_amount + $tip_amount;

    return $total_amount;
}

function payment_method($cash_on_hand, $amount) {
    if ($amount > $cash_on_hand) {
        return 'credit card';
    } else {
        return 'cash';
    }
}

?>
```

例5-26をrestaurant-functions.phpとして保存したとすると、例5-27に示すように、「require 'restaurantfunctions.php';」を使うと別のファイルから参照できます。

例5-27　別ファイルの参照

```
require 'restaurant-functions.php';

/* 25ドルの請求に加え8.875%の税金と20%のチップ */
$total_bill = restaurant_check(25, 8.875, 20);

/* 手持ちは30ドル */
$cash = 30;

print "I need to pay with " . payment_method($cash, $total_bill);
```

例5-27の「require 'restaurantfunctions.php';」の行は、現在読み込み中のファイルのコマンドの読み込みを中止し、restaurant-functions.phpファイルのすべてのコマンドを読み込んでから最初のファイルに戻って処理を続けるようにPHPエンジンに指示します。この例では、restaurant-functions.phpはいくつかの関数を定義しているだけですが、requireでロードするファイルには任意の有効なPHPコードを入れることができます。このロードしたファイルにprint文が含まれていたら、PHPエンジンは出力するように指示されたものは何でも出力します。

require文がロードするように指示されたファイルを見つけられないか、ファイルは見つけたけれども有効なPHPコードが含まれていない場合には、PHPエンジンはプログラムの実行を停止します。include文も別のファイルからコードをロードしますが、ロードしたファイルに問題があっても処理を続けます。

PHPエンジンがファイルを探す方法

requireやincludeに絶対パス名（OS XやLinuxでの/で始まるパス名、またはWindowsでのドライブ文字か\で始まるパス名）指定すると、PHPエンジンはその特定の場所だけでファイルを探します。

同様に、相対パス（現在のディレクトリを指す./で始まるか、現在の親ディレクトリを指す../で始まるパス）を指定すると、PHPはその場所だけでファイルを探します。

しかし、その他のファイル名やパス名を指定すると、PHPエンジンは構成ディレクティブinclude_pathを調べます。この値は、ファイルのrequireやinclude時に探すディレクトリの一覧です。そのディレクトリでファイルが見つからなければ、PHPエンジンはrequireやincludeを実行しているファイルが含まれるディレクトリを調べます。

別のファイルにコードを整理すると共通の関数や定義を再利用しやすくなるので、本書の以降の章ではこの方法を頻繁に利用します。また、requireやincludeを使うと、他人が書いたコードライブラリも簡単に利用できるようになります。詳しくは「16章 パッケージ管理」で取り上げます。

5.7 まとめ

本章では次の内容を取り上げました。

- プログラム内で関数を定義して呼び出す。
- 必須の引数を持つ関数を定義する。
- オプションの引数を持つ関数を定義する。
- 関数から値を返す。
- 変数のスコープを理解する。
- 関数内でグローバル変数を使用する。
- 型宣言を理解する。
- 引数型宣言を使う。
- 返り値型宣言を使う。
- PHPコードを別のファイルに整理する。

5.8 演習問題[*1]

1. HTMLタグ`<img />`を返す関数を書きなさい。この関数は必須の引数の画像URLと、オプションの引数の`alt`テキスト、`height`、`width`を取る。

2. 上記の問題の関数を修正し、この関数のURL引数にファイル名だけを渡すようにしなさい。関数内では、ファイル名の前にグローバル変数を付けて完全なURLを作成する。例えば、関数に`photo.png`を渡しグローバル変数に`/images/`が含まれる場合は、返される`<img>`タグのsrc属性は`/images/photo.png`になる。このような関数は、画像を新しいパスやサーバに移したとしても、画像タグを正確に保つための簡単な手段になる。例えば、グローバル変数を`/images/`から`http://images.example.com/`に変えるだけである。

3. 上記の問題の関数を1つのファイルに入れなさい。そして、最初のファイルをロードする別のファイルを作成し、`<img />`タグを出力しなさい。

4. 次のコードから何が出力されるか。
   ```
   <?php
   
   function restaurant_check($meal, $tax, $tip) {
   ```

[*1] 答えは本書のWebサイト（http://www.oreilly.co.jp/books/9784873117935/）に掲載している。

```
        $tax_amount = $meal * ($tax / 100);
        $tip_amount = $meal * ($tip / 100);
        return $meal + $tax_amount + $tip_amount;
    }

    $cash_on_hand = 31;
    $meal = 25;
    $tax = 10;
    $tip = 10;

    while(($cost = restaurant_check($meal,$tax,$tip)) < $cash_on_hand) {
        $tip++;
        print "I can afford a tip of $tip% ($cost)\n";
    }
    ?>
```

5. #ffffffと#cc3399のようなWebカラーは、赤、緑、青に関する16進数のカラー値を連結して作成する。10進数の赤、緑、青の値を引数として取り、Webページで使用するための適切な色を表す文字列を返す関数を書きなさい。例えば、引数が255、0、255である場合、返される文字列は#ff00ffになる。http://www.php.net/dechexに記述されている組み込み関数dechex()を使うと便利である。

6章
データとロジックの結合：オブジェクトの操作

これまでに説明したデータとロジックの基本がわかれば、十分にPHPで多くのことを実行できます。さらに高度な概念（**オブジェクト指向プログラミング**：データとデータを操作するロジックの結合）を理解すると、コードを構造化するのに役立ちます。特に、オブジェクトは再利用可能なコードを作成するのに適しているので、オブジェクトに精通すると既存の多くのPHPアドオンやライブラリを利用しやすくなります。

プログラミングの世界では、**オブジェクト**は対象（前菜の材料など）に関するデータとその対象に対する動作（前菜にある材料が入っているかどうかの判断など）を結合する構造です。プログラムでオブジェクトを使うと、関連する変数と関数を1つにまとめるための構造を提供します。

オブジェクトを扱う際に知っておきたい基本用語を以下に示します。

クラス
: ある種のオブジェクトの変数と関数を表すテンプレートまたはレシピ。例えば、Entreeクラスには名前と材料を保持する変数が含まれる。Entreeクラスの関数は、前菜の調理、提供、特定の材料が含まれているかどうかの判断などになる。

メソッド
: クラスで定義されている関数。

プロパティ
: クラスで定義されている変数。

インスタンス
: クラスを利用した個々の実体。プログラムで夕食に3つの前菜を提供している場合、Entreeクラスの3つのインスタンスを作成する。それぞれのインスタンスは同じクラスをベースにしているが、内部では異なるプロパティを持つので別物である。各インスタンスのメソッドには同じ指示が含まれているが、それぞれのインスタンスの特定のプロパティ値を利用するのでおそらく結果は異なる。クラスの新しいインスタンスの生成は、

「オブジェクトのインスタンス化」と呼ばれる。

コンストラクタ
　オブジェクトをインスタンス化したときに自動的に実行される特殊メソッド。通常、コンストラクタはオブジェクトプロパティを設定するほか、オブジェクトを使える状態にするためのハウスキーピング処理などを行う。

静的メソッド
　クラスをインスタンス化せずに呼び出せる特殊な種類のメソッド。特定のインスタンスのプロパティ値に依存しない。

6.1　オブジェクトの基本

例6-1は、前菜を表すEntreeクラスを定義します。

例6-1　クラスの定義

```
class Entree {
    public $name;
    public $ingredients = array();

    public function hasIngredient($ingredient) {
        return in_array($ingredient, $this->ingredients);
    }
}
```

　例6-1では、クラス定義は特殊キーワードclassから始まり、このクラスに付けた名前が続きます。クラス名の後の中括弧で囲まれたすべてがクラスの定義（クラスのプロパティとメソッド）です。このクラスには、2つのプロパティ（$nameと$ingredients）と1つのメソッド（hasIngredient()）があります。publicキーワードは、このキーワードの付いた特定のプロパティやメソッドにプログラムのどの部分からアクセスできるかをPHPエンジンに知らせます。詳しくは、「6.5　プロパティとメソッドのアクセス権」で説明します。

　hasIngredient()メソッドは通常の関数定義とほとんど同様に見えますが、本体には新しい$thisが含まれています。これは、この関数を呼び出しているクラスのインスタンスを参照する特別な変数です。例6-2に2つのインスタンスにおける$thisの動作を示します。

例6-2　オブジェクトの生成と使用

```
// インスタンスを生成して$soupに割り当てる
$soup = new Entree;
// $soupのプロパティを設定する
$soup->name = 'Chicken Soup';
$soup->ingredients = array('chicken', 'water');
```

```
// 別のインスタンスを生成して$sandwichに割り当てる
$sandwich = new Entree;
// $sandwichのプロパティを設定する
$sandwich->name = 'Chicken Sandwich';
$sandwich->ingredients = array('chicken', 'bread');

foreach (['chicken','lemon','bread','water'] as $ing) {
    if ($soup->hasIngredient($ing)) {
        print "Soup contains $ing.\n";
    }
    if ($sandwich->hasIngredient($ing)) {
        print "Sandwich contains $ing.\n";
    }
}
```

new演算子は新たなEntreeオブジェクトを返すので、例6-2では$soupと$sandwichはそれぞれEntreeクラスの別々のインスタンスを参照します。

矢印演算子（->）は、オブジェクト内のプロパティ（変数）とメソッド（関数）への道しるべです。プロパティにアクセスするには、オブジェクト名の後に矢印演算子を書き、矢印演算子に続いてプロパティ名を指定します。メソッドを呼び出すには、矢印演算子の後にメソッド名を指定し、続いて関数呼び出しを示す括弧を書きます。

プロパティやメソッドにアクセスするために使う矢印演算子は、array()やforeach()で配列のキーと値を区切る演算子とは異なります。配列の矢印には等号を使います（=>）。オブジェクトの矢印にはハイフンを使います（->）。

プロパティへの値の割り当ては他の変数への値の割り当てと同様に機能しますが、プロパティ名を示す矢印構文を使います。$soup->nameという式は「$soup変数が保持するオブジェクトインスタンス内のnameプロパティ」を意味し、$sandwich->ingredientsという式は「$sandwich変数が保持するオブジェクトインスタンス内のingredientsプロパティ」を意味します。

foreach()ループ内では、それぞれのオブジェクトのhasIngredient()が呼び出されます。このメソッドには材料の名前を渡し、その材料がオブジェクトの材料リストに含まれているかどうかを返します。ここで、特殊な変数$thisの動作がわかります。$soup->hasIngredient()の呼び出し時には、$thisはhasIngredient()の本体の中で$soupを参照します。$sandwich->hasIngredient()の呼び出し時には、$thisは$sandwichを参照します。$this変数は常に同じオブジェクトインスタンスを参照するわけではなく、代わりにメソッドを呼び出したインスタンスを参照します。つまり、例6-2を実行すると次のように出力されます。

```
Soup contains chicken.
Sandwich contains chicken.
Sandwich contains bread.
Soup contains water.
```

例6-2では、$ingがchickenのときは$soup->hasIngredient($ing)と$sandwich->hasIngredient($ing)はどちらもtrueを返します。どちらのオブジェクトの$ingredientsプロパティにもchickenという値を持つ要素が含まれています。しかし、$soup->ingredientsだけがwaterを持ち、$sandwich->ingredientsだけがbreadを持ちます。どちらのオブジェクトもingredientsプロパティにlemonを持ちません。

クラスには静的メソッドを定義することもできます。静的メソッドは特定のオブジェクトインスタンスで実行されるわけではなくクラス自体で実行されるので、$this変数は使えません。静的メソッドは、あるオブジェクトではなくクラス自体の目的に関連する振る舞いに便利です。例6-3は、前菜のサイズのリストを返す静的メソッドをEntreeに追加します。

例6-3　静的メソッドの定義

```
class Entree {
    public $name;
    public $ingredients = array();

    public function hasIngredient($ingredient) {
        return in_array($ingredient, $this->ingredients);
    }

    public static function getSizes() {
        return array('small','medium','large');
    }
}
```

例6-3の静的メソッドの宣言は他のメソッド定義に似ていますが、functionの前にstaticキーワードが追加されています。静的メソッドを呼び出すには、例6-4に示すようにクラス名とメソッド名の間に->の代わりに::を記述します。

例6-4　静的メソッドの呼び出し

```
$sizes = Entree::getSizes();
```

6.2　コンストラクタ

クラスは、**コンストラクタ**と呼ばれる特殊なメソッドを備えることもできます。コンストラクタは、オブジェクトを生成するときに呼び出されます。通常、コンストラクタはオブジェクトを使える状態にするための設定やハウスキーピングタスクを処理します。例えば、Entreeクラスを変更してコンストラクタを提供できます。このコンストラクタは、前菜の名前と材料リストの2つの引数を取ります。この2つの値をコンストラクタに渡すと、オブジェクトを生成した後にプロパティを設定する必要がなくなります。PHPでは、クラスのコンストラクタメソッドは必ずアンダース

コア2つから始まる __construct() という名前になります。例6-5は、コンストラクタメソッドを加えたクラスを表しています。

例6-5　コンストラクタを使ったオブジェクトの初期化

```
class Entree {
    public $name;
    public $ingredients = array();

    public function __construct($name, $ingredients) {
        $this->name = $name;
        $this->ingredients = $ingredients;
    }

    public function hasIngredient($ingredient) {
        return in_array($ingredient, $this->ingredients);
    }
}
```

例6-5では、__construct() メソッドが2つの引数を取り、その値をクラスのプロパティに設定していることがわかります。引数名とプロパティ名が同じであるのは便宜上です。PHPエンジンは名前が同じであることは求めません。コンストラクタ内では、$this キーワードは生成している特定のオブジェクトインスタンスを参照します。

コンストラクタに引数を渡すには、new演算子を使うときにクラス名を関数名のように扱い、クラス名の後に括弧と引数値を記述します。例6-6は、クラス内のコンストラクタを呼び出し、以前使ったものと同じ $soup と $sandwich オブジェクトを生成します。

例6-6　コンストラクタの呼び出し

```
// 名前と材料を持つスープ
$soup = new Entree('Chicken Soup', array('chicken', 'water'));

// 名前と材料を持つサンドイッチ
$sandwich = new Entree('Chicken Sandwich', array('chicken', 'bread'));
```

コンストラクタはPHPエンジンが新たなオブジェクトを生成するための一環としてnew演算子で呼び出しますが、コンストラクタ自体がオブジェクトを生成するわけではありません。つまり、コンストラクタ関数は値を返さず、返り値を使って問題の発生を知らせることはできないのです。これは、次の節で説明する**例外**の仕事です。

6.3　例外を使った問題の通知

例6-5で $ingredients 引数として配列以外のものを渡すとどうなるでしょうか。例6-5のようにコードを記述すると何も起こりません。$this->ingredients には、$ingredients の値が何であるか

にかかわらずその値が割り当てられます。しかし、その値が配列ではない場合、hasIngredient()の呼び出し時に問題が生じます。hasIngredient()メソッドは、$ingredientsプロパティが配列であることを前提としています。

　コンストラクタは、指定した引数が正しい型かその他の適切なものかを検証するのに適しています。しかし、問題がある場合にエラーを通知する手段が必要です。そこで**例外**の出番です。例外は、何か例外的な事態が起こったことを通知するための特別なオブジェクトです。例外を作成すると、PHPエンジンを中断させ異なるコードパスを設定します。

　例6-7は、$ingredients引数が配列ではない場合に例外を発行するようにEntreeコンストラクタを修正しています（例外を「発行する」ということは、例外を使って何か問題が生じたことをPHPエンジンに通知することを意味します）。

例6-7　例外の発行

```
class Entree {
    public $name;
    public $ingredients = array();

    public function __construct($name, $ingredients) {
        if (! is_array($ingredients)) {
            throw new Exception('$ingredients must be an array');
        }
        $this->name = $name;
        $this->ingredients = $ingredients;
    }

    public function hasIngredient($ingredient) {
        return in_array($ingredient, $this->ingredients);
    }
}
```

　例外はExceptionクラスで表します。Exceptionのコンストラクタの最初の引数は、何が問題であったかを表す文字列です。したがって、「throw new Exception('$ingredients must be an array');」の行は新しいExceptionオブジェクトを生成し、PHPエンジンを中断するためにthrow構文に渡します。

　$ingredientsが配列なら、このコードは以前と同様に動作します。配列でない場合には、例外を発行します。例6-8は、不適切な$ingredients引数でのEntreeオブジェクトの生成を表します。

例6-8　例外を発行させる

```
$drink = new Entree('Glass of Milk', 'milk');
if ($drink->hasIngredient('milk')) {
    print "Yummy!";
}
```

例6-8は、以下のようなエラーメッセージを表示します（このコードがexception-use.phpという名前のファイルにあり、Entreeクラスの定義がconstruct-exception.phpという名前のファイルのある場合）。

```
PHP Fatal error: Uncaught Exception: $ingredients must be an array
in construct-exception.php:9
Stack trace:
#0 exception-use.php(2): Entree->__construct('Glass of Milk', 'milk')
#1 {main}
  thrown in construct-exception.php on line 9
```

上記のエラー出力では、2つのことがわかります。第1はPHPエンジンからのエラーメッセージ「PHP Fatal error: Uncaught Exception: $ingredients must be an array in construct-exception.php:9」です。これは、construct-exception.php（Entreeクラスを定義しているファイル）の9行目で例外が発行されたことを意味します。この例外を処理する追加コードがないため（例外の処理方法についてはこのあと説明します）、これは「未捕捉（uncaught）」と呼ばれ、PHPエンジンが突然停止します（プログラムの実行をすぐに停止する「致命的」なエラー）。

このエラー出力からわかる2つ目のものは**スタックトレース**です。スタックトレースは、PHPエンジンの停止時に動作していた全関数の一覧です。スタックトレースの{main}行は、その他のものを実行する前のプログラム実行の第1レベルを表します。この行は、スタックトレースの最後に必ず表示されます。

hasIngredient()の呼び出しを阻止し配列ではない材料を操作しないようにするのはよいですが、このような厳しいエラーメッセージでプログラムを完全に停止するのはやりすぎです。例外の発行と対照をなすのが、例外の**捕捉**です。PHPエンジンが例外を取得して停止する前に例外を入手するのです。

例外を処理するには、以下の2つを実行します。

1. 例外を発行する可能性があるコードをtryブロック内に入れる。
2. 問題に対応するために、例外を発行する可能性があるコードの後にcatchブロックを用意する。

例6-9では、tryブロックとcatchブロックを追加して例外を処理しています。

例6-9　例外処理

```
try {
    $drink = new Entree('Glass of Milk', 'milk');
    if ($drink->hasIngredient('milk')) {
        print "Yummy!";
    }
} catch (Exception $e) {
    print "Couldn't create the drink: " . $e->getMessage();
}
```

例6-9では、tryブロックとcatchブロックが連携して機能します。tryブロック内のそれぞれの文を実行し、例外が発生したら停止します。すると、PHPエンジンはcatchブロックまで飛び、生成されたExceptionオブジェクトを変数$eに設定します。catchブロック内のコードはExceptionクラスのgetMessage()メソッドを使い、例外の生成時に渡されたメッセージのテキストを取得します。例6-9の出力を示します。

```
Couldn't create the drink: $ingredients must be an array
```

6.4　オブジェクトの拡張

コードの構造化にとても役立つオブジェクトの特徴として、**サブクラス**の概念があります。サブクラスを使うと、独自の機能を追加してクラスを再利用できます。サブクラス（**子クラス**と呼ばれることもあります）は既存クラス（**親クラス**）のすべてのメソッドとプロパティから始まりますが、変更したり独自のものを追加したりすることができます。

例えば、一杯のスープとサンドイッチのような、1つの料理だけでなくいくつかの料理を組み合わせた前菜セットを考えてみましょう。既存のEntreeクラスなら、「スープ」と「サンドイッチ」を材料として扱うか、スープの材料とサンドイッチの材料のすべてをこのセットの材料として列挙するかしてこのような前菜をモデル化せざるをえません。どちらの方法も理想的ではありません。スープとサンドイッチは材料ではなく、すべての材料を列挙し直すと、材料の変更があると複数の箇所を修正しなければいけなくなります。

この問題は、材料としてEntreeオブジェクトインスタンスを与えられるEntreeのサブクラスを作成し、このサブクラスのhasIngredient()でそのオブジェクトインスタンスの材料の変更があることを調べればもっと手際よく解決できます。このComboMealクラスのコードを例6-10に示します。

例6-10　Entreeクラスの拡張

```
class ComboMeal extends Entree {

    public function hasIngredient($ingredient) {
        foreach ($this->ingredients as $entree) {
            if ($entree->hasIngredient($ingredient)) {
                return true;
            }
        }
        return false;
    }
}
```

例6-10では、クラス名ComboMealの後にextends Entreeと続けているのは、ComboMealクラスがEntreeクラスのすべてのメソッドとプロパティを継承すべきことをPHPエンジンに知らせる

ためです。PHPエンジンにとっては、ComboMealの定義内にEntreeの定義を再度記述したようなものですが、実際にはそのような面倒な記述は一切必要ありません。そして、ComboMealの定義の中括弧内に記述する必要があるのは、変更や追加だけです。この例では、変更点は新しいhasIngredient()メソッドだけです。$this->ingredientsを配列として調べる代わりに、Entreeオブジェクトの配列として扱い、それぞれのEntreeオブジェクトでhasIngredient()を呼び出します。その呼び出しのいずれかがtrueを返したら、このセットの前菜の1つに指定の材料が含まれていることになるので、ComboMealのhasIngredient()メソッドはtrueを返します。すべての前菜を反復処理した後にどれもtrueを返していなかったら、ComboMealのhasIngredient()はfalseを返します。これはどの前菜にもその材料が含まれていないことを意味します。例6-11に、このサブクラスの動作を示します。

例6-11　サブクラスの使用

```
// 名前と材料を持つスープ
$soup = new Entree('Chicken Soup', array('chicken', 'water'));

// 名前と材料を持つサンドイッチ
$sandwich = new Entree('Chicken Sandwich', array('chicken', 'bread'));

// セット料理
$combo = new ComboMeal('Soup + Sandwich', array($soup, $sandwich));

foreach (['chicken','water','pickles'] as $ing) {
    if ($combo->hasIngredient($ing)) {
        print "Something in the combo contains $ing.\n";
    }
}
```

スープとサンドイッチにはどちらもchickenが含まれています。スープにはwaterが含まれますが、どちらにもpicklesは含まれていないので、例6-11の出力は次の通りです。

```
Something in the combo contains chicken.
Something in the combo contains water.
```

これは適切に動作しますが、ComboMealのコンストラクタに渡した項目が本当にEntreeオブジェクトであるという保証はありません。Entreeオブジェクトではない場合、hasIngredient()を呼び出すとエラーが発生する可能性があります。これを修正するには、この条件を調べ、通常のEntreeコンストラクタも呼び出してプロパティを適切に設定するカスタムコンストラクタをComboMealに追加する必要があります。このコンストラクタを含むバージョンのComboMealを例6-12に示します。

例6-12　サブクラスにおけるコンストラクタの設置

```
class ComboMeal extends Entree {

    public function __construct($name, $entrees) {
        parent::__construct($name, $entrees);
        foreach ($entrees as $entree) {
            if (! $entree instanceof Entree) {
                throw new Exception('Elements of $entrees must be Entree objects');
            }
        }
    }

    public function hasIngredient($ingredient) {
        foreach ($this->ingredients as $entree) {
            if ($entree->hasIngredient($ingredient)) {
                return true;
            }
        }
        return false;
    }
}
```

　例6-12のコンストラクタは、特殊構文parent::__construct()を使ってEntreeのコンストラクタを参照しています。$thisがオブジェクトメソッド内で特別な意味を持つのと同様に、parentも特別な意味を持ちます。parentは、現在のクラスがサブクラスであるクラスを参照します。ComboMealはEntreeを拡張しているので、ComboMeal内のparentはEntreeを参照します。そのため、ComboMeal内のparent::__construct()はEntreeクラスの__construct()を参照します。

　サブクラスのコンストラクタでは、親クラスのコンストラクタを明示的に呼び出す必要があることを覚えておきましょう。parent::__construct()の呼び出しを省略すると、親クラスのコンストラクタが呼び出されることはなく、PHPエンジンがおそらく重要と思われる親クラスのコンストラクタの振る舞いを実行することはありません。この例では、Entreeのコンストラクタは$ingredientsが配列であることを確認し、$nameと$ingredientsプロパティを設定します。

　parent::__construct()を呼び出した後、ComboMealのコンストラクタがセット料理の指定された材料がEntreeオブジェクトであることを保証します。そのためにinstanceof演算子を使います。$entree instanceof Entreeという式は、$entreeがEntreeクラスのオブジェクトインスタンスを参照する場合にtrueと評価されます[1]。指定の材料のいずれかがEntreeオブジェクトではない場合、このコードは例外を発行します。

---

[1] instanceof演算子は、指定のオブジェクトが指定のクラス名のサブクラスである場合もtrueと評価する。例えば、このコードは他のセット料理からなるセット料理でも正常に動作する。

6.5 プロパティとメソッドのアクセス権

例6-12のComboMealコンストラクタは、ComboMealの材料としてEntreeのインスタンスだけが渡されるようにします。しかし、その後はどうでしょうか。それ以降のコードで $ingredientsプロパティの値を任意に（Entree以外の配列、数値、さらにはfalseにも）変更できます。

この問題は、プロパティの**アクセス権**（visibility）を変更して防ぎます。publicの代わりに、privateあるいはprotectedと指定できます。このような他の設定をしても、クラス内のコードが実行できることは変わりません。常に独自のプロパティを読み書きできます。privateは、そのクラス外のコードがプロパティにアクセスできないようにします。protectedは、そのクラス外でプロパティにアクセスできるコードはサブクラスのコードだけであることを意味します。

例6-13はEntreeクラスを修正したものです。$nameプロパティがprivate、$ingredientsプロパティがprotectedになっています。

例6-13　プロパティのアクセス権の変更

```php
class Entree {
    private $name;
    protected $ingredients = array();

    /* $name は private なので、これは $name を読み取る手段を提供する */
    public function getName() {
        return $this->name;
    }

    public function __construct($name, $ingredients) {
        if (! is_array($ingredients)) {
            throw new Exception('$ingredients must be an array');
        }
        $this->name = $name;
        $this->ingredients = $ingredients;
    }

    public function hasIngredient($ingredient) {
        return in_array($ingredient, $this->ingredients);
    }
}
```

例6-13では$nameはprivateなので、Entree外のコードから読み取ったり変更したりする手段がありません。しかし、追加されたgetName()メソッドはEntree以外のコードが$nameの値を取得する手段を提供します。このようなメソッドは**アクセサ**と呼ばれます。アクセサは、それ以外では禁止されているプロパティにアクセスできるようにします。この例では、privateとプロパティ値を返すアクセサの組み合わせで任意のコードで$nameの値を読み取れますが、一旦設定したらEntree

外からは $name の値を変更できません。

一方、$ingredients プロパティは protected であり、サブクラスから $ingredients にアクセスできます。そのため、ComboMeal の hasIngredient() は適切に機能します。

プロパティと同様に、メソッドにも同じアクセス権を設定できます。public に指定されたメソッドは、任意のコードで呼び出せます。private に指定されたメソッドは、同じクラス内の他のコードからだけ呼び出せます。protected に指定されたメソッドは、同じクラスかサブクラス内の他のコードからだけ呼び出せます。

6.6　名前空間

バージョン5.4以降のPHPエンジンでは、コードを**名前空間**に整理することができます。名前空間は、関連するコードをまとめ、記述したクラス名が他の人の書いた同じ名前のクラスと衝突しないようにします[*1]。

他の人が書いたパッケージをプログラムに組み込めるようにするには、名前空間に慣れることが重要です。「16章　パッケージ管理」では、Composer パッケージ管理システムの使い方を詳しく取り上げます。この節では、名前空間の構文を説明します。

名前空間は、クラス定義や他の名前空間を入れることができる容器と考えてください。名前空間は、新たな機能を提供するというよりも構文的に便利です。namespace キーワードやクラス名と思われるものにバックスラッシュが付いていたら、PHP名前空間を扱っています。

特定の名前空間内にクラスを定義するには、ファイルの先頭で namespace キーワードと名前空間名を記述します。すると、そのファイルでのクラス定義はその名前空間内でクラスを定義します。例6-14 は、Tiny 名前空間内で Fruit クラスを定義します。

例6-14　名前空間内でのクラスの定義

```
namespace Tiny;

class Fruit {
    public static function munch($bite) {
        print "Here is a tiny munch of $bite.";
    }
}
```

名前空間内で定義したクラスを使うには、クラスの参照の仕方にあわせて、名前空間を取り入れる必要があります。最も明確な方法は「\」（トップレベル名前空間）から始め[*2]、クラスが含まれる名前空間名を記述し、さらに「\」を付け加えてクラス名を記述する方法です。例えば、**例6-14** で定義した Fruit クラスの munch() を呼び出すには、次のように書きます。

[*1] 名前空間は関数やクラス以外の他のものも扱うが、この節ではクラスの名前空間だけを検討する。
[*2] 監訳注：Windowsではバックスラッシュ文字は日本語画面や印字では円マークとして表示される。

```
\Tiny\Fruit::munch("banana");
```

　名前空間は、他の名前空間を保持することもできます。例6-14がnamespace Tiny\Eating;で始まっていたら、このクラスは\Tiny\Eating\Fruitで参照します。

　この先頭の「\」がない場合、クラス参照の解決は**現在の名前空間**（参照時にアクティブな名前空間）を基に行います。先頭に名前空間宣言のないPHPファイルでは、現在の名前空間がトップレベル名前空間です。しかし、namespaceキーワードは現在の名前空間を変更します。namespace Tiny;という宣言は、現在の名前空間をTinyに変更します。したがって、例6-14のclass Fruitの定義はFruitクラスをTiny名前空間に入れます。

　しかし、これはこのファイルの**他**のすべてのクラス名参照がTiny名前空間に対して相対的に解決されることも意味します。$soup = new Entree('Chicken Soup', array('chicken','water'));というコードを含むTiny\Fruitクラスのメソッドは、Tiny名前空間**内**でEntreeクラスを探すようにPHPエンジンに指示します。これは、コードが$soup = new \Tiny\Entree('Chicken Soup', array('chicken','water'));と書かれているようなものです。トップレベル名前空間のクラスを明確に参照するようにするには、クラス名の前に「\」を付ける必要があります。

　このようなバックスラッシュと名前空間を何度も全部記述するのは苦痛です。PHPエンジンは、これを簡単にするuseキーワードを提供しています。例6-15にuseの使い方を示します。

例6-15　useキーワードの使用

```
use Tiny\Eating\Fruit as Snack;

use Tiny\Fruit;

// これは\Tiny\Eating\Fruit::munch();を呼び出す
Snack::munch("strawberry");

// これは\Tiny\Fruit::munch();を呼び出す
Fruit::munch("orange");
```

　use Tiny\Eating\Fruit as Snack;と記述すると、「このファイルの残りの部分でクラス名としてSnackと言ったら、実際には\Tiny\Eating\Fruitを意味する」とPHPエンジンに指示します。asがないと、PHPエンジンはuseに指定した最後の要素からクラスの「ニックネーム」を推測します。そのため、use Tiny\Fruit;は、「このファイルの残りの部分でクラス名としてFruitと言ったら、実際には\Tiny\Fruitを意味する」とPHPエンジンに指示します。

　このようなuse宣言は、さまざまなクラスを名前空間やサブ名前空間に入れている最近の多くのPHPフレームワークで特に役立ちます。ファイルの先頭にわずかなuse行を入れるだけで、\Symfony\Component\HttpFoundation\Responseなどの冗長な決まり文句をより簡潔なResponseに変換できます。

6.7 まとめ

本章では次の内容を取り上げました。

- オブジェクトがコードの構造化に役立つことを理解する。
- メソッドとプロパティを持つクラスを定義する。
- new演算子でオブジェクトを生成する。
- 矢印演算子でメソッドやプロパティにアクセスする。
- staticメソッドの定義と呼び出し。
- コンストラクタを使ってオブジェクトを初期化する。
- 例外を発行して問題を通知する。
- 例外を捕捉して問題に対応する。
- サブクラスでクラスを拡張する。
- アクセス権を変更してプロパティやメソッドへのアクセスを制御する。
- コードを名前空間に整理する。

6.8 演習問題[*1]

1. Ingredientというクラスを作成しなさい。このクラスのインスタンスは1つの材料を表し、材料の名前と費用を管理する。

2. Ingredientクラスに材料の費用を変更するメソッドを追加しなさい。

3. 本章で使ったEntreeクラスのサブクラスで、文字列の材料名の代わりにIngredientオブジェクトで材料を指定するサブクラスを作成しなさい。このEntreeのサブクラスには、前菜の総費用を返すメソッドを追加しなさい。

4. Ingredientクラスを独自の名前空間に入れ、IngredientCostを使う他のコードが適切に動作するように修正しなさい。

[*1] 答えは本書のWebサイト（http://www.oreilly.co.jp/books/9784873117935/）に掲載している。

7章
ユーザとの情報交換：Webフォームの作成

　フォームの処理は、ほとんどのWebアプリケーションの必要不可欠な構成要素です。**フォームはユーザがサーバと通信するためのものです**。新しいアカウントの登録、フォーラムでの特定の話題に関するすべての投稿の検索、紛失したパスワードの再申請、近所のレストランや靴屋の検索、本の購入などを行います。

　PHPプログラムでフォームを使用するときには2段階の動作になります。第1段階ではフォームを表示します。この段階では、テキストボックス、チェックボックス、ボタンなどの適切なユーザインタフェース要素のタグを含むHTMLを生成します。フォーム作成に必要なHTMLについての詳細は、Elisabeth RobsonとEric Freeman共著の『Head First HTML and CSS』（O'Reilly、和書未刊）の「HTMLフォーム」の章を読むとよいでしょう。

　ユーザがフォームを含むページを訪れると、フォームにリクエストされた情報を入力してからボタンをクリックするか［Enter］キーを押してサーバにフォーム情報を送り返します。サブミットされたフォーム情報の処理は、第2段階の操作となります。

　例7-1は、ユーザに「Hello」と表示するページです。フォームのサブミッションにレスポンスしてページがロードされると、ページはあいさつ文を表示します。それ以外の場合は、ユーザが名前を提供できるフォームを表示します。

例7-1 「Hello」の表示

```
if ('POST' == $_SERVER['REQUEST_METHOD']) {
    print "Hello, ". $_POST['my_name'];
} else {
    print<<<_HTML_
<form method="post" action="$_SERVER[PHP_SELF]">
 Your name: <input type="text" name="my_name" >
<br>
<input type="submit" value="Say Hello">
</form>
_HTML_;
}
```

「**1章　オリエンテーションとはじめの一歩**」のクライアントとサーバの通信の図を覚えているでしょうか。**図7-1**は、**例7-1**のフォームの表示と処理に必要なクライアントとサーバ間の通信を表しています。1番目のリクエストとレスポンスでブラウザがフォームを表示します。2番目のリクエストとレスポンスではサーバでサブミットされたフォームデータを処理し、ブラウザに結果を表示します。

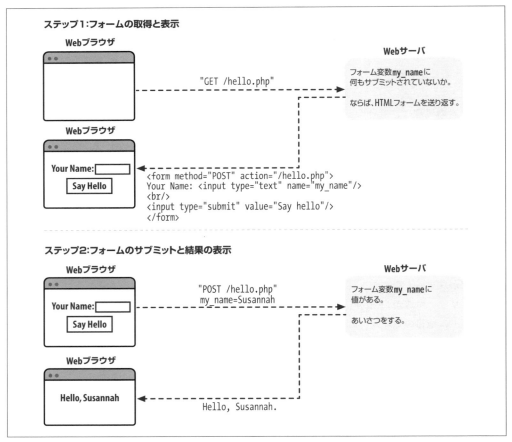

図7-1　簡単なフォームの表示と処理

1番目のリクエストに対するレスポンスはフォームのHTMLです。**図7-2**は、このレスポンスを受け取ったときのブラウザの表示です。

図7-2 簡単なフォーム

2番目のリクエストに対するレスポンスは、サブミットされたフォームデータの処理結果です。**図7-3**は、テキストボックスにSusannahと入力してフォームをサブミットしたときの出力を示します。

図7-3 サブミットしたときのフォーム

例7-1の「フォームデータがサブミットされたら処理する。それ以外なら、フォームを出力する」というパターンは、簡単なプログラムでは一般的です。基本的なフォームを構築するときに、フォームを表示するコードとフォームを処理するコードを同じページに入れると、フォームと関連するロジックとの連携が簡単です。本章の後でもっと複雑なフォームを扱うときには、フォームを分割して表示とロジックの処理を個別のファイルに分離します。

フォームのサブミッションは、最初にフォームをリクエストするために使ったものと同じURLに送り返されます。これは、<form>タグのaction属性の値である特別な変数$_SERVER['PHP_SELF']のためです。$_SERVERスーパーグローバル配列は、サーバとPHPエンジンが処理中の現在のリクエストに関するさまざまな情報を持っています。$_SERVERのPHP_SELF要素は、現在のリクエストのURLのパス名部分を保持します。例えば、http://www.example.com/store/catalog.php

のPHPスクリプトにアクセスする場合、`$_SERVER['PHP_SELF']`はそのページの`/store/catalog.php`になります[*1]。

この簡単なフォームでは、`$_SERVER['REQUEST_METHOD']`も活用しています。この配列要素は、Webブラウザが現在のページをリクエストするのに使ったHTTPメソッドです。通常のWebページでは、多くの場合GETかPOSTです。通常、GETは通常のページ取得を意味し、POSTはフォームのサブミッションです。`$_SERVER['REQUEST_METHOD']`の値は、`<form>`タグのaction属性の値の書き方にかかわらず必ず大文字になります。

そのため、`$_SERVER['REQUEST_METHOD']`がPOSTであるかを検査すると、フォームがサブミットされたのか通常のページリクエストだったのかを調べられます。

`$_POST`配列は、サブミットされたフォームデータを保持するスーパーグローバル変数です。`$_POST`のキーはフォーム要素名、`$_POST`のキーに対応する値はフォーム要素の値です。例7-1でテキストボックスに名前を入力してサブミットボタンをクリックすると、テキストボックスのname属性は`my_name`なので`$_POST['my_name']`の値はテキストボックスに入力したものになります[*2]。

例7-1の構造は、本章のフォーム処理の核となります。しかし、欠点があります。未修正の外部入力の出力(`my_name`フォームパラメータの値を使った`print "Hello, " . $_POST['my_name'];`)は危険です。サブミットされたフォームパラメータなどのプログラム外からのデータには、埋め込みHTMLやJavaScriptが含まれる可能性があります。「7.4.6 HTMLとJavaScript」では、外部入力を無害化してプログラムを安全にする方法を説明します。

本章の残りでは、フォーム処理のさまざまな側面を詳細に説明します。「7.2 フォームパラメータへのアクセス」では、複数の値をサブミットできるフォームパラメータなどのさまざまな種類のフォーム入力処理の詳細を探ります。「7.3 関数を使ったフォーム処理」では、フォームの管理タスクを簡単にする、柔軟性のある関数ベースのフォーム操作の構造を説明します。この関数ベースの構造では、サブミットされたフォームデータを調べて予期せぬものが含まれないようにすることもできます。「7.4 データの検証」では、サブミットされたフォームデータをチェックできるさまざまな方法を説明します。「7.5 デフォルト値の表示」では、フォーム要素にデフォルト値を入れる方法とフォームを再表示するときにユーザ入力値を格納する方法を具体的に説明します。最後の「7.6 ひとつにまとめる」では、本章で説明した関数ベースの構造、エラーメッセージの検証と表示、デフォルトとユーザ入力の保持、サブミットされたデータの処理のすべてを含む完全なフォームを示します。

[*1] 例4-19で説明したように、ヒアドキュメントでは配列要素`$_SERVER['PHP_SELF']`は適切に補間するために値のキーを引用符で囲まない。
訳注:`$_SERVER['PHP_SELF']`は、スクリプトのパス名に続くパス情報も含むため、そのまま出力するとクロスサイトスクリプティングの脆弱性になる恐れがあり、スクリプトのパス名だけを参照したい場合には、代わりに`$_SERVER['SCRIPT_NAME']`を使うことが推奨されている。

[*2] 訳注:ここでは、わかりやすく解説するためにスーパーグローバル変数の`$_POST['my_name']`をそのまま使用しているが、実践では脆弱性の要因になることを避けるために、値の検証を行ってから使用するよう注意する。

7.1 便利なサーバ変数

PHP_SELFやREQUEST_METHODの他にも、$_SERVERスーパーグローバル配列は、Webサーバや現在のリクエストに関する情報を提供するたくさんの便利な要素を持っています。**表7-1**にそのいくつかを取り上げます。

表7-1　$_SERVERのエントリ

要素	例	説明
QUERY_STRING	category=kitchen&price=5	URLの疑問符の後ろに続くURLパラメータの部分。例に示したクエリ文字列はhttp://www.example.com/catalog/store.php?category=kitchen&price=5というURLのものである。
PATH_INFO	/browse	URLのスラッシュの後ろに最後に付いている追加のパス情報。これはクエリ文字列を使わないでスクリプトに情報を渡す方法である。例に示したPATH_INFOはhttp://www.example.com/catalog/store.php/browseというURLのものである。
SERVER_NAME	www.example.com	PHPエンジンが動作しているWebサイトの名前。Webサーバが多くの仮想ドメインをホスティングしている場合、アクセスしている特定の仮想ドメインの名前となる。
DOCUMENT_ROOT	/usr/local/htdocs	そのWebサイトで利用できるドキュメントを格納するWebサーバコンピュータ上のディレクトリ。Webサイト http://www.example.com のドキュメントルートが/usr/local/htdocsの場合、http://www.example.com/catalog/store.phpのリクエストはファイル/usr/local/htdocs/catalog/store.phpに相当する。
REMOTE_ADDR	175.56.28.3	WebサーバにリクエストをおこなったユーザのIPアドレス。
REMOTE_HOST	pool0560.cvx.dialup.verizon.net	WebサーバがユーザIPアドレスをホスト名に変換するように設定されている場合、Webサーバにリクエストを行ったユーザのホスト名である。このアドレスから名前への変換は（計算時間の観点で）比較的コストが高いので、ほとんどのWebサーバはこの変換を行わない。
HTTP_REFERER[*1]	http://shop.oreilly.com/product/0636920029335.do	誰かがリンクをクリックして現在のURLに到達した場合、HTTP_REFERERにはそのリンクを含むページのURLが含まれる。この値は偽造できるので、プライベートなWebページへのアクセスを与えるための唯一の基準に使ってはいけない。しかし、リンクしている相手を探すことができる。
HTTP_USER_AGENT	Mozilla/5.0 (Macintosh; Intel Mac OS X 10.10; rv: 37.0) Gecko/20100101 Firefox/37.0	ページを取得したWebブラウザ。例に示した値はOS Xで動作するFirefox 37の署名である。HTTP_REFERERと同様に、この値は偽造できるが、分析には役立つ。

[*1] 正しいスペルはHTTP_REFERRERである。しかし、初期のインターネット仕様ドキュメントでスペル間違いをしたので、Webプログラミング時にはRが3つのバージョンをよく目にする。

7.2 フォームパラメータへのアクセス

すべてのリクエストの最初に、PHPエンジンはフォームでサブミットされるかURLで渡されたパラメータの値を含むスーパーグローバル配列を設定します。GETメソッドフォームのURLとフォームパラメータは$_GETに入ります。POSTメソッドフォームのフォームパラメータは$_POSTに入ります。

http://www.example.com/catalog.php?product_id=21&category=fryingpan という URL は、$_GET: に2つの値を設定します。

- $_GET['product_id'] を 21 に設定する。
- $_GET['category'] を fryingpan に設定する。

例7-2でテキストボックスに21を入力し、メニューからFrying Panを選んでフォームをサブミットすると、同じ値が$_POSTに入ります。

例7-2　2要素のフォーム

```
<form method="POST" action="catalog.php">
<input type="text" name="product_id">
<select name="category">
<option value="ovenmitt">Pot Holder</option>
<option value="fryingpan">Frying Pan</option>
<option value="torch">Kitchen Torch</option>
</select>
<input type="submit" name="submit">
</form>
```

例7-3は、例7-2のフォームを完全なPHPプログラムに取り込み、フォームを表示した後に$_POSTからの適切な値を出力します。例7-3の<form>タグのaction属性がcatalog.phpなので、Webサーバ上のcatalog.phpというファイルにプログラムを保存しておく必要があります。別の名前のファイルに保存する場合は、その名前に対応してaction属性を調整します。

例7-3　サブミットされたフォームパラメータの出力

```
<form method="POST" action="catalog.php">
<input type="text" name="product_id">
<select name="category">
<option value="ovenmitt">Pot Holder</option>
<option value="fryingpan">Frying Pan</option>
<option value="torch">Kitchen Torch</option>
</select>
<input type="submit" name="submit">
</form>
Here are the submitted values:
```

```
product_id: <?php print $_POST['product_id'] ?? '' ?>
<br/>
category: <?php print $_POST['category'] ?? '' ?>
```

POST変数がサブミットされる前にPHPから警告メッセージが出されないように、**例7-3**では??(**null合体演算子**)を使っています。

`$_POST['product_id'] ?? ''`というコードは、`$_POST['product_id']`に何らかの値が入っていればその値に評価され、それ以外の場合は空の文字列('')になります。この演算子がないと、GETメソッドでページを取得したときやPOST変数が設定されていないときに、「PHP Notice: Undefined index: product_id」などのメッセージが表示されます。

null合体演算子はPHP 7で導入された。古いバージョンのPHPを使っている場合には、代わりにisset()を使う。
```
if (isset($_POST['product_id'])) {
    print $_POST['product_id'];
}
```

複数の値を持つことができるフォーム要素には、名前の後に[ ]を付ける必要があります。これは、複数の値を配列要素として扱うようにPHPエンジンに通知します。**例7-4**の<select>メニューは、サブミットされた値を`$_POST['lunch']`に入れます。

例7-4 複数の値を持つフォーム要素

```
<form method="POST" action="eat.php">
<select name="lunch[]" multiple>
<option value="pork">BBQ Pork Bun</option>
<option value="chicken">Chicken Bun</option>
<option value="lotus">Lotus Seed Bun</option>
<option value="bean">Bean Paste Bun</option>
<option value="nest">Bird-Nest Bun</option>
</select>
<input type="submit" name="submit">
</form>
```

例7-4のフォームがChicken BunとBird-Nest Bunを選択してサブミットされると、`$_POST['lunch']`はchickenとnestの要素値を持つ2要素配列になります。この値には、通常の多次元配列構文を使ってアクセスします。**例7-5**は、**例7-4**のフォームを、メニューで選択された値を出力する完全なプログラムに組み込みます(ここではファイル名とaction属性に同じ規則を適用します。eat.phpというファイルに**例7-5**のコードを保存するか、または<form>タグのaction属性を正しいファイル名に調整します)。

例7-5 サブミットされた複数の値へのアクセス

```
<form method="POST" action="eat.php">
<select name="lunch[]" multiple>
<option value="pork">BBQ Pork Bun</option>
<option value="chicken">Chicken Bun</option>
<option value="lotus">Lotus Seed Bun</option>
<option value="bean">Bean Paste Bun</option>
<option value="nest">Bird-Nest Bun</option>
</select>
<input type="submit" name="submit">
</form>
Selected buns:
<br/>
<?php
if (isset($_POST['lunch'])) {
    foreach ($_POST['lunch'] as $choice) {
        print "You want a $choice bun. <br/>";
    }
}
?>
```

メニューでChicken BunとBird-Nest Bunを選択すると、**例7-5**は（フォームの後に）以下のように出力します。

```
Selected buns:
You want a chicken bun.
You want a nest bun.
```

フォームがサブミットされたときには、lunch[]という名前のフォーム要素は以下のようなPHPコードに変換されると考えられます（フォーム要素のサブミットされた値がchickenとnestの場合）。

```
$_POST['lunch'][] = 'chicken';
$_POST['lunch'][] = 'nest';
```

例4-6で説明したように、この構文は要素を配列の最後に追加します。

7.3　関数を使ったフォーム処理

例7-1の基本的なフォームは、表示コードと処理コードを別々の関数に入れるとさらに柔軟性を持たせることができます。**例7-6**は、**例7-1**の関数を改良したものです。

例7-6 関数を使って「**Hello**」とあいさつする

```
// リクエストメソッドに応じて
// 適切な処理を行うロジック
```

```
if ($_SERVER['REQUEST_METHOD'] == 'POST') {
    process_form();
} else {
    show_form();
}

// フォームのサブミット時に何かを行う
function process_form() {
    print "Hello, " . $_POST['my_name'];
}

// フォームを表示する
function show_form() {
    print<<<_HTML_
<form method="POST" action="$_SERVER[PHP_SELF]">
Your name: <input type="text" name="my_name">
<br/>
<input type="submit" value="Say Hello">
</form>
_HTML_;
}
```

フォーム自体やフォームがサブミットされたときの動作を変更するには、process_form()やshow_form()の中身を変更します。

フォームの処理と表示を関数に分割すると、データ検証段階の追加も簡単です。「**7.4 データの検証**」で詳しく説明するデータ検証は、フォームからの入力を受け付けるすべてのWebアプリケーションに不可欠です。フォームのサブミット後、データを処理する前にデータの妥当性を検証します。**例7-7**は、**例7-6**に検証関数を追加したものです。

例7-7 フォームデータの検証

```
// リクエストメソッドに応じて
// 適切な処理を行うロジック
if ($_SERVER['REQUEST_METHOD'] == 'POST') {
    if (validate_form()) {
        process_form();
    } else {
        show_form();
    }
} else {
    show_form();
}

// フォームのサブミット時に何かを行う
function process_form() {
```

```
        print "Hello, ". $_POST['my_name'];
}

// フォームを表示する
function show_form() {
    print<<<_HTML_
<form method="POST" action="$_SERVER[PHP_SELF]">
Your name: <input type="text" name="my_name">
<br/>
<input type="submit" value="Say Hello">
</form>
_HTML_;
}

// フォームデータをチェックする
function validate_form() {
    // my_nameが少なくとも3文字であるかを調べる
    if (strlen($_POST['my_name']) < 3) {
        return false;
    } else {
        return true;
    }
}
```

例7-7のvalidate_form()関数は、$_POST['my_name']が3文字未満の場合はfalseを返し、それ以外ではtrueを返します。ページの先頭では、フォームのサブミット時にvalidate_form()を呼び出します。trueを返すと、process_form()が呼び出されます。それ以外ではshow_form()を呼び出します。つまり、BobやBartholomewなどの少なくとも3文字の名前でフォームをサブミットすると、前述の例と同じことが起こります。「Hello, Bob」または「Hello, Bartholomew」のメッセージが表示されるのです。BJなどの短い名前やテキストボックスを空のままでサブミットすると、validate_form()はfalseを返し、process_form()が呼び出されることはありません。その代わりに、show_form()を呼び出してフォームを再表示します。

例7-7では、validate_form()でテストに通らない名前を入力しても何が問題であるかを教えてくれません。理想としては、検証テストに失敗するデータがサブミットされたら、フォームを再表示するときにエラーを説明し、可能なら適切なフォーム要素内に入力した値を再表示すべきです。次の節ではエラーメッセージの表示方法を示し、「7.5 デフォルト値の表示」ではユーザの入力値を安全に再表示する方法を説明します。

7.4 データの検証

データ検証は、Webアプリケーションの最も重要な部分の1つです。奇妙なデータ、正しくないデータ、有害なデータは、思いがけないところに現れます。ユーザは、アプリケーションの設計時

の想像以上に不注意であったり、悪意があったり、（多くが偶然にも）驚くほど創造性に富んでいたりすることがあります。「時計じかけのオレンジ」のように未検証データの危険性に関するスライドをいくら見せても、外部ソースからアプリケーションに送り込まれるすべてのデータをひとつひとつ厳密に検証することの重要性を強調しすぎることはありません。このような外部ソースには明らかなものもあり、アプリケーションへの入力のほとんどは、おそらくWebフォーム経由です。しかし、データがプログラムに流れ込む方法は他にもたくさんあります。他の人々やアプリケーションと共有しているデータベース、Webサービスやリモートサーバ、さらにはURLやそのパラメータなどです。

前述したように、例7-7はvalidate_form()のチェックが失敗してもフォームの何が間違いなのかはわかりません。例7-8では、validate_form()とshow_form()を変更して考えられるエラーメッセージの配列を操作して出力します。

例7-8 フォームのエラーメッセージを表示する

```
// リクエストメソッドに応じて
// 適切な処理を行うロジック
if ($_SERVER['REQUEST_METHOD'] == 'POST') {
    // validate_form()がエラーを返したらshow_form()に渡す
    if ($form_errors = validate_form()) {
        show_form($form_errors);
    } else {
        process_form();
    }
} else {
    show_form();
}

// フォームのサブミット時に何かを行う
function process_form() {
    print "Hello, ". $_POST['my_name'];
}

// フォームを表示する
function show_form($errors = '') {
    // エラーが渡されたらそのエラーを出力する
    if ($errors) {
        print 'Please correct these errors: <ul><li>';
        print implode('</li><li>', $errors);
        print '</li></ul>';
    }

    print<<<_HTML_
<form method="POST" action="$_SERVER[PHP_SELF]">
Your name: <input type="text" name="my_name">
```

```
<br/>
<input type="submit" value="Say Hello">
</form>
_HTML_;
}

// フォームデータをチェックする
function validate_form() {
    // エラーメッセージを空の配列で初期化
    $errors = array();

    // 名前が短すぎる場合にはエラーメッセージを追加する
    if (strlen($_POST['my_name']) < 3) {
        $errors[] = 'Your name must be at least 3 letters long.';
    }

    // エラーメッセージの配列（場合によっては空の配列）を返す
    return $errors;
}
```

例7-8のコードは、空の配列がfalseに評価されることを利用しています。if ($form_errors = validate_form())の行は、show_form()をもう一度呼び出してエラー配列に渡すか、process_form()を呼び出すかを決定します。validate_form()が返す配列は$form_errorsに代入します。if()テスト式の真偽値は、この代入の結果です。これは、「3.1 trueとfalse」で説明したように代入された値です。そのため、if()テスト式は$form_errorsに要素があればtrueになり、空ならfalseになります。validate_form()がエラーに遭遇しなければ、空の配列を返します。

無効な要素が1つあるたびにフォームを再表示するのではなく、一度でフォームの要素全部を検証するとよいでしょう。すると、ユーザは何度も繰り返してフォームをサブミットしてサブミットのたびに新しいエラーが明らかになるのではなく、一度だけフォームをサブミットすればすべてのエラーがわかります。例7-8のvalidate_form()関数は、フォーム要素に問題が発生するたびに要素を$errorsに追加します。そして、show_form()でエラーメッセージの一覧を出力します。

ここで示した検証方法はすべてvalidate_form()関数に含まれます。フォーム要素がテストに通らなかったら、$errors配列にメッセージを追加します。

7.4.1　必須項目

必須項目が未入力でないかを確認するには、例7-9のようにstrlen()で要素の長さを調べます。

例7-9　必須項目の確認

```
if (strlen($_POST['email']) == 0) {
    $errors[] = "You must enter an email address.";
}
```

必須項目の確認には、if()文で値自体を検査する代わりにstrlen()を使います。if (! $_POST['quantity'])のようなテストは、falseと評価される値をエラーとして扱います。strlen()を使うと、ユーザは0のような値を必須項目に入力できます。

7.4.2　数値要素や文字列要素

サブミットされた値が整数か浮動小数点数であることを確認するには、適切なフィルタでfilter_input()関数を使います。filter_inputでは、操作する入力の種類、入力でサブミットされた値の名前、値に適用したい規則をPHPに通知します。FILTER_VALIDATE_INTとFILTER_VALIDATE_FLOATフィルタは、それぞれ整数と浮動小数点数であるかを調べます。

例7-10に、整数フィルタの使い方を示します。

例7-10　整数入力のフィルタリング

```
$ok = filter_input(INPUT_POST, 'age', FILTER_VALIDATE_INT);
if (is_null($ok) || ($ok === false)) {
    $errors[] = 'Please enter a valid age.';
}
```

例7-10では、filter_input(INPUT_POST, 'age', FILTER_VALIDATE_INT)はサブミットされたデータフォーム（INPUT_POST）、厳密にはageというフォームフィールドを調べ、整数検証フィルタ（FILTER_VALIDATE_INT）でチェックするようにPHPエンジンに指示します。filter_input()関数では、$_POST['age']のように配列のエントリではなく、調べる場所（INPUT_POST）と調べるフィールド（age）を指定するので、欠けている値を適切に処理でき、PHPプログラムが$_POSTの値を変更した場合の混乱を避けられます。

filter_input()は指定の入力要素が有効であることを確認し、その値を返します。指定の入力要素が欠けていたら、nullを返します。指定の入力要素が存在するがフィルタに従うと有効ではない場合には、filter_input()関数はfalseを返します。例7-10のif()テスト式では、===（3つの等号）を使って$okをfalseと比較します。これは同値演算子と呼ばれます。この演算子は、値を比較し、2つの値が同じで同じ型の場合にtrueと評価します。例3-11で説明したように、異なる型の2つの値を比較するときには（文字列と整数や整数と真偽値など）、PHPエンジンは値の型を変換して比較します。この例の場合、サブミットされた入力の値が0だったとすると、これは有効な整数なので、$okは0になります。すると、0はfalseに評価されるので、$okとfalseの通常の等価性比較はtrueになります。同値演算子では、型が一致しないのでこの比較はfalseになります。

つまり、ageフォーム要素が存在しないか（is_null($ok)）か整数ではない（$ok === false）場合、$errors配列にはエラーメッセージが追加されることになります。

例7-11に示すように、浮動小数点数のフィルタリングも同様に機能します。

例7-11　浮動小数点入力のフィルタリング

```php
$ok = filter_input(INPUT_POST, 'price', FILTER_VALIDATE_FLOAT);
if (is_null($ok) || ($ok === false)) {
    $errors[] = 'Please enter a valid price.';
}
```

　要素（特に文字列要素）の検証時には、trim()関数を使って先頭と末尾のホワイトスペースを取り除いておくと便利です。必須項目でtrim()関数とstrlen()テストを組み合わせ、ホワイトスペース文字だけの入力を認めないようにすることができます。trim()とstrlen()の組み合わせを例7-12に示します。

例7-12　trim()とstrlen()の組み合わせ

```php
if (strlen(trim($_POST['name'])) == 0) {
    $errors[] = "Your name is required.";
}
```

　URLやサブミットされたフォームデータは、すべて文字列としてPHPエンジンに渡されます。filter_input()関数に数値フィルタ（および有効な値）を渡すと、整数や浮動小数点数に変換した値を返します。ホワイトスペースを取り除いた文字列を扱うのと同様に、多くの場合、プログラムでは$_POSTを直接使うのではなくこの変換値を使うと便利です。これを実現するには、検証関数で扱う変換値の配列を作成するとよいでしょう。これを例7-13に示します。

例7-13　変換した入力データの配列の作成

```php
function validate_form() {
    $errors = array();
    $input = array();

    $input['age'] = filter_input(INPUT_POST, 'age', FILTER_VALIDATE_INT);
    if (is_null($input['age']) || ($input['age'] === false)) {
        $errors[] = 'Please enter a valid age.';
    }

    $input['price'] = filter_input(INPUT_POST, 'price', FILTER_VALIDATE_FLOAT);
    if (is_null($input['price']) || ($input['price'] === false)) {
        $errors[] = 'Please enter a valid price.';
    }

    // $_POST['name']が設定されていない場合に備えてnull合体演算子を使う
    $input['name'] = trim($_POST['name'] ?? '');
    if (strlen($input['name']) == 0) {
        $errors[] = "Your name is required.";
    }
```

```
    return array($errors, $input);
}
```

validate_form()が入力とエラーの両方を返している場合、validate_form()を呼び出すコードはそれを考慮するように修正します。**例7-8**を修正してvalidate_form()から返される両方の配列を処理できるようにしたコードの最初の部分を**例7-14**に示します。

例7-14　エラーと変換した入力データの処理

```
// リクエストメソッドに応じて適切な処理を行うロジック
if ($_SERVER['REQUEST_METHOD'] == 'POST') {
    // validate_form()がエラーを返したら、そのエラーをshow_form()に渡す
    list($form_errors, $input) = validate_form();
    if ($form_errors) {
        show_form($form_errors);
    } else {
        process_form($input);
    }
} else {
    show_form();
}
```

例7-14では、list()構文を使ってvalidate_form()の返り値を**分解**しています。validate_form()は必ず2つの要素（最初の要素は空の場合もあるエラーメッセージの配列で、2つ目の要素は変換した入力データの配列）を持つ配列を返すことがわかっているので、list($form_errors, $input)は、その返された配列の第1要素を$form_errors変数に、第2要素を$inputに入れるようにPHPエンジンに指示します。この2つの配列を別々の変数に入れると、コードが読みやすくなります。

返された配列を適切に処理したら、ロジックは同じようなものです。$errors配列が空の場合、$errors配列を引数としてshow_form()を呼び出します。それ以外の場合は、フォーム処理関数を呼び出します。1つのわずかな違いは、フォーム処理関数に変換した入力値の配列を渡すことです。これは、process_form()が$_POST['my_name']ではなく$input['my_name']を参照して出力する値を見つけるべきであることを意味します。

7.4.3　数値範囲

整数がある特定の範囲内かどうかを調べるには、FILTER_VALIDATE_INTのmin_rangeとmax_rangeオプションを使います。このオプションは、**例7-15**に示すようにfilter_input()への第4引数として渡します。

例7-15　整数範囲のチェック

```
$input['age'] = filter_input(INPUT_POST, 'age', FILTER_VALIDATE_INT,
                             array('options' => array('min_range' => 18,
                                                      'max_range' => 65)));
if (is_null($input['age']) || ($input['age'] === false)) {
    $errors[] = 'Please enter a valid age between 18 and 65.';
}
```

　オプションとその値の配列はfilter_input()の第4引数ではありません。この引数は、optionsというキーと、オプションとその値の実際の配列という値を持つ1要素配列です。

　FILTER_VALIDATE_FLOATフィルタはmin_rangeとmax_rangeオプションをサポートしてないので、自分で比較する必要があります。

```
$input['price'] = filter_input(INPUT_POST, 'price', FILTER_VALIDATE_FLOAT);
if (is_null($input['price']) || ($input['price'] === false) ||
    ($input['price'] < 10.00) || ($input['price'] > 50.00)) {
    $errors[] = 'Please enter a valid price between $10 and $50.';
}
```

　日付範囲を検査するには、サブミットされた日付値をDateTimeオブジェクトに変換してからその値が適切かどうかを調べます（例7-16で使っているDateTimeオブジェクトとcheckdate()関数の詳細は、「15章　日付と時刻」を参照してください）。DateTimeオブジェクトはある時点を表すのに必要な全情報をカプセル化するので、月や年の境界をまたぐ範囲を使うときに特別な処理をする必要はありません。例7-16は、指定の日付が6ヶ月前未満かどうかを調べます。

例7-16　日付範囲のチェック

```
// 6ヶ月前のDateTimeオブジェクトを作成する
$range_start = new DateTime('6 months ago');
// 現在のDateTimeオブジェクトを作成する
$range_end = new DateTime();

// $_POST['year']には4桁の年が入る
// $_POST['month']には2桁の月が入る
// $_POST['day']には2桁の日が入る
$input['year'] = filter_input(INPUT_POST, 'year', FILTER_VALIDATE_INT,
                              array('options' => array('min_range' => 1900,
                                                       'max_range' => 2100)));
$input['month'] = filter_input(INPUT_POST, 'month', FILTER_VALIDATE_INT,
                               array('options' => array('min_range' => 1,
                                                        'max_range' => 12)));
$input['day'] = filter_input(INPUT_POST, 'day', FILTER_VALIDATE_INT,
                             array('options' => array('min_range' => 1,
                                                      'max_range' => 31)));
// 0は年、月、日に有効な値ではないので、
```

```
// falseとの比較には === を使う必要はない。
// checkdate()は日数が指定の月や年で有効であることを確認する
if ($input['year'] && $input['month'] && $input['day'] &&
    checkdate($input['month'], $input['day'], $input['year'])) {
    $submitted_date = new DateTime($input['year'].'-'.
                                    $input['month'].'-'.
                                    $input['day']);
    if (($range_start > $submitted_date) || ($range_end < $submitted_date)) {
        $errors[] = 'Please choose a date less than six months old.';
    }
} else {
    // フォームパラメータのいずれかを省略した場合や、
    // 2月31日などをサブミットしたときに発生する
    $errors[] = 'Please enter a valid date.';
}
```

7.4.4 メールアドレス

　メールアドレスのチェックは、最も一般的なフォーム検証作業だと断言できるでしょう。しかし、手順1つでメールアドレスが有効であることを確認する完璧な方法はありません。なぜなら、「有効」には目的によってさまざまな意味があるからです。誰かが実際に使えるメールアドレスを示しているとします。示した本人がそのアドレスを管理していることを実際に確認したければ、2つのことを行う必要があります。まず、メールアドレスがサブミットされたら、ランダムな文字列を含むメッセージをそのアドレスに送ります。そのメッセージでは、サイトのフォームでランダムな文字列をサブミットするようにユーザに指示します。または、メッセージの中にユーザがクリックでき、コードが埋め込まれているURLを含めることもできます。コードがサブミットされたら（URLがクリックされたら）、メッセージを受け取りそのメールアドレスを管理している人がサイトにそのメールアドレスをサブミットした（または、少なくともサブミッションを承知して承認している）ことがわかります。

　メールアドレスの検証にわざわざ別のメッセージを使いたくない場合は、フォーム検証コードで簡単な構文チェックを行い、入力ミスしたアドレスを除外します。例7-17に示すように、FILTER_VALIDATE_EMAILフィルタは有効なメールアドレスの規則に照らして文字列をチェックします。

例7-17　メールアドレス構文のチェック

```
$input['email'] = filter_input(INPUT_POST, 'email', FILTER_VALIDATE_EMAIL);
if (! $input['email']) {
    $errors[] = 'Please enter a valid email address';
}
```

　例7-17では、falseと評価されるサブミットされた文字列（空の文字列や0など）も無効なメールアドレスなので、簡単な検証チェックif (! $input['email'])で十分です。

7.4.5 <select>メニュー

　フォームに<select>メニューを使うときは、メニュー要素にサブミットされた値がメニューで許可された選択の1つであることを確認するようにします。ユーザはFirefoxやChromeなどの正常に動作する主流のブラウザを使ってメニューにない値をサブミットすることはできませんが、攻撃者はブラウザを使わずに任意の値を含むリクエストを作成できます。

　<select>メニューの表示と検証を簡略化するには、配列にメニューの選択肢を入れます。そして、show_form()の中でこの配列を反復処理して<select>メニューを表示します。validate_form()で同じ配列を使ってサブミットされた値を検査します。例7-18は、このテクニックを使って<select>メニューを表示する方法を示します。

例7-18　<select>メニューの表示

```php
$sweets = array('Sesame Seed Puff','Coconut Milk Gelatin Square',
                'Brown Sugar Cake','Sweet Rice and Meat');

function generate_options($options) {
    $html = '';
    foreach ($options as $option) {
        $html .= "<option>$option</option>\n";
    }
    return $html;
}
// フォームを表示する
function show_form() {
    $sweets = generate_options($GLOBALS['sweets']);
    print<<<_HTML_
<form method="post" action="$_SERVER[PHP_SELF]">
Your Order: <select name="order">
$sweets
</select>
<br/>
<input type="submit" value="Order">
</form>
_HTML_;
}
```

　例7-18のshow_form()は以下のHTMLを出力します。

```
<form method="post" action="order.php">
Your Order: <select name="order">
<option>Sesame Seed Puff</option>
<option>Coconut Milk Gelatin Square</option>
<option>Brown Sugar Cake</option>
<option>Sweet Rice and Meat</option>
```

```
</select>
<br/>
<input type="submit" value="Order">
</form>
```

validate_form()の中では、以下のように<select>メニューオプションの配列を使います。

```
$input['order'] = $_POST['order'];
if (! in_array($input['order'], $GLOBALS['sweets'])) {
    $errors[] = 'Please choose a valid order.';
}
```

<select>メニューに異なる表示選択肢とオプション値を付けたい場合、もっと複雑な配列を使う必要があります。配列要素キーは、それぞれ1つのオプションの値属性です。対応する配列要素値は、そのオプションの表示選択肢です。例7-19では、オプション値はpuff、square、cake、ricemeatです。表示選択肢はSesame Seed Puff、Coconut Milk Gelatin Square、Brown Sugar Cake、Sweet Rice and Meatです。

例7-19 異なる選択肢と値を持つ<select>メニュー

```
$sweets = array('puff' => 'Sesame Seed Puff',
                'square' => 'Coconut Milk Gelatin Square',
                'cake' => 'Brown Sugar Cake',
                'ricemeat' => 'Sweet Rice and Meat');

function generate_options_with_value ($options) {
    $html = '';
    foreach ($options as $value => $option) {
        $html .= "<option value=\"$value\">$option</option>\n";
    }
    return $html;
}

// フォームを表示する
function show_form() {
    $sweets = generate_options_with_value($GLOBALS['sweets']);
    print<<<_HTML_
<form method="post" action="$_SERVER[PHP_SELF]">
Your Order: <select name="order">
$sweets
</select>
<br/>
<input type="submit" value="Order">
</form>
_HTML_;
}
```

例7-19が表示するフォームを示します。

```
<form method="post" action="order.php">
Your Order: <select name="order">
<option value="puff">Sesame Seed Puff</option>
<option value="square">Coconut Milk Gelatin Square</option>
<option value="cake">Brown Sugar Cake</option>
<option value="ricemeat">Sweet Rice and Meat</option>

</select>
<br/>
<input type="submit" value="Order">
</form>
```

例7-19の<select>メニューでサブミットされる値はpuff、square、cake、またはricemeatになるはずです。例7-20は、validate_form()を使って検証する方法を示します。

例7-20　<select>メニューのサブミッション値のチェック

```
$input['order'] = $_POST['order'];
if (! array_key_exists($input['order'], $GLOBALS['sweets'])) {
    $errors[] = 'Please choose a valid order.';
}
```

7.4.6　HTMLとJavaScript

　HTMLやJavaScriptを含むサブミットされたフォームデータは、大きな問題の原因になることがあります。ユーザがブログの投稿ページにコメントを送ることができ、ブログ投稿の下にコメントリストを表示する簡単なブログアプリケーションを考えてみましょう。ユーザの行儀がよく、プレーンテキストを含むコメントだけを入力すれば、ページは無害なままです。あるユーザが「Cool page! I like how you list the different ways to cook fish」とコメントします。そのページを閲覧すると、このコメントがそのまま表示されます。

　コメントがプレーンテキストだけではないと事態は複雑になります。熱心なユーザがコメントとして「This page <b>rules!!!!</b>」を送り、アプリケーションが文字通りに再表示すると、ページ閲覧時には「rules!!!!」が太字で表示されます。ブラウザは、アプリケーション自体から来ている（おそらくコメントをテーブルやリストに配置する）HTMLタグと、アプリケーションが出力しているコメントにたまたま埋め込まれたHTMLタグの違いがわかりません。

　プレーンテキストの代わりに太字のテキストを表示するのは小さな問題ですが、ユーザ入力をそのまま表示すると、アプリケーションはもっと大きな頭痛の種にさらされます。<b>タグの代わりに、あるユーザのコメントにブラウザがページを適切に表示するのを妨げる不正なタグや閉じられていないタグ（最後に"や>のない<a href="など）が含まれる可能性があります。さらに悪いことに、JavaScriptが含まれていたり、ページの閲覧時にWebブラウザが実行したときにクッキー

（cookie）のコピーを見知らぬ人のメールボックスに送ったり、不正に別のページにリダイレクトしたりするなどのひどいことを行う場合もあります。

アプリケーションは、悪意のあるユーザがHTMLやJavaScriptをアップロードし、後で気が付いていないユーザのブラウザで実行するのを容易にする役割を果たします。このような問題は、不適切に書かれたブログアプリケーションが、あるソース（悪意のあるユーザ）からのコードを別の場所（コメントをホスティングしているアプリケーション）から来たコードに見せかけることができるので、**クロスサイトスクリプティング攻撃**と呼ばれます。

プログラムでのクロスサイトスクリプティング攻撃を防ぐには、未処理の外部入力を決して表示しないことです。疑わしい部分（HTMLタグなど）を取り除くか特殊文字をエンコードし、ブラウザが埋め込まれたHTMLやJavaScriptを実行しないようにします。PHPには、このような作業を簡単にしてくれる関数が2つあります。strip_tags()関数は文字列からHTMLタグを取り除き、htmlentities()関数は特殊なHTML文字をエンコードします。

例7-21にstrip_tags()の例を示します。

例7-21　文字列からHTMLタグを取り除く

```
// コメントからHTMLを取り除く
$comments = strip_tags($_POST['comments']);
// これで$commentsを出力しても問題ない
print $comments;
```

$_POST['comments']に

```
I
<b>love</b> sweet <div
class="fancy">rice</div> &
tea.
```

が含まれていると、**例7-21**の出力は次のようになります。

```
I love sweet rice & tea.
```

HTMLタグとその属性はすべて取り除かれていますが、タグの中のプレーンテキストはそのままです。strip_tags()関数はとても便利ですが、対になっていない<と>文字には適切に対応しません。例えば、I <3 MonkeysはIに変換します。<があった時点から取り除きますが、対応する<がないために最後まで取り除いてしまうのです。

多くの場合、タグを取り除く代わりにエンコードした方がよい結果を生み出します。**例7-22**は、htmlentities()を使ったエンコードの例を示します。

例7-22　文字列のHTMLエンティティのエンコード

```
$comments = htmlentities($_POST['comments']);
// これで$commentsを出力しても問題ない
```

```
print $comments;
```

`$_POST['comments']` に

```
I
<b>love</b> sweet <div
class="fancy">rice</div> &
tea
```

が含まれていると、例7-22の出力は次のようになります。

```
I &lt;b&gt;love&lt;/b&gt; sweet &lt;div class=&quot;fancy
&quot;&gt;rice&lt;/div&gt; &amp; tea.
```

HTMLで特別な意味を持つ文字（<、>、&、"）は、それに相当するエンティティに変更されています。

<	&lt;
>	&gt;
&	&amp;
"	&quot;

ブラウザが<を受け取ると、「HTMLタグが来た」と考える代わりに<の文字を出力します。「2.1　テキスト」で解説したように、これは二重引用符で括られた文字列内の"や$の文字をエスケープするのと同じことです（しかし、別の構文で行います）。例7-22の出力がWebブラウザでどのように表示されるかを図7-4に示します。

図7-4　エンティティエンコード化したテキストの表示

ほとんどのアプリケーションでは、htmlentities()を使って外部入力を無害化すべきです。この関数は内容を捨てることはありませんし、クロスサイトスクリプティング攻撃から守ってもくれます。例えば、ユーザがHTML（「What does the <div> tag do?」）や代数（「If x<y, is 2x>z?」）に関

するメッセージを投稿する掲示板では、投稿に`strip_tags()`を実行すると意味のない投稿になってしまいます。このような質問は、「What does the tag do?」や「If xz?」と表示されてしまいます。

7.4.7 構文以外

これまで本章で扱った検証方法のほとんどは、サブミットされた値の構文を調べます。サブミットされたものが特定のフォーマットに一致することを確認するのです。しかし、サブミットされた値が正しい構文であるかだけでなく、受け入れられる意味であるかを確認したいこともあります。`<select>`メニューの検証ではこれを行います。単にサブミットされた値が文字列であることを確認する代わりに、特定の値の配列と照合します。メールアドレスを検査するための確認メッセージ方式は、構文以外もチェックする別の例です。サブミットされたメールアドレスが正しい形式であることしか確認しないと、悪意のあるユーザがおそらく本人のものではない`president@whitehouse.gov`などのアドレスを提供できます。確認メッセージは、アドレスの意図（このメールアドレスがこれを提供したユーザのものである）が正しいことを確認します。

7.5 デフォルト値の表示

すでにテキストボックスの値が入っているフォームや、あらかじめ選択されたチェックボックス、ラジオボタン、`<select>`メニュー項目があるフォームを表示したいこともあります。また、エラーが原因でフォームを再表示するとき、ユーザがすでに入力した情報を保持すると役に立ちます。例7-23は、これを行うコードを表しています。この処理は`show_form()`の最初にあり、`$defaults`をフォーム要素で使う値の配列にします。

例7-23　デフォルト配列の作成

```
if ($_SERVER['REQUEST_METHOD'] == 'POST') {
    $defaults = $_POST;
} else {
    $defaults = array('delivery' => 'yes',
                      'size' => 'medium',
                      'main_dish' => array('taro','tripe'),
                      'sweet' => 'cake');
}
```

`$_SERVER['REQUEST_METHOD']`が`POST`の場合、フォームがサブミットされているという意味になります。その場合、デフォルトはユーザがサブミットしたものにすべきです。それ以外の場合には、独自のデフォルトを設定できます。ほとんどのフォームパラメータでは、デフォルトは文字列か数値です。多値の`<select>`メニュー`main_dish`などの複数の値を持てるフォーム要素では、デフォルト値は配列です。

デフォルトを設定したら、フォーム要素のHTMLタグを出力するときに`$defaults`から適切な値を提供します。クロスサイトスクリプティング攻撃を防ぐために、必要に応じて`htmlentities()`

でデフォルト値を必ずエンコードするようにします。HTMLタグの構造の特性により、テキストボックス、`<select>`メニュー、テキスト領域、チェックボックスとラジオボタンを別々に扱う必要があります。

テキストボックスでは、`<input>`タグのvalue属性を`$defaults`の適切な要素に設定します。**例7-24**にその方法を示します。

例7-24　テキストボックスのデフォルト値の設定

```
print '<input type="text" name="my_name" value="' .
    htmlentities($defaults['my_name']). '">';
```

複数行のテキスト領域では、**例7-25**に示すように`<textarea>`と`</textarea>`タグの間にエンティティエンコード化した値を入れます。

例7-25　複数行のテキスト領域のデフォルト値の設定

```
print '<textarea name="comments">';
print htmlentities($defaults['comments']);
print '</textarea>';
```

`<select>`では、`<option>`タグを出力するループにチェックを加え、必要に応じてselected属性を出力します。**例7-26**には、1つの値を持つ`<select>`メニューでこれを行うコードが含まれています。

例7-26　`<select>`メニューのデフォルト値の設定

```
$sweets = array('puff'  => 'Sesame Seed Puff',
                'square' => 'Coconut Milk Gelatin Square',
                'cake'   => 'Brown Sugar Cake',
                'ricemeat' => 'Sweet Rice and Meat');

print '<select name="sweet">';
// $optionはオプション値、$labelは表示内容
foreach ($sweets as $option => $label) {
    print '<option value="' .$option .'"';
    if ($option == $defaults['sweet']) {
        print ' selected';
    }
    print "> $label</option>\n";
}
print '</select>';
```

多値の`<select>`メニューにデフォルトを設定するには、デフォルトの配列を、それぞれのキーが選択されるべき選択肢である連想配列に変換する必要があります。そして、その連想配列で見つかったオプションにselected属性を出力します。**例7-27**にこの方法の例を示します。

例7-27 多値の<select>メニューのデフォルトの設定

```
$main_dishes = array('cuke' => 'Braised Sea Cucumber',

                    'stomach' => "Sauteed Pig's Stomach",
                    'tripe' => 'Sauteed Tripe with Wine Sauce',
                    'taro' => 'Stewed Pork with Taro',
                    'giblets' => 'Baked Giblets with Salt',
                    'abalone' => 'Abalone with Marrow and Duck Feet');

print '<select name="main_dish[]" multiple>';

$selected_options = array();
foreach ($defaults['main_dish'] as $option) {
    $selected_options[$option] = true;
}
// <option>タグを出力する
foreach ($main_dishes as $option => $label) {
    print '<option value="' . htmlentities($option) . '"';
    if (array_key_exists($option, $selected_options)) {
        print ' selected';
    }
    print '>' . htmlentities($label) . '</option>';
    print "\n";
}
print '</select>';
```

　チェックボックスとラジオボタンでは、checked属性を<input>タグに追加します。チェックボックスとラジオボタンの構文は、type属性を除いて同じです。例7-28は、deliveryという名前のデフォルトありのチェックボックスと、名前がsizeでそれぞれ異なる値を持つ3つのデフォルトありのラジオボタンを出力します。

例7-28 チェックボックスとラジオボタンのデフォルトの設定

```
print '<input type="checkbox" name="delivery" value="yes"';
if ($defaults['delivery'] == 'yes') { print ' checked'; }
print '> Delivery?';

$checkbox_options = array('small' => 'Small',
                          'medium' => 'Medium',
                          'large' => 'Large');

foreach ($checkbox_options as $value => $label) {
    print '<input type="radio" name="size" value="'.$value.'"';
    if ($defaults['size'] == $value) { print ' checked'; }
    print "> $label ";
}
```

7.6 ひとつにまとめる

平凡なWebフォームを、データ検証、デフォルト値の出力、サブミットされた結果の処理を含む機能満載のアプリケーションにするのは、とても大変な作業に思えるかもしれません。みなさんの負担を軽くするために、この節では以下のすべてを行うプログラムの例全体を示します。

- デフォルト値を含むフォームの表示
- サブミットされたデータの検証
- サブミットされたデータが適正ではない場合のエラーメッセージと保持したユーザ入力を使ったフォームの再表示
- サブミットされたデータが適正である場合のそのデータの処理

このすべてを行う例では、ヘルパー関数を含むクラスを活用してフォーム要素の表示と処理を簡単にします。このクラスを例7-29に示します。

例7-29　フォーム要素表示のヘルパークラス

```
class FormHelper {
    protected $values = array();

    public function __construct($values = array()) {
        if ($_SERVER['REQUEST_METHOD'] == 'POST') {
            $this->values = $_POST;
        } else {
            $this->values = $values;
        }
    }

    public function input($type, $attributes = array(), $isMultiple = false) {
        $attributes['type'] = $type;
        if (($type == 'radio') || ($type == 'checkbox')) {
            if ($this->isOptionSelected($attributes['name'] ?? null,
                                        $attributes['value'] ?? null)) {
                $attributes['checked'] = true;
            }
        }
        return $this->tag('input', $attributes, $isMultiple);
    }

    public function select($options, $attributes = array()) {
        $multiple = $attributes['multiple'] ?? false;
        return
            $this->start('select', $attributes, $multiple) .
            $this->options($attributes['name'] ?? null, $options) .
            $this->end('select');
```

```php
    }

    public function textarea($attributes = array()) {
        $name = $attributes['name'] ?? null;
        $value = $this->values[$name] ?? '';
        return $this->start('textarea', $attributes) .
               htmlentities($value) .
               $this->end('textarea');
    }

    public function tag($tag, $attributes = array(), $isMultiple = false) {
        return "<$tag {$this->attributes($attributes, $isMultiple)} />";
    }
    public function start($tag, $attributes = array(), $isMultiple = false) {
    // <select>と<textarea>タグは値属性を持たない
    $valueAttribute = (! (($tag == 'select')||($tag == 'textarea')));
    $attrs = $this->attributes($attributes, $isMultiple, $valueAttribute);
    return "<$tag $attrs>";
    }
    public function end($tag) {
        return "</$tag>";
    }

    protected function attributes($attributes, $isMultiple,
                                  $valueAttribute = true) {
        $tmp = array();
        // このタグに値属性を指定することができ、
        // タグが名前を持ち、値配列にその名前のエントリがあれば、
        // 値属性を設定する
        if ($valueAttribute && isset($attributes['name']) &&
            ($attributes['type'] != 'radio') &&
            array_key_exists($attributes['name'], $this->values)) {
            $attributes['value'] = $this->values[$attributes['name']];
        }
        foreach ($attributes as $k => $v) {
            // 真偽値trueはブール属性を意味する
            if (is_bool($v)) {
                if ($v) { $tmp[] = $this->encode($k); }
            }
            // それ以外ならk=v
            else {
                $value = $this->encode($v);
                // これが複数の値を持つことができる要素の場合、
                // 名前に[]を付ける
                if ($isMultiple && ($k == 'name')) {
                    $value .= '[]';
                }
                $tmp[] = "$k=\"$value\"";
```

```php
            }
        }
        return implode(' ', $tmp);
    }

    protected function options($name, $options) {
        $tmp = array();
        foreach ($options as $k => $v) {
            $s = "<option value=\"{$this->encode($k)}\"";
            if ($this->isOptionSelected($name, $k)) {
                $s .= ' selected';
            }
            $s .= ">{$this->encode($v)}</option>";
            $tmp[] = $s;
        }
        return implode('', $tmp);
    }

    protected function isOptionSelected($name, $value) {
        // 値配列に$nameのエントリがなければ、
        // このオプションは選択できない
        if (! isset($this->values[$name])) {
            return false;
        }
        // 値配列の$nameのエントリが配列の場合、
        // $valueがその配列にあるかどうかを調べる
        else if (is_array($this->values[$name])) {
            return in_array($value, $this->values[$name]);
        }
        // それ以外なら、$valueと値配列の$nameのエントリを
        // 比較する
        else {
            return $value == $this->values[$name];
        }
    }

    public function encode($s) {
        return htmlentities($s);
    }
}
```

例7-29のメソッドは、特定の種類のフォーム要素に「7.5 デフォルト値の表示」で説明した適切なロジックを組み込んでいます。例7-30のフォームコードはさまざまな要素を持つので、特定の要素を出力する必要があるたびにコードを複製するよりも、要素表示コードを関数に入れて繰り返し呼び出した方が簡単です。

FormHelperコンストラクタには、引数としてデフォルト値の連想配列を渡します。リクエストメソッドがPOSTではない場合、この配列を使って適切なデフォルトを見つけ出します。それ以外の場合は、サブミットされたデータをデフォルトの基盤として使います。

　FormHelperのinput()メソッドは、あらゆる<input/>要素に適切なHTMLを作成します。input()メソッドの必須の第1引数は要素の種類（submit、radio、textなど）です。オプションの第2引数は、要素属性の連想配列（['name' => 'meal']など）です。オプションの第3引数は、チェックボックスなどの複数値を持てる要素のHTMLを作成している場合にはtrueにすべきです。

　select()メソッドは、<select>メニューのHTMLを作成します。このメソッドの第1引数はメニューの選択肢の配列であり、オプションの第2引数は<select>タグの属性の連想配列です。多値の<select>では、第2引数として渡す属性の配列に必ず'multiple' => trueを指定します。

　textarea()メソッドは、<textarea>のHTMLを作成します。textarea()メソッドは引数を1つ取ります。タグの属性の連想配列です。

　この3つのメソッドがフォーム表示に必要な大部分を受け持ちますが、他のタグや特殊な対処が必要な場合には、tag()、start()、end()メソッドを使います。

　tag()メソッドは、<input/>などのすべての自己終了HTMLタグのHTMLを作成します。引数はタグの名前、オプションの属性の配列、そしてタグが複数値を受け取れる場合にはtrueになります。input()メソッドは、tag()を使って実際に適切なHTMLを作成します。

　start()とend()メソッドは、別々の開始タグと終了タグを持つ要素用です。start()メソッドは要素の開始タグを作成し、引数としておなじみのタグ名、属性、複数のフラグの3つを取ります。end()メソッドは引数にタグ名だけを取り、終了HTMLタグを返します。例えば、<fieldset>などのHTMLタグを使っている場合には、start('fieldset',['name' => 'adjustments'])を呼び出してからフィールドセット内に含めるHTMLを出力し、end('fieldset')を呼び出します。

　このクラスの残りの部分はHTMLの作成を助けるメソッドを扱い、クラス外から呼び出すものではありません。attributes()メソッドは、一連の属性がHTMLタグ内に適切に含まれるようにフォーマットします。オブジェクトでデフォルトの設定を使うと、必要に応じて適切なvalue属性を挿入します。また、要素が複数値を取れる場合に要素名に[]を付加するのにも対応し、全属性値がHTMLエンティティで適切にエンコードされるようにします。

　options()メソッドは、<select>メニューの<option>タグをフォーマットします。isOptionSelected()の機能を使って、selectedを付けるべき選択肢を割り出し、適切なHTMLエンティティエンコードを行います。

　encode()メソッドは、PHP組み込みのhtmlentities()メソッドのラッパーです。このメソッドはpublicなので、他のコードがこのメソッドを使ってエンティエンコードの一貫性を保てます。

　例7-30のコードは、FormHelperクラスを利用して短い料理注文フォームを表示します。このフォームを正しくサブミットすると、ブラウザに結果を表示し、process_form()で定義されたアドレスに結果をメールで送ります（おそらくシェフに送るので、シェフは注文の準備を開始できます）。このコードはPHPモードに出入りするので、この例では最初に<?php開始タグと最後に?>終

了タグを含めてわかりやすくしています。

例7-30　完全なフォーム：デフォルト、検証、処理を伴う表示

```php
<?php

// FormHelper.phpがこのファイルと
// 同じディレクトリにあることを前提とする
require 'FormHelper.php';

// セレクトメニューに選択肢の配列を用意する
// これらはdisplay_form()、validate_form()、
// process_form()で必要なので、グローバルスコープで宣言する
$sweets = array('puff' => 'Sesame Seed Puff',
                'square' => 'Coconut Milk Gelatin Square',
                'cake' => 'Brown Sugar Cake',
                'ricemeat' => 'Sweet Rice and Meat');

$main_dishes = array('cuke' => 'Braised Sea Cucumber',
                     'stomach' => "Sauteed Pig's Stomach",
                     'tripe' => 'Sauteed Tripe with Wine Sauce',
                     'taro' => 'Stewed Pork with Taro',
                     'giblets' => 'Baked Giblets with Salt',
                     'abalone' => 'Abalone with Marrow and Duck Feet');

// メインページのロジック：
// - フォームがサブミットされたら、検証して処理するかまたは再表示する
// - フォームがサブミットされなかったら表示する
if ($_SERVER['REQUEST_METHOD'] == 'POST') {
    // validate_form()がエラーを返したら、エラーをshow_form()に渡す
    list($errors, $input) = validate_form();
    if ($errors) {
        show_form($errors);
    } else {
        // サブミットされたデータが有効なら処理する
        process_form($input);
    }
} else {
    // フォームがサブミットされなかったので、表示する
    show_form();
}

function show_form($errors = array()) {
    $defaults = array('delivery' => 'yes',
                      'size' => 'medium');
    // 適切なデフォルトで$formを用意する
    $form = new FormHelper($defaults);
```

```php
        // すべてのHTMLとフォーム表示をわかりやすくするため個別のファイルに入れる
        include 'complete-form.php';
}

function validate_form() {
    $input = array();
    $errors = array();

    // nameが必要
    $input['name'] = trim($_POST['name'] ?? '');
    if (! strlen($input['name'])) {
        $errors[] = 'Please enter your name.';
    }
    // sizeが必要
    $input['size'] = $_POST['size'] ?? '';
    if (! in_array($input['size'], ['small','medium','large'])) {
        $errors[] = 'Please select a size.';
    }
    // sweetが必要
    $input['sweet'] = $_POST['sweet'] ?? '';
    if (! array_key_exists($input['sweet'], $GLOBALS['sweets'])) {
        $errors[] = 'Please select a valid sweet item.';
    }
    // ちょうど2つのメインディッシュが必要
    $input['main_dish'] = $_POST['main_dish'] ?? array();
    if (count($input['main_dish']) != 2) {
        $errors[] = 'Please select exactly two main dishes.';
    } else {
        // 2つのメインディッシュが選択されたことがわかるので、
        // どちらも有効であることを確認する
        if (! (array_key_exists($input['main_dish'][0], $GLOBALS['main_dishes']) &&
            array_key_exists($input['main_dish'][1], $GLOBALS['main_dishes']))) {
            $errors[] = 'Please select exactly two valid main dishes.';
        }
    }
    // deliveryがチェックされていたら、コメントに何かが含まれる
    $input['delivery'] = $_POST['delivery'] ?? 'no';
    $input['comments'] = trim($_POST['comments'] ?? '');
    if (($input['delivery'] == 'yes') && (! strlen($input['comments']))) {
        $errors[] = 'Please enter your address for delivery.';
    }

    return array($errors, $input);
}

function process_form($input) {
```

```php
    // $GLOBALS['sweets']と$GLOBALS['main_dishes']配列から
    // スイーツとメインディッシュの正式名称を探す
    $sweet = $GLOBALS['sweets'][ $input['sweet'] ];
    $main_dish_1 = $GLOBALS['main_dishes'][ $input['main_dish'][0] ];
    $main_dish_2 = $GLOBALS['main_dishes'][ $input['main_dish'][1] ];
    if (isset($input['delivery']) && ($input['delivery'] == 'yes')) {
        $delivery = 'do';
    } else {
        $delivery = 'do not';
    }
    // 注文メッセージのテキストを作成する
    $message=<<<_ORDER_
Thank you for your order, {$input['name']}.
You requested the {$input['size']} size of $sweet, $main_dish_1, and $main_dish_2.
You $delivery want delivery.
_ORDER_;
    if (strlen(trim($input['comments']))) {
        $message .= 'Your comments: '.$input['comments'];
    }

    // メッセージをシェフに送る
    mail('chef@restaurant.example.com', 'New Order', $message);
    // メッセージを出力するが、HTMLエンティティにエンコードし、
    // 改行を<br/>タグに変える
    print nl2br(htmlentities($message, ENT_HTML5));
}
?>
```

例7-30のコードは4つの部分に分かれています。この例の最初にあるグローバルスコープのコード、show_form()関数、validate_form()関数、process_form()関数の4つです。

グローバルスコープのコードは3つのことを行います。まず、別のファイルからFormHelperクラスを読み込みます。そして、フォームの2つの<select>メニューの選択肢を表す2つの配列を用意します。show_form()、validate_form()、process_form()がそれぞれこの配列を使うので、グローバルスコープで定義する必要があります。グローバルコードの最後の仕事は、表示、検証、フォーム処理のどれを行うかを決めるif()文を実行することです。

フォームの表示はshow_form()で行います。まず、この関数は$defaultsをデフォルト値の配列にします。この配列はFormHelperのコンストラクタに渡されるので、$formオブジェクトは適切なデフォルト値を使います。そして、show_form()は制御を別のファイル（complete-form.php）に渡します。このファイルには、フォームを表示するための実際のHTMLとPHPが含まれています。このような大きなプログラムではHTMLを別のファイルに入れておくと全体を理解しやすくなり、2つのファイルを別々に変更するのも容易になります。complete-form.phpの内容を例7-31に示します。

例7-31 フォームを生成するPHPとHTML

```
<form method="POST" action="<?= $form->encode($_SERVER['PHP_SELF']) ?>">
<table>
   <?php if ($errors) { ?>
      <tr>
         <td>You need to correct the following errors:</td>
         <td><ul>
            <?php foreach ($errors as $error) { ?>
               <li><?= $form->encode($error) ?></li>
            <?php } ?>
         </ul></td>
   <?php } ?>

   <tr><td>Your Name:</td><td><?= $form->input('text', ['name' => 'name']) ?>
   </td></tr>

   <tr><td>Size:</td>
      <td><?= $form->input('radio',['name' => 'size', 'value' => 'small']) ?>
      Small <br/>
         <?= $form->input('radio',['name' => 'size', 'value' => 'medium']) ?>
         Medium <br/>
         <?= $form->input('radio',['name' => 'size', 'value' => 'large']) ?>
         Large <br/>
      </td></tr>

   <tr><td>Pick one sweet item:</td>
      <td><?= $form->select($GLOBALS['sweets'], ['name' => 'sweet']) ?></td>
   </tr>

   <tr><td>Pick two main dishes:</td>
      <td><?= $form->select($GLOBALS['main_dishes'], ['name' => 'main_dish',
                                            'multiple' => true]) ?></td>
   </tr>

   <tr><td>Do you want your order delivered?</td>
      <td><?= $form->input('checkbox',['name' => 'delivery',
                                            'value' => 'yes'])
      ?> Yes </td></tr>

   <tr><td>Enter any special instructions.<br/>
      If you want your order delivered, put your address here:</td>
      <td><?= $form->textarea(['name' => 'comments']) ?></td></tr>

   <tr><td colspan="2" align="center">
   <?= $form->input('submit', ['value' => 'Order']) ?>
   </td></tr>
```

```
</table>
</form>
```

　complete-form.phpのコードは、show_form()関数の一部であるかのように実行します。つまり、$errorsや$formなどのshow_form()関数のローカル変数をcomplete-form.phpで利用できます。すべてのインクルードファイルと同様に、complete-form.phpはPHPタグの外で開始するので、普通のHTMLを出力してからメソッドの呼び出しやPHPロジックが必要なときにPHPモードに入ることができます。ここでのコードでは、さまざまなメソッド呼び出しの結果を表示する簡潔な方法として特殊なショートエコータグ（`<?=`）を使っています。`<?=`でPHPブロックを開始するのは、`<?php echo`でPHPブロックを開始するのと全く同じことです。さまざまなFormHelperメソッドが表示すべきHTMLを返すので、これはフォームのHTMLを作成するための便利な方法です。

　メインファイルに戻ると、validate_form()関数は、サブミットされたフォームデータが適切な基準を満たしていない場合のエラーメッセージの配列を作成します。size、sweet、main_dishのチェックはこれらのパラメータに何かがサブミットされたかどうかを調べるだけでなく、サブミットされた値が特定のパラメータに有効な値かどうかも調べます。つまり、sizeでは、サブミットされた値がsmall、medium、またはlargeでなければいけません。sweetとmain_dishでは、サブミットされた値がグローバル配列$sweetsや$main_dishesのキーでなければいけません。フォームにデフォルト値が含まれていても、やはり入力を検証した方がよいでしょう。Webサイトに侵入しようとする誰かが、通常のWebブラウザを使わずに`<select>`メニューやラジオボタンの正規の選択肢ではない任意の値でリクエストを作成する可能性があります。

　最後に、process_form()は有効なデータでフォームがサブミットされたときに動作します。process_form()は、サブミットされた詳細を含む文字列$messageを作成します。そして、メールで$messageをchef@restaurant.example.com送信して出力します。組み込みのmail()関数は、メールメッセージを送信します。$messageを出力する前に、process_form()は$messageを2つの関数に通します。最初はhtmlentities()であり、この関数はすでに説明したように特殊文字をHTMLエンティティにエンコードします。次はnl2br()であり、$messageの改行をHTMLの`<br>`タグに変換します。改行を`<br>`タグに変換すると、メッセージ内の改行がWebブラウザで正しく表示されます。

7.7　まとめ

本章では次の内容を取り上げました。

- フォームを表示し、サブミットされたフォームパラメータを処理して結果を表示する際のWebブラウザとWebサーバの通信を理解する。
- `<form>`タグのaction属性とフォームパラメータをサブミットするURLを結び付ける。
- スーパーグローバル配列$_SERVERの値を使う。

- スーパーグローバル配列 $_GET と $_POST でサブミットされたフォームパラメータにアクセスする。
- 複数の値を持つサブミットされたフォームパラメータにアクセスする。
- show_form()、validate_form()、process_form() 関数を使ってフォーム処理をモジュール化する。
- フォームでエラーメッセージを表示する。
- フォーム要素（必須項目、整数、浮動小数点数、文字列、日付範囲、メールアドレス、<select>メニュー）を検証する。
- 表示をする前にサブミットされたHTMLやJavaScriptを無効化または削除する。
- フォーム要素のデフォルト値を表示する。
- ヘルパー関数を使ってフォーム要素を表示する。

7.8 演習問題[*1]

1. 以下のフォームでBraised Noodlesメニューの3番目の選択肢を選択し、Sweetメニューの最初と最後の選択肢を選択し、テキストボックスに4を入力してサブミットしたとき、$_POSTはどのようになるか。

    ```
    <form method="POST" action="order.php">
    Braised Noodles with: <select name="noodle">
    <option>crab meat</option>
    <option>mushroom</option>
    <option>barbecued pork</option>
    <option>shredded ginger and green onion</option>
    </select>
    <br/>
    Sweet: <select name="sweet[]" multiple>
    <option value="puff"> Sesame Seed Puff
    <option value="square"> Coconut Milk Gelatin Square
    <option value="cake"> Brown Sugar Cake
    <option value="ricemeat"> Sweet Rice and Meat
    </select>
    <br/>
    Sweet Quantity: <input type="text" name="sweet_q">
    <br/>
    <input type="submit" name="submit" value="Order">
    </form>
    ```

2. サブミットされたフォームパラメータとその値をすべて出力するprocess_form()を書きなさい。フォームパラメータはスカラー値だけを持つと仮定する。

[*1] 答えは本書のWebサイト（http://www.oreilly.co.jp/books/9784873117935/）に掲載している。

3. 四則演算を行うプログラムを書きなさい。2つの演算数を入力するテキストボックスと演算（加算、減算、乗算、除算）を選択する<select>メニューを持つフォームを表示する。入力を検証し、入力が数値で選択した演算に適していることを確認する。処理関数は演算数、演算子、結果を表示する。例えば、演算数が4と2で演算が乗算の場合、処理関数は 4 * 2 = 8 のように表示する。

4. 発送する小包に関する情報を入力するフォームの表示、検証、処理を行うプログラムを書きなさい。フォームには小包の発送元と宛先住所、小包の寸法、小包の重さが入力できる。検証では、（少なくとも）重さが150ポンド以下かつ寸法が36インチ以下であることを確認する。フォームに入力された住所は両方ともアメリカの住所であることを前提とするが、検証構文を使って有効な州と郵便番号が入力されているかを調べる。このプログラムの処理関数は、小包の情報を体系的にフォーマットしたレポートに出力する。

5. （オプション）process_form()関数を修正し、サブミットされたフォームパラメータとその値を列挙して配列値を持つサブミットされたフォームパラメータを正しく処理するようにしなさい。なお、この配列値自体に配列が含まれる可能性がある。

8章
情報の保存：データベース

　見栄えの良いWebサイトを提供するHTMLとCSSは、Webサーバ上では別々のファイルになっています。フォームの処理やその他の動的な妙技を行うPHPコードも同じです。さらに、Webアプリケーションに必要な第3の種類の情報があります。つまりデータです。ユーザリストや製品情報などのデータは個々のファイルに保存できますが、大部分の人々はデータベースを使う方が簡単だと感じています。本章ではこのデータベースに焦点を当てます。

　多くの情報が広範な**データ**という範疇に入ります。

- 名前やメールアドレスなどのユーザに関する情報
- 掲示板への投稿やプロフィール情報などのユーザが行ったこと
- レコードアルバムのリスト、製品カタログ、夕食のメニューなど、サイトの「内容」に関すること

　このようなデータをファイルではなくデータベースで管理するのがふさわしい3つの大きな理由があります。利便性、同時アクセス、そしてセキュリティです。データベースを使うと、個々の情報の検索や操作がはるかに簡単になります。データベースでは、ユーザ`Duck29`のメールアドレスを`ducky@ducks.example.com`に変更することなどはとても簡単です。ユーザ名やメールアドレスをファイルに入れると、メールアドレスの変更はかなり複雑な処理です。古いファイルを読み出し、`Duck29`のメールアドレスが見つかるまで各行を検索し、その行を変更してファイルに書き戻さなければいけません。あるリクエストが`Duck29`のメールアドレスを更新し、同時に別のリクエストがユーザ`Piggy56`の記録を更新すると、一方の更新が失われるか、または（さらに悪いことに）データファイルが破損する可能性があります。データベースソフトウェアは、同時アクセスの複雑さを管理してくれます。

　データベースでは検索機能に加えて、通常はファイルとは異なるアクセス制御の仕組みを提供します。PHPプログラムで、Webサーバ上のファイルの作成、編集、削除を行えるように適切に設定し、悪意のある攻撃者がその設定を悪用してPHPスクリプトやデータファイルを変更できないようにするのは大変です。データベースを使うことで、情報に対する適切なアクセスレベルの調整

が、より簡単にできます。例えば、ある情報については読み込みと変更ができるけれども、別の情報は読み込みしかできないようにPHPプログラムを構成することができます。しかし、データベースアクセス制御を設定しても、Webサーバ上のファイルのアクセス方法には影響しません。PHPプログラムがデータベースの値を変更できるからといって、PHPプログラムやHTMLファイル自体を変更できる機会を攻撃者に与えるわけではありません。

データベースという用語は、Webアプリケーションを話題にしているときにはいくつかの異なる意味で使います。データベースとは、まとまった構造化情報であったり、その構造化情報を管理するプログラム（MySQLやOracleなど）であったり、あるいは、そのプログラムを実行するコンピュータであったりします。本書では、さまざまな構造化情報をひとまとめにして「データベース」という言葉を使います。情報を管理するソフトウェアは**データベースプログラム**、データベースを実行するコンピュータは**データベースサーバ**です。

本章の大半では、PDO（PHP Data Objects）というデータベース抽象化レイヤを使います。これは、PHPプログラムとデータベースのやり取りを簡略化するPHPの拡張機能です。PDOを使うと、さまざまな種類のデータベースとやり取りする際に同じPHP関数を使えます。PDOを使わないと、別々のPHP関数を利用してそれぞれのデータベースとやり取りしなければいけません。ただし、データベースの独特な機能の中には、そのデータベース固有の関数でしかアクセスできないこともあります[*1]。

8.1 データベースにおけるデータの整理

データベース内の情報は、行とカラムからなる**テーブル**として整理されます（カラムは**フィールド**と呼ばれることもあります）。テーブルのカラムは情報の分類であり、行はそれぞれのカラムの値の集合です。例えば、メニューにある料理についての情報を保持するテーブルには各料理のID、名前、価格、辛いかどうかを示すカラムがあるでしょう。このテーブルの行は特定の料理に関する値のグループです。例えば、「1」、「Fried Bean Curd」（揚げ豆腐）、「5.50」、「0」（辛くない）などです。

図8-1に示すように、テーブルはカラム名が最初の行にある単純なスプレッドシートのように整理されていると考えることができます。

しかし、スプレッドシートとデータベーステーブルの1つの重要な違いは、データベーステーブルの行の順番はもともと決まってはいないことです。特定の方法（例えば、学生名のアルファベット順）で並べられた行を持つテーブルからデータを取得したい場合、データベースにデータをリクエストするときにその順番を明示的に指定する必要があります。本章のコラム「SQLレッスン：

[*1] 訳注：汎用のデータベースのことを、一般的にはデータベース管理システム（DBMS：DataBase Management System）と呼び、ここで例示されているMySQLやOracleのほかにも、SQLite、PostgreSQL、Firebird、SQL Server、DB/2などいろいろある。いずれも、リレーショナル（関係）モデルに基づく関係データベース管理システム（RDBMS：Relational Database Management System）で、共通してSQLとして標準化されている問い合わせ（クエリ）言語が使える。

ID	名前	価格	辛い
1	Fried Bean Curd	5.50	0
2	Braised Sea Cucumber	9.95	0
3	Walnut Bun	1.00	0
4	Eggplant with Chili Sauce	6.50	1

図8-1　テーブルに整理されたデータ

ORDER BYとLIMIT」でその方法を説明します。

　SQL（Structured Query Language：構造化クエリ言語）は、データベースに質問や指示を行う言語です。PHPプログラムは、データベースにSQLクエリを送ります。クエリがデータベースのデータを取得する場合（例えば、「辛い料理を全部探してください」など）、データベースはそのクエリに合致する行の集合を返します。クエリがデータベースのデータを変更する場合（例えば、「この新しい料理を追加してください」や「辛くない料理全部の値段を2倍にしてください」など）、データベースはその操作が成功したかどうかを返します。

　SQLでは、大文字と小文字の区別はまちまちです。SQLキーワードは大文字と小文字の区別はしませんが、本書ではSQLキーワードはクエリの他の部分と区別するために常に大文字で記述します。通常、クエリでのテーブルとカラムの名称は大文字と小文字の区別をします。本書のSQL例では、SQLキーワードと区別しやすくするためにカラムとテーブルの名称に小文字を使います。クエリに使うリテラル値は大文字と小文字の区別をします。データベースに新しい料理の名前を`fried bean curd`と指定するのと`FRIED Bean Curd`と指定するのは別物です。

　PHPプログラムの中で使うSQLクエリのほとんどは、INSERT、UPDATE、DELETE、SELECTの4つのSQL命令のいずれかです。本章ではそれぞれの命令について説明します。「8.3　テーブルの作成」では、データベースに新しいテーブルを作成するCREATE TABLE命令について説明します。

　SQLについて詳しく知るには、Kevin E. Klineの『SQLクイックリファレンス』[*1]が参考になります。この書籍は、標準的なSQLとMySQL、Oracle、PostgreSQL、Microsoft SQL ServerのSQL拡張機能の概要を扱っています。PHPとMySQLを使った作業について踏み込んだ情報が必要であれば、Robin Nixon『初めてのPHP、MySQL、JavaScript & CSS』[*2]を参照してください。Paul DuBois『MySQLクックブック VOLUME1/VOLUME2』[*3]も、SQLとMySQLに関する多く

[*1] Kevin E. Kline『SQL in a Nutshell』（O'Reilly Media、2008年）。和書は『SQLクイックリファレンス』（オライリー・ジャパン）。
[*2] Paul DuBois『Learning PHP, MySQL & JavaScript』（O'Reilly Media、2014年）。和書は『初めてのPHP、MySQL、JavaScript & CSS』（オライリー・ジャパン、2013年）。
[*3] Paul DuBois『MySQL Cookbook』（O'Reilly Media、2014年）。和書は『MySQLクックブック VOLUME1』『同VOLUME2』（オライリー・ジャパン）。

の疑問に対する素晴らしい答えを提供してくれます。

8.2 データベースへの接続

データベースへの接続を確立するには、新しいPDOオブジェクトを作成します。接続するデータベースを表す文字列をPDOコンストラクタに渡すと、プログラムの残りの部分で使用してデータベースと情報をやり取りするためのオブジェクトを返します。

例8-1は、ユーザ名penguinとパスワードtop^hatを使って、db.example.comで動作するMySQLサーバのrestaurantという名前のデータベースに接続するnew PDO()の呼び出しを表します。

例8-1　PDOオブジェクトを使った接続

```
$db = new PDO('mysql:host=db.example.com;dbname=restaurant','penguin','top^hat');
```

PDOコンストラクタの第1引数として渡す文字列は、**データソース名**（DSN：Data Source Name）と呼ばれます。データソース名は、接続するデータベースの種類を示す接頭辞から始まり、次に:、そして接続方法に関する情報を提供するセミコロンで区切られたkey=valueのペアが続きます。データベース接続にユーザ名とパスワードが必要な場合には、PDOコンストラクタへの第2引数と第3引数として渡します。

DSNに設定できる特定のkey=valueのペアは、接続するデータベースの種類に左右されます。PHPエンジンはPDOを使ってさまざまなデータベースに接続できる機能を持っていますが、この接続機能はサーバにエンジンを構築してインストールするときに有効にしておきます。PDOオブジェクトの作成時に「could not find driver」というメッセージが表示されたら、使用するデータベースのサポートがPHPエンジンのインストールに組み込まれていないことを意味します。

表8-1に、PDOと連携するいくつかの最も一般的なデータベースのDSN接頭辞とオプションを挙げます。

表8-1　PDOのDSN接頭辞とオプション

データベース	DSN接頭辞	DSNオプション	注記
MySQL	mysql	host、port、dbname、unix_socket、charset	unix_socketはローカルのMySQL接続用。unix_socketまたはhostとportを使うが、両方は使えない。
PostgreSQL	pgssql	host、port、dbname、user、passwordなど	接続文字列全体を内部PostgreSQL接続関数に渡すので、PostgreSQLマニュアルに挙げられた任意のオプションを使用できる。
Oracle	oci	dbname、charset	dbnameの値は//hostname:port/databaseという形式のOracle Instant Client接続URIか、tnsnames.oraファイルで定義されたアドレス名にする。
SQLite	sqlite	なし	接頭辞の後には、DSN全体がSQLiteデータベースファイルへのパスか、一時インメモリデータベースを使うための文字列:memory:に限る。
ODBC	odbc	DSN、UID、PWD	DSN文字列内のDSNキーの値は、ODBCカタログで定義した名前か完全なODBC接続文字列に限る。

データベース	DSN接頭辞	DSNオプション	注記
MS SQL Server またはSybase	mssql、sybase、dblib	host、dbname、charset、appname	appname値は、データベースが統計データ内で接続を表すのに使う文字列。mssql接頭辞は、PHPエンジンがMicrosoftのSQL Serverライブラリを使っているときの接頭辞。sybase接頭辞は、エンジンがSybase CT-Libライブラリを使っているときの接頭辞。dblib接頭辞は、エンジンがFreeTDSライブラリを使っているときの接頭辞。

例8-1に示したように、DSNオプションhostとportは、データベースサーバのホストとネットワークポートを指定します。一部のデータベースで利用できるcharsetオプションは、データベースで非英語文字をどう扱うかを指定します。PostgreSQLのuserとpasswordオプションとODBCのUIDとPWDオプションは、DSN文字列に接続ユーザ名とパスワードを含める手段を提供します。これらのオプションを使うと、PDOコンストラクタの追加引数として渡したユーザ名やパスワードより指定した値を優先します。

new PDO()がすべて成功すると、データベースとのやり取りに使うオブジェクトを返します。接続に問題があると、PDOException例外を発行します。PDOコンストラクタが発行する可能性のある例外を必ず捕捉し、接続の成功を確認してからプログラムを進めるようにしてください。例8-2にその方法を示します。

例8-2 接続エラーの捕捉

```
try {
    $db = new PDO('mysql:host=localhost;dbname=restaurant','penguin','top^hat');
    // ここで $db を使って何らかの処理を行う
} catch (PDOException $e) {
    print "Couldn't connect to the database: " . $e->getMessage();
}
```

例8-2では、PDOコンストラクタが例外を発行すると、tryブロック内のnew PDO()呼び出し以降のコードは実行されません。代わりに、PHPエンジンはcatchブロックに飛んでエラーを表示します。

例えば、top^hatがユーザpenguinのパスワードではない場合、例8-2は次のように出力します。

```
Couldn't connect to the database: SQLSTATE[HY000] [1045] Access denied
for user 'penguin'@'client.example.com'
(using password: YES)
```

8.3 テーブルの作成

データベーステーブルにデータを入れたりデータを取り出したりする前に、まずテーブルを作成します。これは通常1回だけの作業です。データベースに新しいテーブルを作るように1回伝え

ます。そのテーブルを使うPHPプログラムは、実行するたびにテーブルの読み込みや書き込みを行うかもしれませんが、毎回テーブルを作り直す必要はありません。データベーステーブルをスプレッドシートに例えると、テーブルの作成は新しいスプレッドシートファイルを作成するようなものです。ファイルを作成したら、何回もファイルを開いて読み込みや変更ができます。

テーブルを作成するSQLコマンドはCREATE TABLEです。テーブルの名前とテーブルの全カラムの名前と型を指定します。例8-3には、図8-1で図示したdishesテーブルを作成するSQLコマンドを示します。

例8-3　dishesテーブルの作成

```
CREATE TABLE dishes (
    dish_id INTEGER PRIMARY KEY,
    dish_name VARCHAR(255),
    price DECIMAL(4,2),
    is_spicy INT
)
```

例8-3は、4つのカラムからなるdishesというテーブルを作成します。dishesテーブルは、図8-1に示したようなテーブルになります。テーブルのカラムはdish_id、dish_name、price、is_spicyです。dish_idとis_spicyのカラムは整数です。priceのカラムは小数になります。dish_nameカラムは文字列です。

CREATE TABLEの後にはテーブルの名前が続きます。次に、括弧の中にはテーブルのカラムのカンマ区切りリストが入ります。カラムを定義する語句には、カラム名とカラムの型の2つの部分があります。例8-3では、カラム名はdish_id、dish_name、price、is_spicyです。カラムの型は、INT、VARCHAR(255)、DECIMAL(4,2)、INTです。

さらに、dish_idカラムの型の後にはPRIMARY KEYがあります。これは、このカラムの値はこのテーブル内で重複できないことをデータベースに通知します。特定のdish_id値を持てるのは一度に1行だけです。また、これにより、本章の例で使っているデータベースのSQLiteは、データ挿入時にこのカラムに新たな一意の値を自動的に割り当てます。他のデータベースには、一意の整数IDを自動的に割り当てる構文は別に用意されています。例えば、MySQLはAUTO_INCREMENTキーワードを使い、PostgreSQLはシリアル型を使い、Oracleはシーケンスを使います。

一般的に、INTとINTEGERは互換で使えます。しかし、奇妙なことにSQLiteでは、PRIMARY KEYで自動的に新たな一意の値を割り当てるためには、カラムの型にINTEGERを正しく指定する必要があります。

カラムの型には、括弧内に長さやフォーマット情報を含むものもあります。例えば、VARCHAR(255)は「最大255文字の可変長の文字列」を意味します。DECIMAL(4,2)という型は、「小数点以下2桁を含む全体が4桁の小数」を意味します。表8-2にデータベーステーブルのカラムの一般的な型をまとめます。

表8-2 データベーステーブルのカラムの一般的な型

カラムの型	説明
VARCHAR(*length*)	最大*length*文字の可変長文字列
INT	整数
BLOB[*1][*2]	最大64KBの文字列またはバイナリデータ
DECIMAL(*total_digits*, *decimal_places*)	小数点以下*decimal_places*桁を持つ全体で*total_digits*桁の小数
DATETIME[*3]	日付と時間（1975-03-10 19:45:03や2038-01-1822:14:07など）

すべてのデータベースが表8-1に挙げた型をサポートするべきですが、データベースによってサポートするカラムの型が異なります。データベースが扱える数値カラムの最大値と最小値やテキストカラムの最大文字数は、データベースによって異なります。例えば、MySQLではVARCHARカラムは最大255文字ですが、Microsoft SQL ServerのVARCHARカラムは最大8,000文字にまで可能です。詳細は各データベースのマニュアルを確認してください[*4]。

実際にテーブルを作成するには、CREATE TABLEコマンドを送ります。例8-4に示すように、new PDO()で接続した後、exec()関数を使ってコマンドを送ります。

例8-4 データベースへのCREATE TABLEコマンドの送信

```
try {
    $db = new PDO('sqlite:/tmp/restaurant.db');
    $db->setAttribute(PDO::ATTR_ERRMODE, PDO::ERRMODE_EXCEPTION);
    $q = $db->exec("CREATE TABLE dishes (
                dish_id INT,
                dish_name VARCHAR(255),
                price DECIMAL(4,2),
                is_spicy INT
)");
} catch (PDOException $e) {
    print "Couldn't create table: " . $e->getMessage();
}
```

exec()については次の節でさらに詳しく説明します。例8-4の$db->setAttribute()の呼び出しで、接続時の問題だけでなくクエリに問題があった場合にもPDOが例外を発行するようになります。PDOでのエラー処理も次の節で取り上げます。

CREATE TABLEの反対はDROP TABLEです。これは、データベースからテーブルとテーブル内のデータを削除します。例8-5は、dishesテーブルを削除するクエリの構文を表しています。

[*1] PostgreSQLではBLOBの代わりにBYTEAを使う。
[*2] 訳注：PostgreSQLではDATETIMEの代わりにTIMESTAMPを使う。
[*3] OracleではDATETIMEの代わりにDATEを使う。
[*4] 訳注：PostgreSQLでは最大1GB（ギガバイト）だが、文字数で指定する。

例8-5　テーブルの削除

```
DROP TABLE dishes
```

テーブルを削除してしまうと完全に何もなくなってしまうので、DROP TABLEは注意して使います。

8.4　データベースへのデータの書き込み

　データベースへの接続に成功すると、new PDO()が返すオブジェクトがデータベース内のデータへのアクセスを提供します。そのオブジェクトの関数を呼び出すと、データベースにクエリを送りその結果にアクセスできます。データベースにデータを入れるには、**例8-6**に示すようにINSERT命令文をオブジェクトのexec()メソッドに渡します。

例8-6　exec()によるデータの挿入

```
try {
    $db = new PDO('sqlite:/tmp/restaurant.db');
    $db->setAttribute(PDO::ATTR_ERRMODE, PDO::ERRMODE_EXCEPTION);
    $affectedRows = $db->exec("INSERT INTO dishes (dish_name, price, is_spicy)
                               VALUES ('Sesame Seed Puff', 2.50, 0)");
} catch (PDOException $e) {
    print "Couldn't insert a row: " . $e->getMessage();
}
```

　exec()メソッドは、データベースサーバに送られたSQL文に影響を受ける行数を返します。この例では、1行の挿入で1行（挿入した行）が影響を受けたので、1を返します。

　INSERTで問題が起こると、例外を発行します。**例8-7**は、不正なカラム名を含むINSERT文を試みています。dishesテーブルにはdish_sizeというカラムは含まれません。

例8-7　exec()によるエラーのチェック

```
try {
    $db = new PDO('sqlite:/tmp/restaurant.db');
    $db->setAttribute(PDO::ATTR_ERRMODE, PDO::ERRMODE_EXCEPTION);
    $affectedRows = $db->exec("INSERT INTO dishes (dish_size, dish_name,
                                                   price, is_spicy)
                               VALUES ('large', 'Sesame Seed Puff', 2.50, 0)");
} catch (PDOException $e) {
    print "Couldn't insert a row: " . $e->getMessage();
}
```

　$db->setAttribute()の呼び出しは、エラーが発生したらいつでも例外を発行するようPDOに指示します。**例8-7**の出力はこうなります。

```
Couldn't insert a row: SQLSTATE[HY000]: General error: 1 table dishes
has no column named dish_size
```

PDOには、例外、サイレント、警告という3つのエラーモードがあります。`$db->setAttribute(PDO::ATTR_ERRMODE, PDO::ERRMODE_EXCEPTION)`の呼び出しで有効になる例外エラーモードは、デバッグに最適な、最も簡単にデータベースの問題を探し出すためのモードです。PDOが生成する例外を処理しなければ、プログラムは動作を停止します。

その他の2つのエラーモードでは、PDO関数呼び出しからの返り値を調べてエラーがあるかどうかを判断し、別のPDOメソッドを使ってエラーに関する情報を探す必要があります。

デフォルトではサイレントモードです。他のPDOメソッドと同様に、タスクで`exec()`が失敗すると`false`を返します。例8-8では`exec()`の返り値を調べ、PDOの`errorInfo()`メソッドを使って問題の詳細を入手しています。

例8-8　サイレントエラーモードの場合

```
// コンストラクタは失敗すると必ず例外を発行する
try {
    $db = new PDO('sqlite:/tmp/restaurant.db');
} catch (PDOException $e) {
    print "Couldn't connect: " . $e->getMessage();
}
$result = $db->exec("INSERT INTO dishes (dish_size, dish_name, price, is_spicy)
                     VALUES ('large', 'Sesame Seed Puff', 2.50, 0)");
if (false === $result) {
    $error = $db->errorInfo();
    print "Couldn't insert!\n";
    print "SQL Error={$error[0]}, DB Error={$error[1]}, Message={$error[2]}\n";
}
```

例8-8の出力は次の通りです。

```
Couldn't insert!
SQL Error=HY000, DB Error=1, Message=table dishes has no column named dish_size
```

例8-8では、3つの等号の同値演算子を使って`exec()`の返り値を`false`と比較し、本当のエラー（`false`）と影響を受ける行がたまたま0であった成功したクエリを区別しています。そして、`errorInfo()`はエラー情報を含む3要素配列を返します。これは、多くのデータベースでほとんど標準化されているエラーコードです。この例では、HY000はあらゆる一般エラーに相当します。2番目の要素は、使用している特定のデータベースに固有のエラーコードです。3番目の要素は、エラーを表すテキストメッセージです。

警告モードは、例8-9に示すように`PDO::ATTR_ERRMODE`属性を`PDO::ERRMODE_WARNING`に設定すると有効になります。このモードでは、関数はサイレントモードと同様に振る舞いますが（例外を発行せずに、エラーで`false`を返します）、PHPエンジンは警告レベルのエラーメッセージも作成し

ます。エラー処理をどのように設定するかによって、このメッセージを画面に表示したりログファイルに出力したりすることができます。「12.1　エラー出力場所の制御」では、エラーメッセージを出力する場所を制御する方法を説明します。

例8-9　警告エラーモードの場合

```
// コンストラクタは失敗すると必ず例外を発行する
try {
    $db = new PDO('sqlite:/tmp/restaurant.db');
} catch (PDOException $e) {
    print "Couldn't connect: " . $e->getMessage();
}
$db->setAttribute(PDO::ATTR_ERRMODE, PDO::ERRMODE_WARNING);
$result = $db->exec("INSERT INTO dishes (dish_size, dish_name, price, is_spicy)
                     VALUES ('large', 'Sesame Seed Puff', 2.50, 0)");
if (false === $result) {
    $error = $db->errorInfo();
    print "Couldn't insert!\n";
    print "SQL Error={$error[0]}, DB Error={$error[1]}, Message={$error[2]}\n";
}
```

例8-9の出力と例8-8の出力は同じですが、例8-9は次のエラーメッセージも生成します。

```
PHP Warning: PDO::exec(): SQLSTATE[HY000]: General error: 1 table dishes
has no column named dish_size in error-warning.php on line 10
```

SQLレッスン：INSERT

　　INSERTコマンドは、データベーステーブルに行を追加します。例8-10にINSERTの構文を示します。

例8-10　データの挿入

```
INSERT INTO table (column1[, column2, column3, ...])
    VALUES (value1[, value2, value3, ...])
```

　　例8-11のINSERTクエリは、dishesテーブルに新しい料理を追加します。

例8-11　新しい料理の挿入

```
INSERT INTO dishes (dish_id, dish_name, price, is_spicy)
    VALUES (1, 'Braised Sea Cucumber', 6.50, 0)
```

　　Braised Sea Cucumber（ナマコの蒸し煮）のような文字列の値をSQLクエリに使うときには、単一引用符で囲まなければいけません。単一引用符は文字列の区切りとして使用するの

で、クエリの中に表れるときには単一引用符をエスケープする必要があります（単一引用符を2つ続けます）。例8-12は、General Tso's Chicken（鶏の唐揚げ甘辛あんかけ）という名前の料理をdishesテーブルに挿入する方法を示します。

例8-12　文字列値の引用符付け

```
INSERT INTO dishes (dish_id, dish_name, price, is_spicy)
    VALUES (2, 'General Tso''s Chicken', 6.75, 1)
```

VALUES前の括弧に列挙するカラム数とVALUES後の括弧の中の値の数は一致しなければいけません。あるカラムの値だけを含む行を挿入するには、例8-13に示すようにそのカラムと対応する値だけを指定します。

例8-13　すべてのカラムは使わずに挿入

```
INSERT INTO dishes (dish_name, is_spicy)
    VALUES ('Salt Baked Scallops', 0)
```

すべてのカラムに値を挿入するときには、簡略法としてカラムのリストを省略できます。例8-14は例8-11と同じINSERTを実行します。

例8-14　全カラムの値の挿入

```
INSERT INTO dishes
    VALUES (1, 'Braised Sea Cucumber', 6.50, 0)
```

UPDATEでデータを変更するにはexec()関数を使います。例8-15にUPDATE文を示します。

例8-15　exec()によるデータの変更

```php
try {
    $db = new PDO('sqlite:/tmp/restaurant.db');
    $db->setAttribute(PDO::ATTR_ERRMODE, PDO::ERRMODE_EXCEPTION);
    // Eggplant with Chili Sauceは辛い
    // 影響を受ける行数に関心がなければ、
    // exec()の返り値を保持する必要はない
    $db->exec("UPDATE dishes SET is_spicy = 1
               WHERE dish_name = 'Eggplant with Chili Sauce'");
    // Lobster with Chili Sauceは辛くて高い
    $db->exec("UPDATE dishes SET is_spicy = 1, price=price * 2
               WHERE dish_name = 'Lobster with Chili Sauce'");
} catch (PDOException $e) {
    print "Couldn't insert a row: " . $e->getMessage();
}
```

また、DELETEでデータを削除するにもexec()関数を使います。例8-16は、2つのDELETE文のexec()を表しています。

例8-16　exec()によるデータの削除

```
try {
    $db = new PDO('sqlite:/tmp/restaurant.db');
    $db->setAttribute(PDO::ATTR_ERRMODE, PDO::ERRMODE_EXCEPTION);
    // 高価な料理を削除する
    if ($make_things_cheaper) {
        $db->exec("DELETE FROM dishes WHERE price > 19.95");
    } else {
        // または、すべての料理を削除する
        $db->exec("DELETE FROM dishes");
    }
} catch (PDOException $e) {
    print "Couldn't delete rows: " . $e->getMessage();
}
```

SQLレッスン：UPDATE

UPDATEコマンドは、すでにテーブル内にあるデータを変更します。例8-17にUPDATEの構文を示します。

例8-17　データの更新

```
UPDATE tablename SET column1=value1[, column2=value2,
    column3=value3, ...] [WHERE where_clause]
```

例8-18に示すように、カラムを変更する値には文字列か数値を使います。例8-18から始まる行はSQLのコメントです[*1]。

例8-18　カラムを文字列または数値に設定する

```
; テーブル内のすべての行のpriceを5.50に変更する
UPDATE dishes SET price = 5.50
; テーブル内のすべての行のis_spicyを1に変更する
UPDATE dishes SET is_spicy = 1
```

値は、カラム名を含む式にすることもできます。例8-19のクエリは、それぞれの料理の値段を2倍にします。

[*1] 訳注：OracleやPostgreSQLでは、--以降行末まではコメントとなる。複数行に及ぶ場合は、/*と*/で括る。

8.4 データベースへのデータの書き込み

例8-19　UPDATE式におけるカラム名の使用

```
UPDATE dishes SET price = price * 2
```

　これまでに示したUPDATEクエリは、dishesテーブルの全行を変更します。UPDATEクエリである特定の行だけを変更するには、WHERE句を追加します。WHERE句は、変更したい行を表す論理式です。すると、UPDATEクエリによる変更はWHERE句と一致する行だけになります。例8-20に、WHERE句を持つ2つのUPDATEクエリを示します。

例8-20　UPDATEにおけるWHERE句の使用

```
; Eggplant with Chili Sauceの辛さの度合いを変更する
UPDATE dishes SET is_spicy = 1
            WHERE dish_name = 'Eggplant with Chili Sauce'
; General Tso's Chickenの値段を下げる
UPDATE dishes SET price = price - 1
            WHERE dish_name = 'General Tso''s Chicken'
```

　WHERE句に関する詳細は、次ページのコラム「SQLレッスン：SELECT」で説明します。

　繰り返しますが、exec()は、UPDATEやDELETE文が変更または削除した行数を返します。クエリが影響した行数を知るには返り値を使います。例8-21は、UPDATEクエリで値を変更した行数を出力します。

例8-21　UPDATEやDELETEが影響した行数の割り出し

```
// 一部の料理の値段を下げる
$count = $db->exec("UPDATE dishes SET price = price + 5 WHERE price > 3");
print 'Changed the price of ' . $count . ' rows.';
```

　dishesテーブルに値段が3より高い行が2行ある場合、例8-21の出力は次の通りです。

```
Changed the price of 2 rows.
```

SQLレッスン：DELETE

　DELETEコマンドは、テーブルから行を削除します。例8-22にDELETEの構文を示します。

例8-22　テーブル行の削除

```
DELETE FROM tablename [WHERE where_clause]
```

　WHERE句がないと、DELETEはテーブルからすべての行を削除します。例8-23は、dishesテーブルを空にします。

> **例8-23　テーブルのすべての行の削除**
>
> ```
> DELETE FROM dishes
> ```
>
> 　WHERE句があれば、DELETEはWHERE句に一致する行を削除します。例8-24には、WHERE句がある2つのDELETEクエリを示します。
>
> **例8-24　テーブルからの一部の行の削除**
>
> ```
> ; priceが10.00より大きい行を削除する
> DELETE FROM dishes WHERE price > 10.00
>
> ; dish_nameが「Walnut Bun」と完全に一致する行を削除する
> DELETE FROM dishes WHERE dish_name = 'Walnut Bun'
> ```
>
> 　SQLにはUNDELETEコマンドはないので、DELETEの使用には注意が必要です。

8.5　フォームデータの安全な挿入

「7.4.6 HTMLとJavaScript」で説明したように、無害化せずにフォームデータを出力すると、自分自身やユーザがクロスサイトスクリプティング攻撃にさらされる危険があります。また、SQLクエリで無害化していないフォームデータを使うと、「SQLインジェクション攻撃」と呼ばれる同様の問題の原因になります。ユーザが新しい料理を提案できるフォームを考えてみましょう。このフォームには、ユーザが新しい料理名を入力できるnew_dish_nameというテキスト要素が含まれます。例8-25のexec()の呼び出しは、新しい料理をdishesテーブルに挿入しますが、SQLインジェクション攻撃を受けやすくなります。

例8-25　フォームデータの危険な挿入

```
$db->exec("INSERT INTO dishes (dish_name)
        VALUES ('{$_POST['new_dish_name']}')");
```

　サブミットされたnew_dish_nameの値がFried Bean Curdのように妥当なものであれば、クエリは成功します。PHPの通常の二重引用符で囲んだ文字列補間ルールでは、クエリはINSERT INTO dishes (dish_name) VALUES ('Fried Bean Curd')となり、これは有効であり適切です。しかし、アポストロフィが含まれるクエリは問題を引き起こします。サブミットされたnew_dish_nameの値がGeneral Tso's Chickenの場合、クエリはINSERT INTO dishs (dish_name) VALUES ('General Tso's Chicken')になります。これはデータベースを混乱させます。Tsoとsの間のアポストロフィで文字列が終わるとみなすので、2つ目の単一引用符の後のs Chicken'は望ましくない構文エラーとなります。

さらに悪いことに、実際に問題を起こそうと考えるユーザが意図的に作成した入力を与えて被害をもたらすことができます。以下のような好ましくない入力を考えてみましょう。

```
x'); DELETE FROM dishes; INSERT INTO dishes (dish_name) VALUES ('y.
```

これで補間されると、クエリは以下のようになります。

```
INSERT INTO DISHES (dish_name) VALUES ('x');
DELETE FROM dishes; INSERT INTO dishes (dish_name) VALUES ('y')
```

1回のexec()呼び出しに複数のクエリをセミコロンで区切って渡せるデータベースもあります。そのようなデータベースでは、上記の入力でdishesテーブルが破壊されます。xという名前の料理を挿入し、すべての料理を削除し、yという名前の料理を挿入してしまいます。

悪意のあるユーザが入念に作成したフォーム入力値をサブミットすると、任意のSQL文をデータベースに注入できます。これを避けるには、SQLクエリの特殊文字（最も重要なのがアポストロフィ）をエスケープします。PDOには、これを簡単にする**プリペアドステートメント**という便利な機能があります。

プリペアドステートメントでは、クエリ実行を2段階に分割します。まず、PDOのprepare()メソッドに、SQL内の値を入れたい箇所に?を入れたクエリを指定します。このメソッドはPDOStatementオブジェクトを返します。そして、PDOStatementオブジェクトのexecute()を呼び出し、プレースホルダの?文字を置換する値の配列を渡します。値は適切に引用符で囲んでからクエリに入れられるので、SQLインジェクション攻撃を防ぎます。例8-26は、例8-25のクエリを改善して安全にしたものです。

例8-26　フォームデータの安全な挿入

```
$stmt = $db->prepare('INSERT INTO dishes (dish_name) VALUES (?)');
$stmt->execute(array($_POST['new_dish_name']));
```

クエリのプレースホルダに引用符を付ける必要はありません。これにもPDOが対処してくれます。クエリに複数の値を使いたければ、クエリと値の配列に複数のプレースホルダを入れます。例8-27は、3つのプレースホルダのあるクエリを表しています。

例8-27　複数のプレースホルダの使用

```
$stmt = $db->prepare('INSERT INTO dishes (dish_name,price,is_spicy) VALUES (?,?,?)');
$stmt->execute(array($_POST['new_dish_name'], $_POST['new_price'],
                     $_POST['is_spicy']));
```

8.6 完全なデータ挿入フォーム

例8-28は、本章でこれまで説明してきたデータベースの話題と7章のフォーム処理コードを融合して、フォームを表示し、サブミットされたデータを検証してそのデータをデータベーステーブルに保存する完全なプログラムを構築します。このフォームは料理の名前、値段、辛いかどうかを入力する要素を表示します。その情報はdishesテーブルに挿入されます。

例8-28のコードは、例7-29で定義したFormHelperクラスを利用します。この例では、このクラスを再度記述する代わりに、コードがFormHelper.phpというファイルに保存されていると仮定し、プログラムの先頭のrequire 'FormHelper.php'でロードします。

例8-28 レコードをdishesに挿入するプログラム

```php
<?php

// フォームヘルパークラスをロードする
require 'FormHelper.php';

// データベースに接続する
try {
    $db = new PDO('sqlite:/tmp/restaurant.db');
} catch (PDOException $e) {
    print "Can't connect: " . $e->getMessage();
    exit();
}

// DBエラー時の例外を設定する
$db->setAttribute(PDO::ATTR_ERRMODE, PDO::ERRMODE_EXCEPTION);

// メインページロジック：
// - フォームがサブミットされたら、検証して処理または再表示を行う
// - サブミットされていなければ、表示する
if ($_SERVER['REQUEST_METHOD'] == 'POST') {
    // validate_form()がエラーを返したら、エラーをshow_form()に渡す
    list($errors, $input) = validate_form();
    if ($errors) {
        show_form($errors);
    } else {
    // サブミットされた値が妥当なら処理する
    process_form($input);
    }
} else {
    // フォームがサブミットされていなければ表示する
    show_form();
}
```

```php
function show_form($errors = array()) {
    // 独自のデフォルトを設定する: priceは$5
    $defaults = array('price' => '5.00');

    // 適切なデフォルトで$formオブジェクトを用意する
    $form = new FormHelper($defaults);

    // 明確にするために、HTMLとフォームの表示はすべて別のファイルに入れる
    include 'insert-form.php';
}

function validate_form() {
    $input = array();
    $errors = array();

    // dish_nameは必須
    $input['dish_name'] = trim($_POST['dish_name'] ?? '');
    if (! strlen($input['dish_name'])) {
        $errors[] = 'Please enter the name of the dish.';
    }

    // priceは妥当な浮動小数点数で
    // 0より大きくなくてはいけない
    $input['price'] = filter_input(INPUT_POST, 'price', FILTER_VALIDATE_FLOAT);
    if ($input['price'] <= 0) {
        $errors[] = 'Please enter a valid price.';
    }

    // is_spicyのデフォルトを'no'にする
    $input['is_spicy'] = $_POST['is_spicy'] ?? 'no';

    return array($errors, $input);
}

function process_form($input) {
    // この関数内でグローバル変数$dbにアクセスする
    global $db;

    // $is_spicyの値をチェックボックスに基づいて設定する
    if ($input['is_spicy'] == 'yes') {
        $is_spicy = 1;
    } else {
        $is_spicy = 0;
    }

    // テーブルに新しい料理を挿入する
    try {
```

```
        $stmt = $db->prepare('INSERT INTO dishes (dish_name, price, is_spicy)
                              VALUES (?,?,?)');
        $stmt->execute(array($input['dish_name'], $input['price'],$is_spicy));
        // 料理を追加したことをユーザに伝える
        print 'Added ' . htmlentities($input['dish_name']) . ' to the database.';
    } catch (PDOException $e) {
        print "Couldn't add your dish to the database.";
    }
}

?>
```

例8-28は、7章のフォーム例と同じ基本構造をしています。フォームの表示、検証、処理を行う関数と呼び出す関数を決定するグローバルなロジックがあります。新しい箇所は2つあり、データベース接続を確立するグローバルコードと、process_form()のデータベース関連の処理です。

データベース設定コードはrequire命令文の後で、if($_SERVER['REQUEST_METHOD'] == 'POST')の前にきます。new PDO()の呼び出しでデータベース接続を確立し、次の数行で接続が成功したかどうかを確認してエラー処理のために例外モードを設定します。

show_form()関数は、insert-form.phpで定義したフォームHTMLを表示します。このファイルを例8-29に示します。

例8-29　レコードをdishesに挿入するフォーム

```
<form method="POST" action="<?= $form->encode($_SERVER['PHP_SELF']) ?>">
<table>
    <?php if ($errors) { ?>
        <tr>
            <td>You need to correct the following errors:</td>
            <td><ul>
                <?php foreach ($errors as $error) { ?>
                    <li><?= $form->encode($error) ?></li>
                <?php } ?>
            </ul></td>
    <?php } ?>

    <tr>
        <td>Dish Name:</td>
        <td><?= $form->input('text', ['name' => 'dish_name']) ?></td>
    </tr>
    <tr>
        <td>Price:</td>
        <td><?= $form->input('text', ['name' => 'price']) ?></td>
    </tr>

    <tr>
```

```
            <td>Spicy:</td>
            <td><?= $form->input('checkbox',['name' => 'is_spicy',
                                             'value' => 'yes']) ?> Yes</td>
        </tr>

        <tr><td colspan="2" align="center">
            <?= $form->input('submit',['name' => 'save','value' => 'Order']) ?>
        </td></tr>

    </table>
</form>
```

　接続を除くデータベースとの他のすべてのやり取りは、process_form()関数で行います。最初に、global $dbの行で、この関数内でのデータベース接続変数を面倒な$GLOBALS['db']の代わりに$dbで参照できます。そして、テーブルのis_spicyカラムには辛い料理の行では1、辛くない料理の行では0を格納するので、process_form()のif()句で$input['is_spicy']にサブミットされた値に基づいてローカル変数$is_spicyに適切な値を割り当てます。

　その後、実際に新しい情報をデータベースに格納するprepare()とexecute()を呼び出します。INSERT命令文には、$input['dish_name']、$input['price']、$is_spicy変数で埋める3つのプレースホルダがあります。dish_idカラムはSQLiteが自動的に入れてくれるので、値は必要ありません。最後に、process_form()は料理が挿入されたことをユーザに伝えるためのメッセージを出力します。htmlentities()関数は、料理名にHTMLタグやJavaScriptが含まれないようにします。prepare()とexecute()はtryブロック内にあるので、何か問題が生じたら別のエラーメッセージを出力します。

8.7　データベースからのデータの取得

　データベースから情報を取得するにはquery()メソッドを使います。データベースに対するSQLクエリをquery()メソッドに渡すのです。このメソッドは、取得した行にアクセスできるPDOStatementオブジェクトを返します。このオブジェクトのfetch()メソッドを呼び出すたびに、クエリから返される次の行を取得します。それ以上行が残っていないとfetch()はfalseに評価される値を返すので、while()ループで使うのが最適です。これを**例8-30**に示します。

例8-30　query()とfetch()による行の取得

```
$q = $db->query('SELECT dish_name, price FROM dishes');
while ($row = $q->fetch()) {
    print "$row[dish_name], $row[price] \n";
}
```

　例8-30の出力は次の通りです。

```
Walnut Bun, 1
Cashew Nuts and White Mushrooms, 4.95
Dried Mulberries, 3
Eggplant with Chili Sauce, 6.5
```

while()ループを最初に通るとき、fetch()はWalnut Bun（くるみパン）と1を含む配列を返します。そして、この配列を$rowに割り当てます。要素が含まれる配列はtrueと評価されるので、while()ループ内のコードを実行し、SELECTクエリが返す最初の行のデータを出力します。これをさらに3回繰り返します。while()ループを通るたびに、fetch()はSELECTクエリが返す一連の行の次の行を返します。返す行がなくなると、fetch()はfalseに評価される値を返すので、while()ループは終了します。

デフォルトでは、fetch()は数値キーと文字列キーの両方を持つ配列を返します。0から始まる数値キーには、その行の各カラムの値が格納されます。文字列キーも同様であり、キーの名前はカラム名に設定されます。例8-30では、$row[0]と$row[1]を使っても同じ結果を出力できます。

SELECTクエリが返す行数を調べたい場合、絶対確実な方法は全行を取得して数えるしかありません。PDOStatementオブジェクトはrowCount()メソッドを提供していますが、すべてのデータベースで使えるわけではありません。行数が少なく、そのすべてをプログラムで使うつもりであれば、例8-31に示すようにループせずにfetchAll()メソッドで配列に格納します。

例8-31　ループを使わない全行の取得

```
$q = $db->query('SELECT dish_name, price FROM dishes');
// $rows は4要素配列になる
// 各要素はデータベースからのデータの1行である
$rows = $q->fetchAll();
```

行数が多すぎて全取得は現実的でない場合には、SQLのCOUNT()関数でデータベースに行数を数えてもらいます。例えば、SELECT COUNT(*) FROM dishesは、値がテーブル全体の行数を示す1つのカラムを持つ1行を返します。

SQLレッスン：SELECT

SELECTコマンドは、データベースからデータを取得します。例8-32にSELECTの構文を示します。

例8-32　データの取得

```
SELECT column1[, column2, column3, ...] FROM tablename
```

例8-33のSELECTクエリは、dishesテーブルのすべての行のdish_nameとpriceのカラムを取得します。

例8-33　dish_nameとpriceの取得

```
SELECT dish_name, price FROM dishes
```

　カラムのリストの代わりに*を使うとより簡単です。これは、テーブルからすべてのカラムを取得します。例8-34のSELECTクエリは、dishesテーブルからすべてを取得します。

例8-34　SELECTクエリで*を使う

```
SELECT * FROM dishes
```

　SELECT命令文を特定の行だけと一致するように制限するには、WHERE句を追加します。WHERE句に列挙したテストと一致する行だけがSELECT命令文で返されます。例8-35のように、WHERE句はテーブル名の後ろに追加します。

例8-35　SELECTが返す行の制限

```
SELECT column1[, column2, column3, ...] FROM tablename
        WHERE where_clause
```

　クエリのwhere_clauseの部分は、取得したい行を表す論理式です。例8-36は、WHERE句を使ったSELECTクエリを示します。

例8-36　特定の料理の取得

```
; 値段が5.00より高い料理
SELECT dish_name, price FROM dishes WHERE price > 5.00

; 名前が"Walnut Bun"と完全に一致する料理
SELECT price FROM dishes WHERE dish_name = 'Walnut Bun'

; 値段が5.00より高く10.00以下の料理
SELECT dish_name FROM dishes WHERE price > 5.00 AND price <= 10.00

; 値段が5.00より高く10.00以下、または、
; 名前が"Walnut Bun"と完全に一致する料理（値段は任意）
SELECT dish_name, price FROM dishes WHERE (price > 5.00 AND price <= 10.00)
OR dish_name = 'Walnut Bun'
```

　表8-3は、WHERE句で使用できる演算子の一覧です。

表8-3　WHERE句の演算子

演算子	説明	演算子	説明
=	等しい（PHPの==に相当）	<=	以下
<>	等しくない（PHPの!=に相当）	AND	論理積（PHPの&&）
>	より大きい	OR	論理和（PHPの||）
<	より小さい	()	グループ化
>=	以上		

クエリが1行だけを返すことが期待される場合には、query()の最後にfetch()呼び出しを接続することができます。例8-37は、fetch()を接続してdishesテーブルから最も安い料理を表示します。例8-37のORDER BYとLIMITの部分は、次ページのコラム「**SQLレッスン：ORDER BYとLIMIT**」で説明します。

例8-37　fetch()を接続した行の取得

```
$cheapest_dish_info = $db->query('SELECT dish_name, price
                                  FROM dishes ORDER BY price LIMIT 1')->fetch();
print "$cheapest_dish_info[0], $cheapest_dish_info[1]";
```

　例8-37の出力は次の通りです。

```
Walnut Bun, 1
```

SQLレッスン：ORDER BYとLIMIT

　「8.1　データベースにおけるデータの整理」で述べたように、テーブルの行には固有の順番にはありません。データベースサーバは、SELECTクエリの行を特定のパターンで返す必要はありません。特定の順番で行を返すようにするには、SELECT文にORDER BY句を追加します。例8-38は、値段が安い方から高い方の順でdishesテーブルの全行を返します。

例8-38　SELECTクエリが返す行の整列

```
SELECT dish_name FROM dishes ORDER BY price
```

　最大値から最小値の順に並べるためには、結果を整列するカラムの後ろにDESC（descending：降順）を付けます。例8-39は、値段が高い方から安い方の順でdishesテーブルの全行を返します。

例8-39　高い方から安い方の順での整列

```
SELECT dish_name FROM dishes ORDER BY price DESC
```

　ソート用に複数のカラムを指定できます。2つの行が最初のORDER BYカラムに同じ値を持つ場合は、2番目のカラムで並べ替えます。例8-40のクエリは、値段順（高い方から安い方）でdishesの行をソートします。複数の行が同じ値段の場合は、名前のアルファベット順にソートします。

例8-40　複数のカラムでの整列

```
SELECT dish_name FROM dishes ORDER BY price DESC, dish_name
```

ORDER BYを使っても、テーブル自体の行の並びは変わりませんが（実際には行には決まった順序はありません）、クエリの結果を並べ直します。これはクエリの答えにだけ影響します。誰かにメニューを手渡し、アルファベット順に前菜を読み上げてもらっても、印刷されたメニューには影響せず、リクエスト（前菜をすべてアルファベット順に読んでください）に対するレスポンスにしか影響しません。

通常、SELECTクエリはWHERE句と一致する全行（または、WHERE句がない場合はテーブルの全行）を返します。時には、一定数の行だけを取得するのにも役に立ちます。最も安い料理を見つけたい場合や、10件の検索結果だけを出力したい場合もあるでしょう。結果を特定の行数に制限するには、クエリの最後にLIMIT句を付け加えます。例8-41は、dishesから値段が最も安い行を返します。

例8-41　SELECTが返す行数の制限

```
SELECT * FROM dishes ORDER BY price LIMIT 1
```

例8-42は、dishesの（料理名のアルファベット順に並べ替えた）最初の10行を返します。

例8-42　SELECTが返す行数のさらなる制限

```
SELECT dish_name, price FROM dishes ORDER BY dish_name LIMIT 10
```

一般に、クエリでLIMITを使う場合にはORDER BY句も入れるべきです。ORDER BYがないと、データベースは任意の順番で行を返します。そのため、あるときに実行したクエリの「最初」の行が、別のときに実行した同じクエリの「最初」の行と同じにならない可能性があります。

8.8　取得した行の書式変更

これまでは、fetch()はデータベースの行を数値と文字列の複合インデックス付け配列として返していました。これにより、二重引用符で囲んだ文字列の値の補間が簡潔で容易になります。しかし、問題にもなりえます。例えば、SELECTクエリのどのカラムが結果配列の要素6に対応するかは難しく、間違えやすいことを思い出してください。文字列カラム名には、適切に補間するには引用符で囲む必要があるものもあります。また、PHPエンジンに数値インデックスと文字列インデックスを設定させると、両方は必要ない場合には無駄です。幸い、PDOでは各結果行の提供方法を指定できます。fetch()やfetchAll()の第1引数として別の**フェッチスタイル**を渡すと、数値配列のみ、文字列配列のみ、またはオブジェクトとして行を取得します。

数値キーだけの配列として行を取得するには、fetch()やfetchAll()の第1引数としてPDO::FETCH_NUMを渡します。文字列キーだけの配列を取得するには、PDO::FETCH_ASSOCを使います（文字列キー配列は、「連想」配列と呼ばれる場合もありました）。

配列の代わりにオブジェクトとして行を取得するには、PDO::FETCH_OBJを使います。返されたオブジェクトは、カラム名に対応するプロパティ名を持ちます。

例8-43に、このようなさまざまなフェッチスタイルの実際の使用方法を示します。

例8-43　さまざまなフェッチスタイルの使用

```
// 数値インデックスのみでは、値の結合が簡単
$q = $db->query('SELECT dish_name, price FROM dishes');
while ($row = $q->fetch(PDO::FETCH_NUM)) {
    print implode(', ', $row) . "\n";
}

// オブジェクトでは、プロパティアクセス構文で値を取得する
$q = $db->query('SELECT dish_name, price FROM dishes');
while ($row = $q->fetch(PDO::FETCH_OBJ)) {
    "{$row->dish_name} has price {$row->price} \n";
}
```

あるフェッチスタイルを繰り返し使いたい場合には、クエリごとにデフォルトのフェッチパターンを設定できます。文にデフォルトを設定するには、**例8-44**に示すように、そのPDOStatementオブジェクトに対してsetFetchMode()を呼び出します。

例8-44　文のデフォルトフェッチスタイルの設定

```
$q = $db->query('SELECT dish_name, price FROM dishes');
// fetch()には何も渡す必要がない
// setFetchMode()が対応してくれる
$q->setFetchMode(PDO::FETCH_NUM);
while($row = $q->fetch()) {
    print implode(', ', $row) . "\n";
}
```

すべてに対してデフォルトフェッチスタイルを設定するには、以下のようにsetAttribute()を使ってデータベース接続にPDO::ATTR_DEFAULT_FETCH_MODE属性を設定します。

```
// setFetchMode()の呼び出しやfetch()に何も渡す必要はない
// setAttribute()が対応してくれる
$db->setAttribute(PDO::ATTR_DEFAULT_FETCH_MODE, PDO::FETCH_NUM);

$q = $db->query('SELECT dish_name, price FROM dishes');
while ($row = $q->fetch()) {
    print implode(', ', $row) . "\n";
}

$anotherQuery = $db->query('SELECT dish_name FROM dishes WHERE price < 5');
// $moreDishesのサブ配列も数値でインデックス付けされる
$moreDishes = $anotherQuery->fetchAll();
```

8.9 フォームデータの安全な取得

INSERT、UPDATE、DELETE命令文と同じようにSELECT命令文でもプレースホルダを使えます。query()ではなく、prepare()とexecute()を使いますが、prepare()にSELECT命令文を指定します。

しかし、SELECT、UPDATE、DELETE命令文のWHERE句で、サブミットされたフォームデータやその他の外部入力を使うとき、SQLのワイルドカードを適切にエスケープしていることの確認に格別に注意を払わなければいけません。ユーザが探している料理名を入力できるdish_searchというテキスト要素のある検索フォームを考えてみましょう。例8-45のexecute()の呼び出しは、プレースホルダを使ってサブミットされた値の中の単一引用符で混乱しないようにしています。

例8-45　SELECT命令文でのプレースホルダの使用

```
$stmt = $db->prepare('SELECT dish_name, price FROM dishes
                      WHERE dish_name LIKE ?');
$stmt->execute(array($_POST['dish_search']));
while ($row = $stmt->fetch()) {
    // ... $rowに何らかの処理を行う ...
}
```

dish_searchがFried BeanCurdであれGeneral Tso's Chickenであれ、プレースホルダはクエリに値を適切に補間します。しかし、dish_searchが%chicken%の場合はどうなるでしょうか。クエリは、SELECT dish_name, price FROM dishes WHERE dish_name LIKE '%chicken%'になります。このクエリは、dish_nameがまさに%chicken%である行だけではなく、文字列chickenを含むすべての行と一致します。

SQLレッスン：ワイルドカード

ワイルドカードは、.eduで終わる文字列や@を含む文字列の検索など、あいまいなテキストマッチングに便利です。SQLには2つのワイルドカードがあります。アンダースコア（_）は1文字と一致し、パーセント記号（%）は任意の数の文字（0文字を含む）に一致します。WHERE句でLIKE演算子と一緒に使う文字列でワイルドカードをよく利用します。

例8-46にLIKEとワイルドカードを使ったSELECTクエリを2つ示します。

例8-46　SELECTにおけるワイルドカードの使用

```
; 料理の名前がDから始まる行をすべて取得する
SELECT * FROM dishes WHERE dish_name LIKE 'D%'

; 料理の名前がFried Cod、Fried Bod、
; Fried Nodなどの行を取得する
SELECT * FROM dishes WHERE dish_name LIKE 'Fried _od'
```

UPDATEとDELETE命令文のWHERE句でもワイルドカードをよく使います。例8-47のクエリは、名前にchiliが含まれるすべての料理の値段を2倍にします。

例8-47　UPDATEにおけるワイルドカードの使用

```
UPDATE dishes SET price = price * 2 WHERE dish_name LIKE '%chili%'
```

例8-48のクエリは、dish_nameがShrimpで終わる行をすべて削除します。

例8-48　DELETEにおけるワイルドカードの使用

```
DELETE FROM dishes WHERE dish_name LIKE '%Shrimp'
```

LIKE演算子を使うときにリテラルの%や_と照合するには、%や_の前にバックスラッシュを付けます。例8-49のクエリは、dish_nameに50% offが含まれる行をすべて見つけます。

例8-49　ワイルドカードのエスケープ

```
SELECT * FROM dishes WHERE dish_name LIKE '%50\% off%'
```

バックスラッシュがなければ、例8-49のクエリは、dish_nameに50を含み、後続のどこかにスペースとoffを含む行（Spicy 50 shrimp with shells off saladやFamous 500 offer duckなど）と一致します。

フォームデータのSQLワイルドカードがクエリに影響を与えないようにするには、プレースホルダの使い勝手の良さをあきらめて、次の2つの関数に頼らざるをえません。PDOのquote()とPHP組み込みのstrtr()関数です。まず、サブミットされた値でquote()を呼び出します。これはプレースホルダと同様に引用符で括ります。例えば、General Tso's Chickenを'General Tso''s Chicken'に変換します。次に、strtr()を使ってSQLワイルドカードの%と_をバックスラッシュでエスケープします。単一引用符で囲みワイルドカードをエスケープした値は、クエリで安全に使えます。

例8-50は、quote()とstrtr()を使ってサブミットされた値をWHERE句で安全に使用できるようにする方法を示します。

例8-50　SELECT命令文でプレースホルダを使わない例

```
// まず、値を引用符で括る
$dish = $db->quote($_POST['dish_search']);
// そして、アンダースコアとパーセント記号の前にバックスラッシュを付ける
$dish = strtr($dish, array('_' => '\_', '%' => '\%'));
// これで$dishは無害化され、クエリで正しく補間できる
$stmt = $db->query("SELECT dish_name, price FROM dishes
                    WHERE dish_name LIKE $dish");
```

SQLワイルドカードのエスケープは引用符で括った後に行う必要があるので、この状況ではプレースホルダは使えません。引用符で括る際、単一引用符の前にバックスラッシュを付けますが、バックスラッシュの前にも付けます。strtr()で文字列を先に処理すると、%chicken%などのサブミットされた値は\%chicken\%となります。そして、引用符で括る（quote()であろうとプレースホルダ処理であろうとも）と\%chicken\%が'\\%chicken\\%'となります。これをデータベースが解釈すると、リテラルのバックスラッシュの次に「任意の文字と一致する」ワイルドカード、chicken、別のリテラルのバックスラッシュ、さらに「任意の文字と一致する」ワイルドカードが続くという意味になります。しかし、quote()を最初に実行すると、%chicken%は'%chicken%'となります。そして、strtr()で'\%chicken\%'となります。これをデータベースが解釈すると、リテラルのパーセント記号の次にchicken、そして別のパーセント記号が続くことになり、これはユーザ入力と同じです。

ワイルドカード文字を引用符で括らなければ、UPDATEやDELETE命令文のWHERE句にさらに劇的な影響を与えます。例8-51は、プレースホルダを間違って使い、ユーザ入力値でどの料理の値段を1ドルに設定するかを制御できるクエリを示します。

例8-51　UPDATE命令文でのプレースホルダの正しくない使用

```
$stmt = $db->prepare('UPDATE dishes SET price = 1 WHERE dish_name LIKE ?');
$stmt->execute(array($_POST['dish_name']));
```

例8-51のdish_nameにサブミットされた値がFried Bean Curdである場合、クエリは予想通りに実行され、その料理の値段だけが1に設定されます。しかし、$_POST['dish_name']が%の場合、すべての料理の値段が1に設定されてしまいます。quote()とstrtr()を使ってこの問題を回避できます。正しい更新方法を例8-52に示します。

例8-52　UPDATE命令文でのquote()とstrtr()の正しい使用

```
// まず、値を引用符で括る
$dish = $db->quote($_POST['dish_name']);
// そして、アンダースコアとパーセント記号の前にバックスラッシュを付ける
$dish = strtr($dish, array('_' => '\_', '%' => '\%'));
// これで$dishは無害化され、クエリで正しく補間できる
$db->exec("UPDATE dishes SET price = 1 WHERE dish_name LIKE $dish");
```

8.10　完全なデータ検索フォーム

例8-53は、別の完全なデータベースとフォームプログラムです。検索フォームを表示した後、検索基準を満たすdishesテーブルのすべての行を含むHTMLテーブルを出力します。例8-28と同じように、別個のFormHelper.phpファイルで定義されているフォームヘルパークラスを利用します。

例8-53　dished テーブルを検索するフォーム

```php
<?php

// フォームヘルパークラスをロードする
require 'FormHelper.php';

// データベースに接続する
try {
    $db = new PDO('sqlite:/tmp/restaurant.db');
} catch (PDOException $e) {
    print "Can't connect: " . $e->getMessage();
    exit();
}
// DB エラー時の例外を設定する
$db->setAttribute(PDO::ATTR_ERRMODE, PDO::ERRMODE_EXCEPTION);

// フェッチモードを設定する：オブジェクトとしての行
$db->setAttribute(PDO::ATTR_DEFAULT_FETCH_MODE, PDO::FETCH_OBJ);

// フォームの「spicy」メニューの選択肢
$spicy_choices = array('no','yes','either');

// メインページロジック：
// - フォームがサブミットされたら、検証して処理または再表示を行う
// - サブミットされていなければ、表示する
if ($_SERVER['REQUEST_METHOD'] == 'POST') {
    // validate_form()がエラーを返したら、エラーをshow_form()に渡す
    list($errors, $input) = validate_form();
    if ($errors) {
        show_form($errors);
    } else {
        // サブミットされたデータが妥当なら処理する
        process_form($input);
    }
} else {
    // フォームがサブミットされていなければ表示する
    show_form();
}

function show_form($errors = array()) {
    // 独自のデフォルトを設定する
    $defaults = array('min_price' => '5.00',
                      'max_price' => '25.00');

    // 適切なデフォルトで$formオブジェクトを用意する
    $form = new FormHelper($defaults);
```

```php
    // 明確にするために、HTMLとフォームの表示はすべて別のファイルに入れる
    include 'retrieve-form.php';
}

function validate_form() {
    $input = array();
    $errors = array();

    // サブミットされた料理名から先頭と末尾のホワイトスペースを取り除く
    $input['dish_name'] = trim($_POST['dish_name'] ?? '');

    // 最低価格は有効な浮動小数点数で指定する
    $input['min_price'] = filter_input(INPUT_POST,'min_price',
                                       FILTER_VALIDATE_FLOAT);
    if ($input['min_price'] === null || $input['min_price'] === false) {
        $errors[] = 'Please enter a valid minimum price.';
    }

    // 最高価格は有効な浮動小数で指定する
    $input['max_price'] = filter_input(INPUT_POST,'max_price',
                                       FILTER_VALIDATE_FLOAT);
    if ($input['max_price'] === null || $input['max_price'] === false) {
        $errors[] = 'Please enter a valid maximum price.';
    }

    // 最低価格は最高価格よりも低くする
    if ($input['min_price'] >= $input['max_price']) {
        $errors[] = 'The minimum price must be less than the maximum price.';
    }

    $input['is_spicy'] = $_POST['is_spicy'] ?? '';
    if (! array_key_exists($input['is_spicy'], $GLOBALS['spicy_choices'])) {
        $errors[] = 'Please choose a valid "spicy" option.';
    }
    return array($errors, $input);
}

function process_form($input) {
    // この関数内でグローバル変数$dbにアクセスする
    global $db;

    // クエリを作成する
    $sql = 'SELECT dish_name, price, is_spicy FROM dishes WHERE
            price >= ? AND price <= ?';

    // 料理名がサブミットされたら、WHERE句に追加する
```

```
    // quote()とstrtr()を使ってユーザ入力のワイルドカードが機能しないようにする
    if (strlen($input['dish_name'])) {
        $dish = $db->quote($input['dish_name']);
        $dish = strtr($dish, array('_' => '\_', '%' => '\%'));
        $sql .= " AND dish_name LIKE $dish";
    }

    // is_spicyが「yes」か「no」の場合、適切なSQLを追加する
    // (「either」なら、is_spicyをWHERE句に追加する必要はない)
    $spicy_choice = $GLOBALS['spicy_choices'][ $input['is_spicy'] ];
    if ($spicy_choice == 'yes') {
        $sql .= ' AND is_spicy = 1';
    } elseif ($spicy_choice == 'no') {
        $sql .= ' AND is_spicy = 0';
    }

    // クエリをデータベースに送り、すべての行を取得する
    $stmt = $db->prepare($sql);
    $stmt->execute(array($input['min_price'], $input['max_price']));
    $dishes = $stmt->fetchAll();

    if (count($dishes) == 0) {
        print 'No dishes matched.';
    } else {
        print '<table>';
        print '<tr><th>Dish Name</th><th>Price</th><th>Spicy?</th></tr>';
        foreach ($dishes as $dish) {
            if ($dish->is_spicy == 1) {
                $spicy = 'Yes';
            } else {
                $spicy = 'No';
            }
            printf('<tr><td>%s</td><td>$%.02f</td><td>%s</td></tr>',
                htmlentities($dish->dish_name), $dish->price, $spicy);
        }
    }
}
?>
```

例8-53は、例8-28ととても似ています。標準的な表示、検証、処理のフォーム構造を使い、process_form()内でのデータベースの設定とやり取りのためのグローバルコードを持ちます。show_form()関数は、retrieve-form.phpで定義されたフォームHTMLを表示します。このファイルを例8-54に示します。

例8-54 料理に関する情報を検索するためのフォーム

```
<form method="POST" action="<?= $form->encode($_SERVER['PHP_SELF']) ?>">
<table>
    <?php if ($errors) { ?>
        <tr>
            <td>You need to correct the following errors:</td>
            <td><ul>
                <?php foreach ($errors as $error) { ?>
                    <li><?= $form->encode($error) ?></li>
                <?php } ?>
            </ul></td>
    <?php } ?>

    <tr>
        <td>料理名:</td>
        <td><?= $form->input('text', ['name' => 'dish_name']) ?></td>
    </tr>

    <tr>
        <td>最低価格:</td>
        <td><?= $form->input('text',['name' => 'min_price']) ?></td>
    </tr>

    <tr>
        <td>最高価格:</td>
        <td><?= $form->input('text',['name' => 'max_price']) ?></td>
    </tr>

    <tr>
        <td>辛い料理:</td>
        <td><?= $form->select($GLOBALS['spicy_choices'], ['name' => 'is_spicy']) ?>
        </td>
    </tr>

    <tr>
        <td colspan="2" align="center">
            <?= $form->input('submit', ['name' => 'search',
                                        'value' => 'Search']) ?></td>
    </tr>
</table>
</form>
```

例8-53での1つの違いは、データベース設定コードに追加された1行です。それは、フェッチモードを変更するsetAttribute()の呼び出しです。process_form()はデータベースから情報を取得するので、フェッチモードは重要です。

process_form()関数はSELECT命令文を組み立てて、execute()でそのSELECT命令文をデータベースに送り、fetchAll()で結果を取得し、HTMLテーブルでその結果を出力します。SELECT命令文のWHERE句には最大4つの因子が入ります。最初の2つは最低価格と最高価格です。これらは常にクエリに含まれるので、SQL命令文を保持する変数$sqlにプレースホルダがあります。

次に料理名がきます。これはオプションですが、料理名がサブミットされたらクエリに入れます。しかし、サブミットされたフォームデータにはSQLワイルドカードが含まれることがあるので、dish_nameカラムにはプレースホルダでは十分ではありません。その代わりに、quote()とstrtr()で無害化した料理名を用意し、それを直接WHERE句に追加します。

WHERE句に考えられる最後のカラムはis_spicyです。サブミットされた選択がyesの場合、AND is_spicy = 1がクエリに入るので、辛い料理だけを検索します。サブミットされた選択がnoの場合、AND is_spicy = 0がクエリに入るので、辛くない料理だけを見つけます。サブミットされた選択がeitherであれば、クエリにis_spicyを入れる必要はありません。料理の辛さに関係なく行を選択すべきです。

$sqlにクエリを構築したら、prepare()で準備をしてexecute()でデータベースに送信します。execute()の第2引数は最低価格と最高価格を含む配列なので、プレースホルダを置換できます。fetchAll()が戻す行の配列は、$dishesに格納されます。

process_form()の最終段階は結果表示です。$dishesに何も入ってない場合は、No dishes matchesを表示します。入っていれば、foreach()ループでdishesを反復処理して各料理のHTMLテーブル行を出力します。その際、printf()を使って値段を適切にフォーマットし、htmlentities()で料理名の特殊文字をエンコードします。if()句は、データベースが扱いやすいis_spicyの値1と0を、人間が扱いやすい値YesとNoに変換します。

8.11 まとめ

本章では次の内容を取り上げました。

- データベースに適する情報の種類を理解する。
- データベースのデータを整理する方法を理解する。
- データベース接続を確立する。
- データベースにテーブルを作成する。
- データベースからテーブルを削除する。
- SQLのINSERTコマンドを使用する。
- exec()を使ってデータベースにデータを挿入する。
- 例外処理でデータベースエラーを調べる。
- setAttribute()でエラーモードを変更する。
- SQLのUPDATEとDELETEコマンドを使用する。
- exec()を使ってデータの変更や削除を行う。

- クエリが影響する行数を数える。
- プレースホルダを使ってデータを安全に挿入する。
- SQLのSELECTコマンドを使用する。
- query()とfetch()でデータベースからデータを取得する。
- query()で取得した行数を数える。
- SELECTでSQLのORDER BYとLIMITキーワードを使用する。
- 文字列キー配列やオブジェクトとして行を取得する。
- LIKEでSQLワイルドカード%と_を使用する。
- SELECT命令文でSQLワイルドカードをエスケープする。
- サブミットされたフォームパラメータをデータベースに保存する。
- データベースのデータをフォーム要素で使用する。

8.12 演習問題[*1]

以下の演習問題では、下記の構造を持つdishesというデータベーステーブルを使います。

```
CREATE TABLE dishes (
    dish_id INT,
    dish_name VARCHAR(255),
    price DECIMAL(4,2),
    is_spicy INT
)
```

以下は、dishesテーブルに入るサンプルデータです。

```
INSERT INTO dishes VALUES (1,'Walnut Bun',1.00,0)
INSERT INTO dishes VALUES (2,'Cashew Nuts and White Mushrooms',4.95,0)
INSERT INTO dishes VALUES (3,'Dried Mulberries',3.00,0)
INSERT INTO dishes VALUES (4,'Eggplant with Chili Sauce',6.50,1)
INSERT INTO dishes VALUES (5,'Red Bean Bun',1.00,0)
INSERT INTO dishes VALUES (6,'General Tso''s Chicken',5.50,1)
```

1. このテーブル内のすべての料理を値段の順で並べるプログラムを書きなさい。

2. 値段を問い合わせるフォームを表示するプログラムを書きなさい。フォームがサブミットされたら、このプログラムはサブミットされた値段以上の料理の名前と値段を出力する。テーブルに出力しない行またはカラムはデータベースから取得しない。

3. 料理名の<select>メニューがあるフォームを表示するプログラムを書きなさい。データベースから料理名を取得して表示する料理名を作成する。フォームがサブミットされたら、このプログラムは選択された料理に関するテーブル内の全情報(ID、名前、値段、辛さ)を出力する。

[*1] 答えは本書のWebサイト(http://www.oreilly.co.jp/books/9784873117935/)に掲載している。

4. レストランの顧客情報を保持する新しいテーブルを作成しなさい。このテーブルには、各顧客の情報（顧客ID、名前、電話番号、顧客の好きな料理のID）を格納する。このテーブルに新しい顧客を入力するためのフォームを表示するプログラムを書きなさい。顧客の好みの料理を入力するフォームの部分は料理名の`<select>`メニューにする。顧客のIDは、フォームで入力するのではなくプログラムで生成する。

9章
ファイルの操作

Webアプリケーションに適したデータ保存先はデータベースです。しかし、だからといって旧来の通常のファイルを全く扱わなくていいわけではありません。やはり、プレーンテキストファイルはある種の情報を交換するための便利で普遍的な方法です。

テキストファイルにHTMLテンプレートを保存すると、Webサイトを簡単にカスタマイズできます。専用のページを作成するときが来たら、テキストファイルを読み込み、テンプレートの要素を実際のデータで置き換えて出力します。例9-2にその方法を示します。

また、ファイルはプログラムとスプレッドシート間で表形式データを交換するのにも適しています。PHPプログラムでは、スプレッドシートプログラムが操作できるCSV（Comma-Separated Value：カンマ区切りの値）ファイルの読み書きが簡単に行えます。

本章では、PHPプログラムからファイルを操作する方法を説明します。コンピュータでプログラムが読み書きできるファイルに関する規則を適用するために使う**ファイルパーミッション**（ファイル権限）の扱い、ファイルに対するデータの読み書き、ファイル関連の操作で起こる操作エラーなどです。

9.1 ファイルパーミッション

本章で学習する関数でファイルを読み書きするには、PHPエンジンはオペレーティングシステムからファイルを読み書きするための許可が必要です。PHPエンジンなどのコンピュータ上で動作するすべてのプログラムは、特定のユーザアカウントの権限で動作します。ほとんどのユーザアカウントは人に対応しています。コンピュータにログインしてワードプロセッサを起動すると、そのワードプロセッサはログインしたアカウントに対応する権限で動作します。そのユーザが見ることを許可されたファイルを読み込むことができ、変更を許可されたファイルに書き込めるのです。

しかし、コンピュータ上のユーザアカウントには、人ではなくWebサーバなどのシステムプロセス用のものもあります。PHPエンジンがWebサーバ内で動作する場合、Webサーバの「アカウント」と同じ権限を持ちます。そのため、Webサーバがあるファイルやディレクトリを読み込む許可を持っていれば、PHPエンジン（したがってPHPプログラムも）はそのファイルやディレクトリ

を読み込めます。Webサーバが特定のディレクトリでのファイルの変更や新規ファイルの書き込みを許可されていれば、PHPエンジンとPHPプログラムも同様に許可されます。

通常、Webサーバのアカウントに拡張された権限は、実在の人物のアカウントが持つ権限よりも制限されています。Webサーバ（およびPHPエンジン）は、Webサイトを構成するPHPプログラムファイルをすべて読み込める必要がありますが、変更できるようにしてはいけません。Webサーバのバグや安全ではないPHPプログラムにより攻撃者が侵入できても、攻撃者がPHPプログラムファイルを変更できないようにすべきです。

実際問題としては、これはPHPプログラムが読み込む必要のあるほとんどのファイルを読み込む際にあまり面倒がないようにすべきという意味になります（もちろん、別のユーザの個人的なファイルを読み込もうする場合には面倒になりますが、そうあるべきです）。しかし、PHPプログラムが変更可能なファイルや新たにファイルを書き出すことができるディレクトリは限られています。PHPプログラムで新たなファイルをたくさん作成する必要があるときは、システム管理者と協力して書き込みは可能であるがシステムのセキュリティを損なわない特別なディレクトリを作成してください。「9.5 ファイルパーミッションの検査」では、プログラムが読み書きできるファイルやディレクトリを判断する方法を示します。

9.2 ファイル全体の読み書き

この節では、1つのファイルの数行だけを操作するのではなく、一度に1つのファイル全体を扱う方法を示します。PHPは、一度にファイル全体を読み書きする特別な関数を提供しています。

9.2.1 ファイルの読み込み

ファイルの内容を文字列として読み込むには、file_get_contents()を使います。この関数にファイル名に渡すと、ファイル内のすべてを含む文字列を返します。例9-2は、file_get_contents()を使って例9-1のファイルを読み込み、str_replace()で修正してから結果を出力します。

例9-1　例9-2のためのpage-template.html

```
<html>
<head><title>{page_title}</title></head>
<body bgcolor="{color}">

<h1>Hello, {name}</h1>

</body>
</html>
```

例9-2　ページテンプレートでのfile_get_contents()の使用

```
// 上記の例からテンプレートファイルを読み込む
$page = file_get_contents('page-template.html');

// ページのタイトルを挿入する
$page = str_replace('{page_title}', 'Welcome', $page);

// ページの色を午後は青、
// 午前は緑にする
if (date('H') >= 12) {
    $page = str_replace('{color}', 'blue', $page);
} else {
    $page = str_replace('{color}', 'green', $page);
}

// 以前に保存したセッション変数から
// ユーザ名を取得する
$page = str_replace('{name}', $_SESSION['username'], $page);

// 結果を出力する
print $page;
```

ファイルアクセス関数を使用するたびに、ディスク容量の不足、パーミッションの問題、その他の失敗などのためにエラーが発生していないことを調べる必要がある。エラーチェックに関しては、「9.6　エラーチェック」で詳述する。次のいくつかの節の例にはエラーチェックコードを含めないないため、その他の新たな素材について気にすることなく、実際のファイルアクセス関数について理解することができる。実際にプログラムを書くときには、ファイルアクセス関数を呼び出した後に必ずエラーチェックが必要である。

$_SESSION['username']がJacobに設定されていると、例9-2の出力は次の通りです。

```
<html>
<head><title>Welcome</title></head>
<body bgcolor="green">

<h1>Hello, Jacob</h1>

</body>
</html>
```

9.2.2 ファイルの書き込み

ファイル内容の文字列としての読み込みと対になるのは、文字列のファイルへの書き込みです。そして、file_get_contents()と対になるのはfile_put_contents()です。例9-3は例9-2を拡張し、HTMLを出力する代わりにファイルに保存します。

例9-3 file_put_contents()を使ったファイルの保存

```php
// 以前に使ったテンプレートファイルを読み込む
$page = file_get_contents('page-template.html');

// ページのタイトルを挿入する
$page = str_replace('{page_title}', 'Welcome', $page);

// ページの色を午後は青、
// 午前は緑にする
if (date('H') >= 12) {
    $page = str_replace('{color}', 'blue', $page);
} else {
    $page = str_replace('{color}', 'green', $page);
}

// 以前に保存したセッション変数から
// ユーザ名を取得する
$page = str_replace('{name}', $_SESSION['username'], $page);

// page.htmlに結果を書き込む
file_put_contents('page.html', $page);
```

例9-3は、$pageの値（HTML）をファイルpage.htmlに書き込みます。file_put_contents()への第1引数は書き込むファイル名であり、第2引数はファイルに書き込む内容です。

9.3 ファイルの部分的な読み書き

file_get_contents()とfile_put_contents()関数は、一度にファイル全体を扱いたいときに優れています。しかし、細かい作業が必要なときには、file()関数を使います。例9-4は、それぞれの行に名前とメールアドレスを含むファイルを読み込み、その情報をHTMLフォーマットしたリストとして出力します。

例9-4 ファイルの各行へのアクセス

```php
foreach (file('people.txt') as $line) {
    $line = trim($line);
    $info = explode('|', $line);
    print '<li><a href="mailto:' . $info[0] . '">' . $info[1] ."</li>\n";
}
```

例9-5はpeople.txtの内容であるとします。

例9-5　例9-4のためのpeople.txt

```
alice@example.com|Alice Liddell
bandersnatch@example.org|Bandersnatch Gardner
charles@milk.example.com|Charlie Tenniel
dodgson@turtle.example.com|Lewis Humbert
```

すると、**例9-4**の出力はこうなります。

```
<li><a href="mailto:alice@example.com">Alice Liddell</li>
<li><a href="mailto:bandersnatch@example.org">Bandersnatch Gardner</li>
<li><a href="mailto:charles@milk.example.com">Charlie Tenniel</li>
<li><a href="mailto:dodgson@turtle.example.com">Lewis Humbert</li>
```

file()関数は配列を返します。この配列の各要素は、ファイルの各1行を含む文字列です（改行を含みます）。そのため、**例9-4**のforeach()ループは配列の各要素にアクセスし、文字列を$lineに入れます。trim()関数が末尾の改行を取り除き、explode()が行を|の前後に分割し、printでHTMLリスト要素を出力します。

file()はとても便利ですが、非常に大きなファイルでは問題があります。この関数はファイル全体を読み込んで行の配列を作成します。そのため、多くの行を含むファイルでは、あまりにも多くのメモリを使い果たす可能性があります。その場合には、**例9-6**に示すようにファイルを1行ずつ読み込む必要があります。

例9-6　一度に1行のファイルの読み込み

```php
$fh = fopen('people.txt','rb');
while ((! feof($fh)) && ($line = fgets($fh))) {
    $line = trim($line);
    $info = explode('|', $line);
    print '<li><a href="mailto:' . $info[0] . '">' . $info[1] ."</li>\n";
}
fclose($fh);
```

例9-6の4種類のファイルアクセス関数はfopen()、fgets()、feof()、fclose()です。これらの関数は以下のように連携します。

- fopen()関数はファイルへの接続をオープンし、プログラムでのその後のファイルへのアクセスに使う変数を返す（これは、「8章　情報の保存：データベース」で解説したnew PDO()が返すデータベース接続変数と概念的に似ている）。
- fgets()関数は、ファイルから1行を読み込んで文字列として返す。
- PHPエンジンはファイルの現在位置を保持する。この現在位置はファイルの先頭から始まるので、最初のfgets()の呼び出しではファイルの最初の行を読み込む。この行の読み込み後、

現在位置を次の行の先頭に更新する。
- feof()関数は、現在位置がファイルの末尾を超えたらtrueを返す(「eof」は「end of file」を表す)。
- fclose()関数はファイルへの接続をクローズする。

例9-6のwhile()ループは、以下の2つがtrueである限り実行を続けます。

- feof($fh)がfalseを返す。
- fgets($fh)が返す$line値がtrueに評価される。

fgets($fh)を実行するたびに、PHPエンジンはファイルから1行を取得して現在位置を進め、その行を返します。現在位置がファイルの末尾を指しているときには、feof($fh)はまだfalseを返します。しかし、この時点でfgets($fh)は1行を読み込もうとしても読み込めないのでfalseを返します。したがって、ループを適切に終了するにはこの両方のチェックが必要なのです。

例9-6で$lineにtrim()を使っているのは、fgets()が返す文字列の行の末尾に改行が含まれているからです。trim()関数はこの改行を取り除き、出力の見栄えをよくします。

fopen()の第1引数は、アクセスしたいファイルの名前です。他のPHPファイルアクセス関数と同様に、Windowsでもバックスラッシュ(\)の代わりにスラッシュ(/)を使ってください。例9-7は、Windowsシステムディレクトリのファイルをオープンします。

例9-7　Windows上のファイルのオープン

```
$fh = fopen('c:/windows/system32/settings.txt','rb');
```

バックスラッシュは文字列内では特別な意味(「2.1.1　テキスト文字列の定義」で説明したエスケーピング)を持つので、ファイル名にはスラッシュを使う方が簡単です。PHPエンジンは、Windowsでも適切に動作して正しいファイルを読み込みます。

fopen()の第2引数はファイルモードです。ファイルモードは、オープンしたファイルに対して許される操作を制御します(読み込み、書き込み、またはその両方)。また、ファイルモードはPHPエンジンのファイルの現在位置の開始場所、ファイルのオープン時にファイルの内容を空にするかどうか、ファイルが存在しない場合のPHPエンジンの対応にも影響します。表9-1にfopen()で使えるモードをまとめます。

表9-1　fopen()のファイルモード

モード	可能な操作	現在位置の開始位置	内容を空にするか	ファイルが存在しない場合
rb	読み込み	ファイルの先頭	しない	警告を発行してfalseを返す。
rb+	読み込み、書き込み	ファイルの先頭	しない	警告を発行してfalseを返す。
wb	書き込み	ファイルの先頭	する	作成を試みる。
wb+	読み込み、書き込み	ファイルの先頭	する	作成を試みる。
ab	書き込み	ファイルの末尾	しない	作成を試みる。
ab+	読み込み、書き込み	ファイルの末尾	しない	作成を試みる。

モード	可能な操作	現在位置の開始位置	内容を空にするか	ファイルが存在しない場合
xb	書き込み	ファイルの先頭	しない	作成を試みる。ファイルが存在する場合、警告を発してfalseを返す。
xb+	読み込み、書き込み	ファイルの先頭	しない	作成を試みる。ファイルが存在する場合、警告を発してfalseを返す。
cb	書き込み	ファイルの先頭	しない	作成を試みる。
cb+	書き込み、読み込み	ファイルの先頭	しない	作成を試みる。

書き込みを許可するモードでファイルをオープンしたら、fwrite()関数を使ってファイルに書き込みます。例9-8はfopen()でwbモードを使い、fwrite()でデータベーステーブルから取得した情報をファイルdishes.txtに書き込みます。

例9-8 ファイルへのデータの書き込み

```
try {
    $db = new PDO('sqlite:/tmp/restaurant.db');
} catch (Exception $e) {
    print "Couldn't connect to database: " . $e->getMessage();
    exit();
}

// 書き込みのためにdishes.txtを開く
$fh = fopen('dishes.txt','wb');

$q = $db->query("SELECT dish_name, price FROM dishes");
while($row = $q->fetch()) {
    // 各行（末尾の改行を含む）を
    // dishes.txtに書き込む
    fwrite($fh, "The price of $row[0] is $row[1] \n");
}
fclose($fh);
```

fwrite()関数は、書き出す文字列の終わりに改行を自動的には追加しません。渡したものをそのまま書き出すだけです。（例9-8のように）一度に1行ずつ書き込みたい場合は、fwrite()に渡す文字列の終わりに改行コード（\n）を必ず追加してください。

9.4　CSVファイル

　PHPで特別な取り扱いをするテキストファイルの種類にCSVファイルがあります。CSVファイルはグラフや図表は扱えませんが、さまざまなプログラムでデータ表を共有するのに優れています。CSVファイルの行を読み込むには、fgets()の代わりにfgetcsv()を使います。fgetcsv()は、CSVファイルから1行を読み込んで、行の各フィールドを含む文字列を返します。例9-9は、レストランの料理の情報を含むCSVファイルです。例9-10は、fgetcsv()を使ってファイルを読み込んでその中の情報を「8章　情報の保存：データベース」のデータベーステーブルdishesに挿入します。

例9-9　dishes.csv

```
"Fish Ball with Vegetables",4.25,0
"Spicy Salt Baked Prawns",5.50,1
"Steamed Rock Cod",11.95,0
"Sauteed String Beans",3.15,1
"Confucius ""Chicken""",4.75,0
```

例9-10　CVSデータのデータベーステーブルへの挿入

```
try {
    $db = new PDO('sqlite:/tmp/restaurant.db');
} catch (Exception $e) {
    print "Couldn't connect to database: " . $e->getMessage();
    exit();
}
$fh = fopen('dishes.csv','rb');
$stmt = $db->prepare('INSERT INTO dishes (dish_name, price, is_spicy)
                                  VALUES (?,?,?)');
while ((! feof($fh)) && ($info = fgetcsv($fh))) {
    // $info[0]は料理名 (dishes.csvの行の最初のフィールド)
    // $info[1]は値段 (2番目のフィールド)
    // $info[2]は辛さ (3番目のフィールド)
    // データベーステーブルに行を挿入する
    $stmt->execute($info);
    print "Inserted $info[0]\n";
}
// ファイルを閉じる
fclose($fh);
```

例9-10の出力は次の通りです。

```
Inserted Fish Ball with Vegetables
Inserted Spicy Salt Baked Prawns
Inserted Steamed Rock Cod
Inserted Sauteed String Beans
Inserted Confucius "Chicken"
```

CSVフォーマットの行の書き込みは読み込みと同様です。fputcsv()関数は引数としてファイルハンドルと値の配列を取り、値を適切なCSVフォーマットでファイルに書き込みます。例9-11はfputcsv()をfopen()やfclose()と一緒に使い、データベーステーブルから情報を取得してCSVファイルに書き込みます。

例9-11　CSVフォーマットデータのファイルへの書き込み

```
try {
    $db = new PDO('sqlite:/tmp/restaurant.db');
```

```
} catch (Exception $e) {
    print "Couldn't connect to database: " . $e->getMessage();
    exit();
}

// 書き込みのためのCSVファイルを開く
$fh = fopen('dish-list.csv','wb');

$dishes = $db->query('SELECT dish_name, price, is_spicy FROM dishes');
while ($row = $dishes->fetch(PDO::FETCH_NUM)) {
    // $rowのデータをCSVフォーマット文字列として書き込む
    // fputcsv()が末尾に改行を追加する
    fputcsv($fh, $row);
}
fclose($fh);
```

WebクライアントにCSVフォーマットのデータだけからなるページを送り返すには、データを（ファイルの代わりに）通常のPHP出力ストリームに書き込むようにfputcsv()に指示する必要があります。また、PHPのheader()関数を使い、HTMLドキュメントの代わりにCSVドキュメントに備えるようにWebクライアントに伝えなければいけません。例9-12に適切な引数でheader()を呼び出す方法を示します。

例9-12 ページタイプをCSVに変更

```
// CSVファイルに備えるようにWebクライアントに通知する
header('Content-Type: text/csv');
// CSVファイルを別のプログラムで表示するようにWebクライアントに通知する
header('Content-Disposition: attachment; filename="dishes.csv"');
```

例9-13は、正しいCSVヘッダを送信し、データベーステーブルから列を取得して出力する完全なプログラムです。この出力は、ユーザのWebブラウザからスプレッドシートプログラムに直接読み込めます。

例9-13 CSVファイルのブラウザへの送信

```
try {
    $db = new PDO('sqlite:/tmp/restaurant.db');
} catch (Exception $e) {
    print "Couldn't connect to database: " . $e->getMessage();
    exit();
}

// 「dishes.csv」というCSVファイルが送られてくることをWebクライアントに通知する
header('Content-Type: text/csv');
header('Content-Disposition: attachment; filename="dishes.csv"');
```

```
// 出力ストリームへのファイルハンドルを開く
$fh = fopen('php://output','wb');

// データベーステーブルから情報を取得して出力する
$dishes = $db->query('SELECT dish_name, price, is_spicy FROM dishes');
while ($row = $dishes->fetch(PDO::FETCH_NUM)) {
    fputcsv($fh, $row);
}
```

例9-13では、fputcsv()への第1引数はphp://outputです。これは、データをprintと同じ場所に送る特殊な組み込みファイルハンドルです。

式、書式、画像を含むもっと複雑なスプレッドシートを作成するには、PHPOfficeのPHPExcelパッケージ (https://packagist.org/packages/phpoffice/phpexcel) を使います。

パッケージのインストール方法の詳細は「**16章 パッケージ管理**」を参照してほしい。

9.5　ファイルパーミッションの検査

本章の最初で述べたように、ファイルを読み書きするパーミッションがあるときだけ、プログラムはファイルを読み書きできます。しかし、このパーミッションが何であるかを知るためにエラーメッセージを頼りにしてやみくもに探し回る必要はありません。PHPは、プログラムに何が許可されているかを調べる関数を提供しています。

ファイルやディレクトリの存在を調べるには、file_exists()を使います。例9-14は、この関数を使ってディレクトリのインデックスファイルが作成されているかどうかを報告します。

例9-14　ファイルの存在のチェック

```
if (file_exists('/usr/local/htdocs/index.html')) {
    print "Index file is there.";
} else {
    print "No index file in /usr/local/htdocs.";
}
```

特定のファイルを読み書きするパーミッションがあるかどうかを調べるには、is_readable()やis_writeable()を使います。例9-15は、ファイルが読み込み可能であることを確認してからfile_get_contents()でファイルの内容を取得します。

例9-15　読み込みパーミッションの検査

```
$template_file = 'page-template.html';
if (is_readable($template_file)) {
    $template = file_get_contents($template_file);
} else {
    print "Can't read template file.";
}
```

例9-16は、ファイルが書き込み可能であることを確認してからfopen()とfwrite()でファイルに行を追加します。

例9-16　書き込みパーミッションの検査

```
$log_file = '/var/log/users.log';
if (is_writeable($log_file)) {
    $fh = fopen($log_file,'ab');
    fwrite($fh, $_SESSION['username'] . ' at ' . strftime('%c') . "\n");
    fclose($fh);
} else {
    print "Cant write to log file.";
}
```

9.6　エラーチェック

　本章ではこれまで、エラーチェックをせずに例を示してきました。そのために例を短くできたので、file_get_contents()、fopen()、fgetcsv()などのファイル操作関数に専念できました。データベースとのやり取りと同じように、ファイルの操作はプログラム外部のリソースとのやり取りを意味します。したがって、オペレーティングシステムのファイルパーミッションやディスクの空き容量不足などの問題を引き起こすあらゆる類の出来事を気にかけなければいけません。

　実際に、堅牢なファイル処理のコードを書くには、ファイル関連関数の返り値を調べるべきです。ファイル関連関数は、問題があれば警告メッセージを出してfalseを返します。構成ディレクティブのtrack_errorsを有効にすれば、エラーメッセージのテキストはグローバル変数$php_errormsgで入手できます。

　例9-17にfopen()やfclose()がエラーになるかどうかを調べる方法を示します。

例9-17　fopen()とfclose()のエラーチェック

```
try {
    $db = new PDO('sqlite:/tmp/restaurant.db');
} catch (Exception $e) {
    print "Couldn't connect to database: " . $e->getMessage();
    exit();
}
```

```
// 書き込みのためのdishes.txtを開く
$fh = fopen('/usr/local/dishes.txt','wb');
if (! $fh) {
    print "Error opening dishes.txt: $php_errormsg";
} else {
    $q = $db->query("SELECT dish_name, price FROM dishes");
    while($row = $q->fetch()) {
        // 各行（末尾の改行を含む）を
        // dishes.txtに書き込む
        fwrite($fh, "The price of $row[0] is $row[1] \n");
    }
    if (! fclose($fh)) {
        print "Error closing dishes.txt: $php_errormsg";
    }
}
```

プログラムが/usr/localディレクトリに書き込むパーミッション

```
Error opening dishes.txt: failed to open stream: Permission denied
```

また、以下のような警告メッセージも作成します。

```
Warning: fopen(/usr/local/dishes.txt): failed to open stream: Permission denied
in dishes.php on line 5
```

「12.1 エラー出力場所の制御」では、警告メッセージの表示場所を制御する方法を取り上げます。

fclose()でも同じことが起こります。fclose()がfalseを返すと、Error closing dishes.txtのメッセージを出力します。オペレーティングシステムはfwrite()で書き込んだデータをバッファに蓄積し、fclose()を呼び出すまで実際にはデータを保存しないことがあります。書き込んでいるデータ用の空き容量がディスクにない場合、エラーが表示されるのはfwrite()の呼び出し時ではなくfclose()の呼び出し時になります。

その他のファイル処理関数 (fgets()、fwrite()、fgetcsv()、file_get_contents()、file_put_contents()など) のエラーチェックは、もう少し工夫が必要になります。なぜなら、エラー発生時に返す値とすべてが成功したときに返すデータを区別するのに特別な処理を行う必要があるからです。

fgets()、file_get_contents()、fgetcsv()で問題が起こると、falseを返します。しかし、これらの関数が成功していても、比較でfalseに評価される値を返す可能性があります。file_get_contents()が0という1文字だけからなるファイルを読み込むと、0という1文字の文字列を返します。しかし、「3.1 trueとfalse」でこのような文字列はfalseとみなされることを説明しました。

これを避けるには、必ず同値演算子を使って関数の返り値を調べるようにします。このようにすると、値とfalseを比較でき、関数がfalseに評価される文字列ではなく実際のfalseを返したときだけエラーが発生しているとわかります。

例9-18に、同値演算子を使ってfile_get_contents()のエラーをチェックする方法を示します。

例9-18　file_get_contents()のエラーチェック

```
$page = file_get_contents('page-template.html');
// テスト式の3つの等号に注意する
if ($page === false) {
    print "Couldn't load template: $php_errormsg";
} else {
    // ...ここでテンプレートを処理する
}
```

　fgets()やfgetcsv()でも同じテクニックを使います。例9-19はfopen()、fgets()、fclose()のエラーチェックを正しく行います。

例9-19　fopen()、fgets()、fclose()のエラーチェック

```
$fh = fopen('people.txt','rb');
if (! $fh) {
    print "Error opening people.txt: $php_errormsg";
} else {
    while (! feof($fh)) {
        $line = fgets($fh);
        if ($line !== false) {
            $line = trim($line);
            $info = explode('|', $line);
            print '<li><a href="mailto:' . $info[0] . '">' . $info[1] ."</li>\n";
        }
    }
    if (! fclose($fh)) {
        print "Error closing people.txt: $php_errormsg";
    }
}
```

　fwrite()、fputcsv()、file_put_contents()が成功すると、書き込んだバイト数を返します。fwrite()やfputcsv()が失敗するとfalseを返すので、fgets()と同じように同値演算子を使えます。file_put_contents()関数は少し異なっています。何が問題であるかによってfalseか-1のどちらかを返すので、両方の可能性を調べる必要があります。例9-20にfile_put_contents()のエラーをチェックする方法を示します。

例9-20　file_put_contents()のエラーチェック

```
// 例9-1のファイルを読み込む
$page = file_get_contents('page-template.html');

// ページのタイトルを挿入する
$page = str_replace('{page_title}', 'Welcome', $page);
```

```
// ページの色を午後は青、
// 午前は緑にする
if (date('H') >= 12) {
    $page = str_replace('{color}', 'blue', $page);
} else {
    $page = str_replace('{color}', 'green', $page);
}

// 以前に保存したセッション変数から
// ユーザ名を取得する
$page = str_replace('{name}', $_SESSION['username'], $page);

$result = file_put_contents('page.html', $page);
// file_put_contents()がfalseを返すか-1を返すかを調べる必要がある
if (($result === false) || ($result == -1)) {
    print "Couldn't save HTML to page.html";
}
```

9.7 外部から提供されたファイル名の無害化

　フォームでサブミットされたデータやURLは、表示するとき（クロスサイトスクリプティング攻撃）やSQLクエリに入れたとき（SQLインジェクション攻撃）に問題を引き起こす可能性があるのと同様に、ファイル名やファイル名の一部として使ったときにも問題が起こることがあります。この問題には他の攻撃のような派手な名前はありませんが、同様に被害を与える可能性があります。

　問題の原因は同じです。それは特殊文字であり、エスケープして特別な意味を失くさなければいけません。ファイル名における特殊文字は、/（ファイル名を分割する）と2文字連続の..（ファイル名では「1つ上の階層のディレクトリ」を意味する）です。

　例えば、奇妙に見えるファイル名/usr/local/data/../../../etc/passwdは/usr/local/dataディレクトリにあるファイルを示すのではなく、ほとんどのUnixシステムでユーザアカウントのリストを含む/etc/passwdファイルを示します。ファイル名/usr/local/data/../../../etc/passwdは、「ディレクトリ/usr/local/dataから1階層上がり（/usr/local）、もう1階層上がり（/usr）、さらにもう1階層上がり（ファイルシステムのトップレベルの/）、それから/etcに下がり、passwdファイルに到達する」という意味になります。

　これがPHPプログラムでどのように問題になるのでしょうか。フォームからのデータをファイル名に使うときには、サブミットされたフォームデータを無害化しないと、ユーザが思いもかけないファイルシステム領域にアクセスできてしまう攻撃にさらされます。例9-21は、サブミットされたフォームパラメータからすべてのスラッシュと..を取り除いてからファイル名に取り込む対策を講じています。

例9-21　ファイル名に入るフォームパラメータの無害化

```
// ユーザ入力からスラッシュを取り除く
$user = str_replace('/', '', $_POST['user']);
// ユーザ入力から..を取り除く
$user = str_replace('..', '', $user);

if (is_readable("/usr/local/data/$user")) {
    print 'User profile for ' . htmlentities($user) .': <br/>';
    print file_get_contents("/usr/local/data/$user");
}
```

　悪意のあるユーザが例9-21のuserフォームパラメータとして../../../etc/passwdを指定すると、etcpasswdに変換してからfile_get_contents()で使うファイル名に取り込みます。
　realpath()を使うことによっても、有害なユーザ入力を効果的に避けることができます。realpath()は、..を含む難解なファイル名をファイルの場所をより直接的に示す..の付かないファイル名に変換します。例えば、realpath('/usr/local/data/../../../etc/passwd')は文字列/etc/passwdを返します。例9-22のようにrealpath()を使うと、フォームデータを取り込んだ後にファイル名が受け入れ可能かどうかを確認できます。

例9-22　realpath()を使ったファイル名の無害化

```
$filename = realpath("/usr/local/data/$_POST[user]");

// $filenameが/usr/local/dataにあることを確認する
if (('/usr/local/data/' == substr($filename, 0, 16)) &&
    is_readable($filename)) {
    print 'User profile for ' . htmlentities($_POST['user']) .': <br/>';
    print file_get_contents($filename);
} else {
    print "Invalid user entered.";
}
```

　例9-22では、$_POST['user']がjamesの場合、$filenameは/usr/local/data/jamesに設定されif()コードブロックを実行します。しかし、$_POST['user']が../secrets.txtのような疑わしいものであれば、$filenameは/usr/local/secrets.txtになりif()テストが失敗するのでInvalid user enteredを出力します。

9.8　まとめ

本章では次の内容を取り上げました。

- PHPエンジンのファイルアクセスパーミッションの基となるものを理解する。
- file_get_contents()でファイル全体を読み込む。

- `file_put_contents()`でファイル全体を書き込む。
- `file()`でファイルの各行を読み込む。
- `fopen()`と`fclose()`でファイルのオープンやクローズを行う。
- `fgets()`でファイルから1行を読み込む。
- `feof()`と`while()`ループを使ってファイルの各行を読み込む。
- すべてのオペレーティングシステムでファイル名にスラッシュを使う。
- `fopen()`にさまざまなファイルモードを指定する。
- `fwrite()`でファイルにデータを書き込む。
- `fgetcsv()`でCSVファイルの1行を読み込む。
- `fputcsv()`でCSVファイルの1行を書き込む。
- `php://output`ストリームを使って出力を表示する。
- `file_exists()`でファイルの存在を確認する。
- `is_readable()`と`is_writeable()`でファイルパーミッションを調べる。
- ファイルアクセス関数から返されるエラーをチェックする。
- 同値演算子(`===`)で返り値を調べるべき場合を理解する。
- 外部から提供されたファイル名から潜在的に危険な部分を取り除く。

9.9 演習問題[*1]

1. PHPエンジンの外部で、**例9-1**の形式の新しいテンプレートファイルを作成しなさい。`file_get_contents()`と`file_put_contents()`を使ってこのHTMLテンプレートファイルを読み込み、テンプレート変数の値を置き換え、新しいページを別ファイルに保存するプログラムを書きなさい。

2. PHPエンジンの外部で、1行にメールアドレスを1つ含むファイルを作成しなさい。このファイルでは、いくつかのアドレスが複数回出現するようにする。このファイルをaddresses.txtとする。そして、addresses.txtの各行を読み込んで各アドレスの出現回数を数えるPHPプログラムを書きなさい。このプログラムでは、addresses.txtの別個のアドレスごとに1行を別ファイルaddresses-count.txtに書き込む。addresses-count.txtの各行は、addresses.txtに出現するアドレスの回数、カンマ、メールアドレスで構成される。addresses-count.txtの行は、addresses.txtでの出現回数の多いアドレスから少ないアドレスの順で書き込む。

3. CSVファイルをHTMLテーブルとして表示しなさい。CSVファイル(またはスプレッドシートプログラム)が手元になければ、**例9-9**のデータを使いなさい。

4. Webサーバのドキュメントルートディレクトリ下にあるファイルの名前をユーザに問い合わせ

[*1] 答えは本書のWebサイト(http://www.oreilly.co.jp/books/9784873117935/)に掲載している。

るフォームを表示するPHPプログラムを書きなさい。そのファイルがサーバにあり読み込み可能で、Webサーバのドキュメントルートディレクトリ下にあれば、そのファイルの内容を表示する。例えば、ユーザがarticle.htmlと入力したら、ドキュメントルートディレクトリのファイルarticle.htmlを表示する。ユーザがcatalog/show.phpと入力したら、ドキュメントルートディレクトリ下のディレクトリcatalogのファイルshow.phpを表示する。**表7-1**にWebサーバのドキュメントルートディレクトリを探す方法を示している。

5. プログラムが.htmlで終わる名前のファイルだけを表示するように前の演習の解答を修正しなさい。ユーザがサイト上のページのPHPソースコードを見ることができるようにすると、ページにデータベースのユーザ名とパスワードなどの機密情報がある場合に危険である。

10章
ユーザの記憶：
クッキーとセッション

　Webサーバは、図々しいお客でいっぱいの忙しいデリカテッセンの店員にとてもよく似ています。デリカテッセンのお客は大声で「コンビーフを半パウンドちょうだい」とか「パストラミを1パウンド、薄切りでお願いね」などとリクエストします。店員は注文に追われ、切ったり包んだりで大忙しです。Webクライアントは電子的にリクエストを叫び（「/catalog/yak.phpをちょうだい」とか「フォームをサブミットしましたよ」）、サーバはPHPエンジンの機能を使ってリクエストを満たすレスポンスを作成するために電子的にきりきり舞いをします。

　しかし、デリカテッセンの店員にはWebサーバにはない強みがあります。それは記憶です。店員は、当然ながら特定の顧客の注文をすべていっしょにまとめます。PHPエンジンとWebサーバは同じことを行うのに多くの工程が必要です。そこで、**クッキー（cookie）**の出番です。

　クッキーは、WebサーバとPHPエンジンに対する特定のWebクライアントを識別します。Webクライアントは、リクエストを行うたびにリクエストと一緒にクッキーを送ります。エンジンはクッキーを読み込み、ある特定のリクエストに以前のリクエストと同じクッキーが付いていることから以前のリクエストと同じWebクライアントから来ていることがわかります。

　デリカテッセンのお客が物覚えの悪い店員にあたってしまったら、同じ方法を取らなければいけません。以下のように注文することになるでしょう。

「顧客56ですが、コンビーフを半パウンドください」
「顧客29ですが、クニッシュを3つください」
「顧客56ですが、サラミを2パウンドください」
「顧客77ですが、このライ麦パンを返品します。硬くなっています」
「顧客29ですが、サラミをください」

　注文の「顧客○○ですが」の部分がクッキーです。特定のお客の注文をまとめるのに必要なものを店員に伝えます。

　クッキーには名前（「customer」など）と値（「77」や「ronald」など）があります。次の節では、プログラムで個々のクッキーを扱う方法（クッキーの設定、読み込み、削除）を示します。

1つのクッキーは1つの情報の追跡にとても長けています。多くの場合、ユーザに関する詳細（ユーザのショッピングカートの中身など）を追跡する必要がありますが、これに複数のクッキーを使うと面倒ですが、PHPのセッション機能がこの問題を解決します。

セッションはクッキーを使って個々のユーザを区別し、サーバ上の各ユーザの一時的なデータを保持できます。このデータは複数のリクエストで存続します。あるリクエストでユーザのセッションに変数を追加できます（ショッピングカートに商品を入れるなど）。そして、次のリクエストでセッションにあるものを取得できます（カートにあるすべてを列挙する必要があるときの注文のチェックアウトページなど）。「10.2　セッションの有効化」ではセッションの開始方法を説明し、「10.3　情報の格納と取得」ではセッション操作の詳細を解説します。

10.1　クッキーの操作

クッキーを設定するには、setcookie()関数を使います。この関数は、クッキーの名前と値を覚え以降のリクエスト時にサーバに送り返すようにWebクライアントに伝えます。例10-1は、useridという名前のクッキーにralphという値を設定します。

例10-1　クッキーの設定

```
setcookie('userid','ralph');
```

PHPプログラムから過去に設定したクッキーを読み出すには、$_COOKIEスーパーグローバル配列を使います。例10-2はuseridクッキーの値を出力します。

例10-2　クッキー値の出力

```
print 'Hello, ' . $_COOKIE['userid'];
```

setcookie()に指定するクッキーの値には、文字列か数字を使えます。配列やさらに複雑なデータ構造を使うことはできません。

setcookie()関数は、クッキー値をURLエンコードしてからWebクライアントに送る。つまり、スペースは+に変換され、文字、数字、アンダースコア、ハイフン、ピリオド以外のすべてはパーセント記号に続く16進数のASCII値に変換される。PHPにクッキー値を変更されたくなければ、setcookie()の代わりにsetrawcookie()を使う。しかし、setrawcookie()ではクッキー値に=、,、;やすべてのホワイトスペースを使うことはできない。

setcookie()を呼び出すと、PHPエンジンがWebクライアントに送り返すために生成するレスポンスには、新しいクッキーについてWebクライアントに伝える特別なヘッダが含まれます。以降のリクエストでは、Webクライアントはそのクッキーの名前と値をサーバに送り返します。こ

の2段階の通信を図10-1に示します。

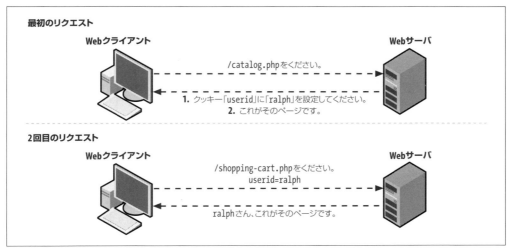

図10-1　クッキー設定時のクライアントとサーバの通信

　通常は、ページが出力を生成する前にsetcookie()を呼び出さなければいけません。つまり、setcookie()は必ずprint命令文の前に来るのです。また、setcookie()関数の前にあるページの<?php開始タグの前にテキストを入れることもできません。「10.6　setcookie()とsession_start()がページの先頭に来る理由」では、この要件が存在する理由と場合によってはこの要件を回避する方法を説明します。

　例10-3にページの先頭でsetcookie()を呼び出す正しい方法を示します。

例10-3　setcookie()でのページの開始

```
<?php
setcookie('userid','ralph');
?>
<html><head><title>Page with cookies</title><head>
<body>
This page sets a cookie properly, because the PHP block
with setcookie() in it comes before all of the HTML.
</body></html>
```

　クッキーは、Webクライアントがリクエストと一緒に送ったときだけ$_COOKIEに現れます。すなわち、setcookie()の呼び出し直後には名前と値は$_COOKIEに現れません。Webクライアントがクッキー設定のレスポンスを処理して初めてクライアントはクッキーの存在を知ることができます。そして、クライアントが続くリクエストでクッキーを送り返して初めて$_COOKIEに現れます。

　クッキーのデフォルトの寿命はWebクライアントの寿命です。SafariやFirefoxを終了すると、

クッキーは削除されます。クッキーの寿命を延ばす（または短くする）には、setcookie()に3番目の引数を指定します。この引数は、オプションのクッキーの有効期限です。例10-4にさまざまな有効期限のクッキーを示します。

例10-4　クッキーの有効期限の設定

```
// このクッキーは今から1時間後に有効期限が切れる
setcookie('short-userid','ralph',time() + 60*60);

// このクッキーは今から1日後に有効期限が切れる
setcookie('longer-userid','ralph',time() + 60*60*24);

// このクッキーは2019年10月1日の正午に有効期限が切れる
$d = new DateTime("2019-10-01 12:00:00");
setcookie('much-longer-userid','ralph', $d->format('U'));
```

　クッキーの有効期限は、1970年1月1日午前0時からの経過秒数でsetcookie()に指定します。time()とDateTime::format()のUフォーマット文字の2つを使うと、適切な有効期限値の作成が簡単になります[*1]。time()関数は、1970年1月1日（Unix「エポック」）からの現在の経過秒数を返します。クッキーの有効期限を現在からのある一定の秒数にしたい場合、その値をtime()が返す値に加えます。1分は60秒で1時間は60分なので、60*60が1時間の秒数です。したがって、time() + 60*60が今から1時間後の「経過秒」の値です。同様に、60*60*24が1日の秒数になるので、time() + 60*60*24が今から1日後の「経過秒」の値です。

　DateTime::format()のUフォーマット文字は、DateTimeオブジェクトが表す時点の「経過秒」の値を示します。

　特定の有効期限でクッキーを設定すると、Webクライアントを終了して再起動してもクッキーが存続するようになります。

　有効期限以外にも、調整すると役立つクッキーパラメータがあります。パス、ドメイン、そして2つのセキュリティ関連のパラメータです。

　通常クッキーは、そのクッキーを設定するページと同じディレクトリ（またはその下層のディレクトリ）のページに対するリクエストでのみ送り返されます。http://www.example.com/buy.phpが設定したクッキーはサーバwww.example.comへのすべてのリクエストで送り返されますが、それはbuy.phpがWebサーバのトップレベルディレクトリにあるからです。http://www.example.com/catalog/list.phpが設定したクッキーは、http://www.example.com/catalog/search.phpなどのcatalogディレクトリ内の他のリクエストで送り返されます。また、http://www.example.com/catalog/detailed/search.phpなどのcatalogのサブディレクトリにあるページのリクエストでも送り返されます。しかし、http://www.example.com/sell.phpやhttp://www.example.com/users/profile.phpのようなcatalogの上位やcatalog以外のディレクトリにあるページのリクエストでは

[*1]　time()とDateTimeについては「15章　日付と時刻」で詳しく説明する。

送り返されません。

　ホスト名の後のURL部分（/buy.php、/catalog/list.php、/users/profile.phpなど）は**パス**と呼ばれます。サーバにクッキーを送るかどうかを判断するときに別のパスと照合するようにWebクライアントに伝えるには、そのパスをsetcookie()の第4引数として渡します。最も柔軟性のあるパス指定は/で、「サーバへのすべてのリクエストでこのクッキーを送り返す」という意味になります。**例10-5**は、パスを/にしてクッキーを設定しています。

例10-5　クッキーパスの設定

```
setcookie('short-userid','ralph',0,'/');
```

　例10-5では、setcookie()への有効期限引数は0です。これは、setcookie()メソッドにクッキーのデフォルトの有効期限（Webクライアントの終了時）を使うように伝えます。setcookie()にパスを指定するときには、有効期限引数を指定するようにします。特定の時間値（time() + 60*60など）や、デフォルトの有効期限を使うための0を指定できます。

　共有サーバを使用していて全ページが特定のディレクトリにある場合は、パスを/以外に設定するとよいでしょう。例えば、Web空間がhttp://students.example.edu/~alice/以下にあれば、**例10-6**に示すようにクッキーパスを/~alice/に設定すべきです。

例10-6　クッキーパスを特定のディレクトリに設定する

```
setcookie('short-userid','ralph',0,'/~alice/');
```

　クッキーパスが/~alice/の場合、short-useridクッキーはhttp://students.example.edu/~alice/search.phpへのリクエストで送り返されますが、http://students.example.edu/~bob/sneaky.phpやhttp://students.example.edu/~charlie/search.phpなどの他の学生のWebページへのリクエストでは送られません。

　Webクライアントが特定のクッキーを送るリクエストを決めるのに影響を与える次の引数はドメインです。デフォルトでは、クッキーを設定したのと同じホストに対するリクエストでのみクッキーを送ります。http://www.example.com/login.phpでクッキーを設定した場合、そのクッキーはサーバwww.example.comへの他のリクエストでは送り返されますが、shop.example.com、www.yahoo.com、www.example.orgへのリクエストでは送り返されません。

　この動作は多少変更できます。setcookie()の第5引数は、ホスト名の最後がこの引数と同じリクエストでクッキーを送るようにWebクライアントに通知します。この機能の最も一般的な使い方は、クッキードメインを.example.comなどに設定することです（古いWebクライアントでは先頭のピリオドが重要です）。これはwww.example.com、shop.example.com、testing.development.example.comや.example.comで終わる他のすべてのサーバ名への今後のリクエストにクッキーを付けるべきであることをWebクライアントに伝えます。**例10-7**にこのようなクッキーの設定法を示します。

例10-7 クッキードメインの設定

```
setcookie('short-userid','ralph',0,'/','.example.com');
```

例10-7のクッキーはWebクライアントの終了時に期限切れとなり、.example.comで終わるすべてのサーバ名の任意のディレクトリ（パスが/であるため）へのリクエストで送り返されます。

setcookie()に指定するパスは、サーバ名の末尾の部分に一致しなければいけません。PHPプログラムがstudents.example.eduのサーバ上にある場合、クッキーパスとして.yahoo.comを指定して設定したクッキーをyahoo.comドメインの全サーバに送り返すことはできません。しかし、クッキードメインとして.example.eduを指定し、example.eduドメインの任意のサーバへのすべてのリクエストでクッキーを送り返すことはできます。

setcookie()の最後の2つのオプション引数は、クッキーのセキュリティ設定に影響します。setcookie()の第6引数にtrueの値を指定すると、安全な接続（URLがhttpsで始まる接続）でのみクッキーを送るようにWebクライアントに通知します。それでも、setcookie()を実行するページのリクエストを安全な接続上で行っているときだけsetcookie()をこのように呼び出すようにするのはプログラマの責任です。しかし、このようにするとそれ以降の安全ではないURLのリクエストではクッキーを送り返さないようにクライアントに指示します。

最後に、setcookie()への第7引数にtrueの値を指定すると、このクッキーがHTTP専用（HttpOnly）クッキーであることをWebクライアントに伝えます。HTTP専用クッキーは通常通りにクライアントとサーバ間でやり取りされますが、クライアントサイドJavaScriptではアクセスできません。これは、（「7.4.6 HTMLとJavaScript」で説明した）クロスサイトスクリプティング攻撃をある程度予防することになります。例10-8は、24時間で有効期限が切れ、パスやドメインの制限がなく、安全な接続のみで送り返され、クライアントサイドJavaScriptでは利用できないクッキーを表しています。

例10-8 セキュリティパラメータを使ったクッキーの設定

```
// ドメインとパスにnullを指定すると、
// クッキーにドメインやパスを設定しないようにPHPに通知する
setcookie('short-userid','ralph',0,null, null, true, true);
```

クッキーを削除するには、例10-9に示すように削除したいクッキーの名前とクッキーの値として空の文字列を指定してsetcookie()を呼び出します。

例10-9 クッキーの削除

```
setcookie('short-userid','')
```

クッキーにデフォルト値以外の有効期限、パス、ドメインを設定している場合、クッキーを適切に削除するにはクッキーを削除するときに再び同じ値を指定します。

ほとんどの場合、クッキーでは有効期限、パス、ドメインをデフォルト値に設定すればよいで

しょう。しかし、これらの値の変更方法を理解すると、どのようにすればPHPのセッションの動作をカスタマイズできるかをよく理解できます。

10.2　セッションの有効化

　デフォルトでは、セッションはPHPSESSIDというクッキーを使います。ページでセッションを開始するときには、PHPエンジンはこのクッキーの存在を調べ、存在しなければ設定します。PHPSESSIDクッキーの値は、任意の英数字文字列です。Webクライアントごとに異なるセッションIDを持ちます。PHPSESSIDクッキーに含まれるセッションIDは、サーバから見てそのWebクライアントを一意に識別します。そのため、エンジンはWebクライアントごとに別個のデータを管理できます。

　セッション開始時のWebクライアントとサーバ間の通信を**図10-2**に示します。

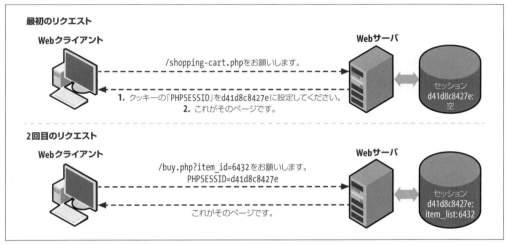

図10-2　セッション開始時のクライアントとサーバの通信

　ページでセッションを使うには、スクリプトの最初でsession_start()を呼び出します。setcookie()と同様に、この関数は出力を送る前に呼び出さなければいけません。すべてのページでセッションを使いたい場合は、構成ディレクティブsession.auto_startをOnに設定します。付録Aで構成設定の変更方法を説明します。この設定を行うと、各ページでsession_start()を呼び出す必要がなくなります。

10.3　情報の格納と取得

　セッションデータは$_SESSIONスーパーグローバル配列に格納されます。セッションデータを操作するには、この配列の要素を読み込んで変更します。**例10-10**に、$_SESSION配列を使ってユーザがページを閲覧した回数を記録するページカウンタを示します。

例10-10　セッションを使ったページアクセス数のカウント

```
session_start();

if (isset($_SESSION['count'])) {
    $_SESSION['count'] = $_SESSION['count'] + 1;
} else {
    $_SESSION['count'] = 1;
}
print "You've looked at this page " . $_SESSION['count'] . ' times.';
```

ユーザが最初に例10-10のページアクセスしたときには、ユーザのWebクライアントはPHPSESSIDクッキーをサーバに送りません。session_start()関数はユーザの新しいセッションを作成し、新しいセッションIDを入れてPHPSESSIDクッキーを送ります。

セッションの作成時には、最初は$_SESSION配列は空です。そこで、このコードは$_SESSION配列のcountキーを調べます。countキーが存在すれば、値を増分します。存在しなければ、1を設定して最初の訪問を示します。print命令文の出力は次の通りです。

```
You've looked at this page 1 times.
```

リクエストの最後では、$_SESSIONの情報は適切なセッションIDと関連付けられてWebサーバ上のファイルに保存されます。

次にユーザがページにアクセスすると、WebクライアントはPHPSESSIDクッキーを送ります。session_start()関数はクッキーのセッションIDを見てそのセッションIDに関連した保存セッション情報を含むファイルをロードします。この例では、保存情報は$_SESSION['count']が1であることを示します。次に、$_SESSION['count']が2に増え、You've looked at this page 2 times.と出力します。再び、リクエストの最後で$_SESSIONの内容（現在は$_SESSION['count']は2）をファイルに保存します。

PHPエンジンは、セッションIDごとに別々に$_SESSIONの内容を管理します。プログラムの動作中には、$_SESSIONには1つのセッション（PHPSESSIDクッキーで送られたIDに対応するアクティブなセッション）だけの保存データが含まれます。各ユーザのPHPSESSIDクッキーは異なる値を持ちます。

ページの先頭でsession_start()を呼び出していれば（あるいはsession.auto_startがOnであれば）、ページ内でユーザのセッションデータにアクセスできます。$_SESSION配列はページ間で情報を共有する手段です。

例10-11は、ユーザが料理と数を選択するフォームを表示するプログラム全体です。料理と数はセッション変数orderに追加されます。

例10-11　セッションへのフォームデータの保存

```
require 'FormHelper.php';
```

```
session_start();

$main_dishes = array('cuke' => 'Braised Sea Cucumber',
                     'stomach' => "Sauteed Pig's Stomach",
                     'tripe' => 'Sauteed Tripe with Wine Sauce',
                     'taro' => 'Stewed Pork with Taro',
                     'giblets' => 'Baked Giblets with Salt',
                     'abalone' => 'Abalone with Marrow and Duck Feet');

if ($_SERVER['REQUEST_METHOD'] == 'POST') {
    list($errors, $input) = validate_form();
    if ($errors) {
        show_form($errors);
    } else {
        process_form($input);
    }
} else {
    show_form();
}

function show_form($errors = array()) {
    // 独自のデフォルトはないので、
    // FormHelperコンストラクタには何も渡さない
    $form = new FormHelper();

    // 後に使うエラー HTML を作成する
    if ($errors) {
        $errorHtml = '<ul><li>';
        $errorHtml .= implode('</li><li>',$errors);
        $errorHtml .= '</li></ul>';
    } else {
        $errorHtml = '';
    }


    // このフォームは小さいので、
    // ここに構成要素を出力する
print <<<_FORM_
<form method="POST" action="{$form->encode($_SERVER['PHP_SELF'])}">
  $errorHtml
  Dish: {$form->select($GLOBALS['main_dishes'],['name' => 'dish'])} <br/>

  Quantity: {$form->input('text',['name' => 'quantity'])} <br/>

  {$form->input('submit',['value' => 'Order'])}
</form>
_FORM_;
```

```
}

function validate_form() {
    $input = array();
    $errors = array();

    // メニューから選択した料理は適正でなければいけない
    $input['dish'] = $_POST['dish'] ?? '';
    if (! array_key_exists($input['dish'], $GLOBALS['main_dishes'])) {
        $errors[] = 'Please select a valid dish.';
    }

    $input['quantity'] = filter_input(INPUT_POST, 'quantity', FILTER_VALIDATE_INT,
                                      array('options' => array('min_range' => 1)));
    if (($input['quantity'] === false) || ($input['quantity'] === null)) {
        $errors[] = 'Please enter a quantity.';
    }
        return array($errors, $input);
}

function process_form($input) {
    $_SESSION['order'][] = array('dish' => $input['dish'],
                                 'quantity' => $input['quantity']);
    print 'Thank you for your order.';
}
```

例10-11のフォーム処理コードはどこかで見たことがあるでしょう。例8-28と例8-53と同様に、このコードはフォーム要素出力ヘルパークラスをFormHelper.phpファイルから読み込みます。show_form()、validate_form()、process_form()関数はフォームデータの表示、検証、処理を行います。

しかし、例10-11でセッションを活用するところはprocess_form()です。適切なデータでフォームがサブミットされるたびに、$_SESSION['order']配列に要素を追加します。セッションデータはクッキーのように文字列と数字に限定されませんが、他の配列と同じように$_SESSION配列を扱えます。$_SESSION['order'][]という構文は、「$_SESSION['order']を配列として取り扱い、この配列の最後に新しい要素を追加する」という意味です。この例では、$_SESSION['order']の最後に追加されているものは、フォームでサブミットされた料理と数に関する情報を含む2要素配列です。

例10-12のプログラムは、例10-11でセッションに格納した情報にアクセスして注文された料理の一覧を出力します。

例10-12 セッションデータの出力

```
session_start();

$main_dishes = array('cuke' => 'Braised Sea Cucumber',
```

```
                        'stomach' => "Sauteed Pig's Stomach",
                        'tripe' => 'Sauteed Tripe with Wine Sauce',
                        'taro' => 'Stewed Pork with Taro',
                        'giblets' => 'Baked Giblets with Salt',
                        'abalone' => 'Abalone with Marrow and Duck Feet');
if (isset($_SESSION['order']) && (count($_SESSION['order']) > 0)) {
    print '<ul>';
    foreach ($_SESSION['order'] as $order) {
        $dish_name = $main_dishes[ $order['dish'] ];
        print "<li> $order[quantity] of $dish_name </li>";
    }
    print "</ul>";
} else {
    print "You haven't ordered anything.";
}
```

例10-12は、例10-11でセッションに格納したデータにアクセスします。この例では$_SESSION['order']を配列として扱います。この配列に要素がある場合（count()が正の数を返すため）、foreach()で配列を反復処理して注文された料理のリスト要素を出力します。

10.4　セッションの構成

セッションは特に調整しなくても適切に動作します。session_start()関数やsession.auto_start構成ディレクティブでセッションを有効にすると、$_SESSION配列を使えるようになります。しかし、セッションの動作にこだわりたければ、変更できる便利な設定があります。

セッションに少なくとも24分に1回アクセスしていれば、セッションデータは保持されます。ほとんどのアプリケーションではこれで十分です。セッションは、ユーザ情報の恒久的なデータ格納場所となるためのものではありません。それはデータベースの役割です。セッションは、最近のユーザ動作を追跡してブラウジング体験を円滑にするためのものです。

しかし、状況によってはセッションの長さをもっと短くする必要があります。金融関係のアプリケーションを開発している場合には、アイドル時間（操作のない時間）は5分か10分だけに制限し、不正ユーザが無人のコンピュータを使用できる機会を減らしたいでしょう。逆に、重要なデータを扱わないアプリケーションで、ユーザがすぐに他のページに移ってしまうことが多い場合には、セッションの長さを24分以上に設定したくなるかもしれません。

session.gc_maxlifetime構成ディレクティブは、セッションをアクティブに保つためにリクエスト間に許されるアイドル時間を制御します。デフォルト値は1440（24分は1440秒）です。session.gc_maxlifetimeはサーバ構成で変更するか、またはプログラムからini_set()を呼び出すと変更できます。ini_set()を使う場合は、session_start()の前に呼び出す必要があります。例10-13は、ini_set()を使ってセッションの許容アイドル時間を10分に変更する方法を示します。

例10-13　許容セッションアイドル時間の変更

```
ini_set('session.gc_maxlifetime',600); // 600秒 == 10分
session_start();
```

　有効期限が切れたセッションは、24分経過した途端に消えるわけではありません。実際には、(ページがsession_start()を呼び出すかsession.auto_startがOnになっているために)セッションを使うリクエストの最初で、PHPエンジンがサーバ上の全セッションをスキャンして有効期限が切れたセッションを削除する確率は1%です。「1%の確率」は、プログラムにとってはあまりに予測不可能なことに思われます。まさにその通りです。しかし、このランダム性があるので効率が上がるのです。閲覧回数の多いサイトでは、リクエストのたびに最初に有効期限切れのセッションを探して破棄していると、サーバ能力を浪費してしまいます。

　有効期限切れのセッションをすぐに削除したければ、この1%の確率にこだわることはありません。session.gc_probability構成ディレクティブは、リクエストの最初に「古いセッションを削除する」ルーチンを実行する確率(パーセント)を制御します。すべてのリクエストでこのルーチンを実行するには100に設定します。session.gc_maxlifetimeと同様に、ini_set()を使ってsession.gc_probabilityの値を変更する場合はsession_start()の前に行う必要があります。例10-14は、ini_set()でsession.gc_probabilityを変更する方法を示します。

例10-14　有効期限切れセッションを削除する確率の変更

```
ini_set('session.gc_probability',100); // 100%：リクエストのたびに削除する
session_start();
```

　session.auto_start構成ディレクティブでセッションを有効化した後で、session.gc_maxlifetimeやsession.gc_probabilityの値を変更したい場合には、ini_set()を使うことはできません。サーバ構成で変更します。

　ユーザのセッションIDを格納するために使うクッキーでは、構成パラメータでプロパティを調整することもできます。調整できるプロパティは、setcookie()へのさまざまな引数で通常のクッキーに行う調整に対応しています(もちろん、クッキー値は除きます)。表10-1にクッキー構成パラメータの種類を示します。

表10-1　セッションクッキー構成パラメータ

構成パラメータ	デフォルト値	説明
session.name	PHPSESSID	クッキーの名前。少なくとも1つの文字を含む文字と数字のみ。
session.cookie_lifetime	0	クッキーを破棄すべきときの1970年からの秒数タイムスタンプ。0は「ブラウザ終了時」を意味する。
session.cookie_path	/	クッキーを送信するために一致しなければいけないURLパス接頭辞。
session.cookie_domain	なし	クッキーを送信するために一致しなければいけないドメイン接尾辞。値がない場合は、クッキーを送信した完全なホスト名だけにクッキーを送り返す。

構成パラメータ	デフォルト値	説明
session.cookie_secure	Off	Onに設定するとHTTPS URLにだけクッキーを送り返す。
session.cookie_httponly	Off	Onに設定するとJavaScriptでクッキーを読めないようにブラウザに通知する。

10.5 ログインとユーザID

セッションは特定のユーザと匿名関係を確立します。ユーザにWebサイトへのログインをリクエストすると、ユーザに身元を確認できます。通常、ログイン処理はユーザに2つの情報を提供するようにリクエストします。ユーザを識別する情報（ユーザ名やメールアドレス）と名乗っている本人であることを証明する情報（秘密のパスワード）です。

ユーザがログインすると、個人データにアクセスしたり、掲示板にユーザ名で投稿したり、一般ユーザには許可されていないその他のことを実行したりすることができます。

セッションの先頭へユーザログインを追加するには、以下の5つの部分が必要です。

1. ユーザ名とパスワードを尋ねるフォームを表示する。
2. サブミットされたフォームをチェックする。
3. ユーザ名をセッションに追加する（サブミットされたパスワードが正しい場合）。
4. ユーザ固有のタスクを行うためにセッションでユーザ名を探す。
    ユーザがログアウトしたらセッションからユーザ名を削除する。

手順1.～3.は、通常のフォーム処理で対処します。valildate_form()関数は、指定のユーザ名とパスワードを受け入れられることを確かめる役割を担います。process_form()関数は、ユーザ名をセッションに追加します。例10-15はログインフォームを表示し、ログインが成功するとセッションにユーザ名を追加します。

例10-15　ログインフォームの表示

```
require 'FormHelper.php';
session_start();

if ($_SERVER['REQUEST_METHOD'] == 'POST') {
    list($errors, $input) = validate_form();
    if ($errors) {
        show_form($errors);
    } else {
        process_form($input);
    }
} else {
    show_form();
}

function show_form($errors = array()) {
```

```php
    // 独自のデフォルトはないので、
    // FormHelperコンストラクタには何も渡さない
    $form = new FormHelper();

    // 後に使うエラーHTMLを作成する
    if ($errors) {
        $errorHtml = '<ul><li>';
        $errorHtml .= implode('</li><li>',$errors);
        $errorHtml .= '</li></ul>';
    } else {
        $errorHtml = '';
    }


    // このフォームは小さいので、
    // ここに構成要素を出力する
print <<<_FORM_
<form method="POST" action="{$form->encode($_SERVER['PHP_SELF'])}">
  $errorHtml
  Username: {$form->input('text', ['name' => 'username'])} <br/>
  Password: {$form->input('password', ['name' => 'password'])} <br/>
  {$form->input('submit', ['value' => 'Log In'])}
</form>
_FORM_;
}

function validate_form() {
    $input = array();
    $errors = array();

    // ユーザ名とパスワードのサンプル
    $users = array('alice' => 'dog123',
                   'bob' => 'my^pwd',
                   'charlie' => '**fun**');

    // ユーザ名が有効であることを確認する
    $input['username'] = $_POST['username'] ?? '';
    if (! array_key_exists($input['username'], $users)) {
        $errors[] = 'Please enter a valid username and password.';
    }
    // このelse句は無効なユーザ名を入力した場合に
    // パスワードをチェックしないようにする
    else {
        // パスワードが正しいかどうかを確認する
        $saved_password = $users[ $input['username'] ];
        $submitted_password = $_POST['password'] ?? '';
        if ($saved_password != $submitted_password) {
            $errors[] = 'Please enter a valid username and password.';
```

```
            }
        }
        return array($errors, $input);
    }

    function process_form($input) {
        // セッションにユーザ名を追加する
        $_SESSION['username'] = $input['username'];

        print "Welcome, $_SESSION[username]";
    }
?>
```

図10-3に例10-15から表示されるフォームを示します。図10-4は正しくないパスワードを入力した結果、図10-5は正しいパスワードを入力した結果です。

図10-3　ログインフォーム

図10-4　ログインの失敗

図10-5　ログインの成功

例10-15では、validate_form()は2つのことをチェックします。有効なユーザ名を入力しているかと、そのユーザ名の正しいパスワードを提供しているかどうかです。どちらの場合も同じエラーメッセージを$errors配列に追加しています。存在しないユーザ名（「Username not found（ユーザ名が見つかりません）」など）と不正なパスワード（「Password doesn't match（パスワードが一致しません）」など）に異なるエラーメッセージを使うと、正しいユーザ名とパスワードを推測しようとする人に便利な情報を提供してしまいます。攻撃者が有効なユーザ名を偶然見つけたら、「Username not found」というメッセージではなく「Password doesn't match」というエラーメッセージが表示されます。すると、ユーザ名は実在するので、パスワードだけを推測すればよいことがわかります。どちらの場合でもエラーメッセージが同じだと、攻撃者は試したユーザ名とパスワードの組み合わせが正しくないということしかわかりません。

ユーザ名が有効で正しいパスワードを入力すると、validate_form()はエラーを返しません。すると、process_form()関数を呼び出します。process_form()関数は、サブミットされたユーザ名（$_POST['username']）をセッションに追加してそのユーザ用のウェルカムメッセージを出力します。これで、このセッションではそのユーザ名を他のページでも使えます。例10-16にこのセッションの他のページでユーザ名をチェックする方法を示します。

例10-16　ログインユーザに対する特別な処理

```
<?php
session_start();

if (array_key_exists('username', $_SESSION)) {
    print "Hello, $_SESSION[username].";
} else {
    print 'Howdy, stranger.';
}
?>
```

username要素の$_SESSION配列への追加は、プログラムで行うしか方法がありません。そのため、$_SESSION配列にusername要素があれば、ユーザがログインに成功していることがわかります。

例10-15のvalidate_form()関数は、$usersというユーザ名とパスワードのサンプル配列を使っています。パスワードをハッシュ化せずに格納するのは好ましくありません。ハッシュ化していないパスワードのリストが漏洩すると、攻撃者が任意のユーザとしてログインできてしまいます。ハッシュ化したパスワードを格納すると、攻撃者がハッシュ化したパスワードのリストを入手したとしても実際のパスワードは入手できません。なぜなら、ハッシュ化したパスワードからログイン時に入力する必要があるプレーンなパスワードに戻す方法がないからです。ログインするためにパスワードが必要なオペレーティングシステムは、これと同じテクニックを使っています。

さらに優れたvalidate_form()関数を例10-17に示します。このバージョンのvalidate_form()関数の$users配列には、PHPのpassword_hash()関数ではハッシュ化したパスワードが含まれます。パスワードはハッシュ化した文字列として格納されているので、ユーザが入力するプレーンなパスワードと直接比較することはできません。その代わりに、$_POST['password']内のサブミットされたパスワードをpassword_verify()関数でチェックします。この関数は、保存されたハッシュ化パスワードの情報を使ってサブミットされたパスワードのハッシュを同様に作成します。この2つのハッシュが一致すれば、ユーザが入力したパスワードは正しくpassword_verify()はtrueを返します。

例10-17　ハッシュ化したパスワードの使用

```
function validate_form() {
    $input = array();
    $errors = array();

    // ハッシュ化したパスワードを持つユーザのサンプル
    $users = array('alice' =>
        '$2y$10$N47IXmT8C.sKUFXs1EBS9uJRuVV8bWxwqubcvNqYP9vcFmlSWEAbq',
                   'bob' =>
        '$2y$10$qCczYRc7SOllVRESMqUkGeWQT4V4OQ2qkSyhnxOOc.fk.LulKwUwW',
                   'charlie' =>
        '$2y$10$nKfkdviOBONrzZkRq5pAgOCbaTFiFI6O2xFka9yzXpEBRAXMW5mYi');

    // ユーザ名が有効であることを確認する
    if (! array_key_exists($_POST['username'], $users)) {
        $errors[ ] = 'Please enter a valid username and password.';
    }
    else {
        // パスワードが正しいかを確認する
        $saved_password = $users[ $input['username'] ];
        $submitted_password = $_POST['password'] ?? '';
        if (! password_verify($submitted_password, $saved_password)) {
            $errors[ ] = 'Please enter a valid username and password.';
```

        }
    }

    return array($errors, $input);
}
```

　password_hash()とpassword_verify()はパスワードが十分安全な方法でハッシュ化されていることを保証し、必要に応じて将来このハッシュを強化できるようにしてくれます。これらの関数の機能について詳しく知りたければ、オンラインPHPマニュアルのpassword_hashとpassword_verifyのページを読むか、David SklarとAdam Trachtenberg共著の『PHP Cookbook, 3rd Edition』（O'Reilly Media、2014年。和書未刊）のレシピ18.7を参照してください。

password_hash()関数とpassword_verify()関数は、PHP 5.5.0以降で利用できる。それ以前のバージョンのPHPを使っている場合には、password_compatライブラリを使う。

　上記の例では、validate_form()内にユーザとパスワードの配列を入れているため自己完結型になっています。しかし、ユーザ名とパスワードをデータベーステーブルに格納する方が一般的です。例10-18は、データベースからユーザ名とハッシュ化したパスワードを取得するバージョンのvalidate_form()です。データベース接続はすでに関数外で確立されており、グローバル変数$dbで利用できることを前提としています。

**例10-18　データベースからのユーザ名とパスワードの取得**

```
function validate_form() {
    global $db;
    $input = array();
    $errors = array();

    // これはサブミットされたパスワードが一致した場合のみtrueに設定される
    $password_ok = false;

    $input['username'] = $_POST['username'] ?? '';
    $submitted_password = $_POST['password'] ?? '';

    $stmt = $db->prepare('SELECT password FROM users WHERE username = ?');
    $stmt->execute($input['username']);
    $row = $stmt->fetch();
    // 行がなければ、ユーザ名はどの行とも一致していない
    if ($row) {
        $password_ok = password_verify($submitted_password, $row[0]);
    }
```
```

```
    if (! $password_ok) {
        $errors[] = 'Please enter a valid username and password.';
    }

    return array($errors, $input);
}
```

prepare()とexecute()からデータベースに送られるクエリは、$input['username']で識別されるユーザのハッシュ化されたパスワードを返します。提供されたユーザ名がデータベースのどの行とも一致しなければ、$rowはfalseになります。行が返されたら、password_verify()はサブミットされたパスワードをデータベースから取得したハッシュ化したパスワードと照合します。行が返され、その行に正しいハッシュ化パスワードが含まれている場合にだけ、$password_okをtrueに設定します。それ以外の場合には、エラーメッセージを$errors配列に追加します。

他のすべての配列と同様に、$_SESSIONからキーと値を削除するにはunset()を使います。これでユーザをログアウトさせます。例10-19にログアウトページを示します。

例10-19　ログアウト

```
session_start();
unset($_SESSION['username']);

print 'Bye-bye.';
```

unset()を呼び出すリクエストの最後で$_SESSION配列を保存すると、username要素は保存データには含まれません。次にそのセッションのデータを$_SESSIONにロードするときには、username要素はなく、ユーザは再び匿名となります。

10.6　setcookie()とsession_start()がページの先頭に来る理由

　WebサーバがWebクライアントにレスポンスを送るとき、そのレスポンスのほとんどはブラウザが画面上のWebページに表示するHTMLドキュメントです。これは、SafariやFirefoxがテーブルにフォーマットしたり、色やサイズを変更するタグとテキストが混在したものです。しかし、そのHTMLの前にヘッダを含むレスポンス部分があります。この部分は画面には表示されませんが、サーバからWebクライアントへのコマンドや情報です。ヘッダは「このページはしかじかの時間に生成されました」、「このページをキャッシュしてはいけません」、またはここでの例に関連する「useridという名前のクッキーが値ralphを持つことを覚えておいてください」などといったことを伝えます。

　WebサーバからWebクライアントへのレスポンスヘッダはすべて、レスポンスの最初で**レスポンスボディ**（ブラウザが実際に表示するものを制御するHTML）の前になければいけません。一旦

レスポンスボディを送ったら（たとえ1行でも）、それ以上ヘッダを送ることはできません。

setcookie()やsession_start()は、レスポンスにヘッダを追加します。追加したヘッダを適切に送るためには、出力を始める前に追加しておきます。そのため、print命令文やPHPタグ<?php ?>の外側に表れるHTMLの前に呼び出さなければいけないのです。

setcookie()やsession_start()を呼び出す前に出力を送ると、PHPエンジンは次のようなエラーメッセージを出力します。

```
Warning: Cannot modify header information - headers already sent by
(output started at /www/htdocs/catalog.php:2)
in /www/htdocs/catalog.php on line 4
```

これはcatalog.phpの4行目でヘッダを送る関数を呼び出していますが、すでにcatalog.phpの2行目で出力を行っているという意味です。

「headers already sent」というエラーメッセージを見たら、コードに誤った出力がないか入念に調べてください。setcookie()やsession_start()を呼び出す前にprint命令文がないことを確認してください。ページの最初の<?php開始タグの前には何もないことを確認してください。また、includeやrequireしたファイルの<?php ?>タグの外側に何も（空行さえも）ないことも確認してください。

ファイル内の有害な空行を探し出す別の方法は、**出力バッファリング**を使うことです。この方法では、リクエスト全体の処理が終了するまで出力の送信を待機するようにPHPエンジンに伝えます。そして、設定されたヘッダを送り、続いて通常の出力をすべて送信します。出力バッファリングを有効にするには、サーバ構成でoutput_buffering構成ディレクティブをOnに設定します。Webクライアントはサーバからページ内容を得るために数ミリ秒余計に待たなければいけませんが、setcookie()やsession_start()を呼び出してからすべてを出力するようにコードを修正する必要がなくなるので、かなりの時間の節約になります。

出力バッファリングを有効にすると、print命令文、クッキーとセッションの関数、<?phpと?>タグの外側のHTML、通常のPHPコードを混在させることができ、「headers already sent」というエラーは表示されません。例10-20のプログラムは、出力バッファリングが有効のときだけ正常に動作します。有効でなければ、<?php開始タグの前にHTMLを出力してからヘッダを送信するので、setcookie()が適切に動作しません。

例10-20　正常に動作するのに出力バッファリングが必要なプログラム

```
<html>
<head>Choose Your Site Version</head>
<body>
<?php
setcookie('seen_intro', 1);
?>
<a href="/basic.php">Basic</a>
 or
```

```
<a href="/advanced.php">Advanced</a>
</body>
</html>
```

10.7 まとめ

本章では次の内容を取り上げました。

- Webサーバに対する特定のWebブラウザを識別するためにクッキーが必要な理由を理解する。
- PHPプログラムでクッキーを設定する。
- PHPプログラムでクッキーの値を読み込む。
- 有効期限、パス、ドメインなどのクッキーパラメータを変更する。
- PHPプログラムでクッキーを削除する。
- PHPプログラムやPHPエンジン構成でセッションを有効にする。
- セッションに情報を格納する。
- セッションから情報を読み込む。
- フォームデータをセッションに保存する。
- セッションから情報を削除する。
- セッションの有効期限と削除を設定する。
- 検証フォームの表示、検証、処理を行う。
- ハッシュ化パスワードを使う。
- 出力の前にsetcookie()とsession_start()を呼び出す理由を理解する。

10.8 演習問題 [*1]

1. クッキーを使ってユーザがページを閲覧した回数を管理するWebページを作成しなさい。特定のユーザが最初にこのページを表示するときには、「Number of views: 1」などと出力する。そのユーザが2度目にページを表示するときには、「Number of views: 2」などと出力する。

2. 最初の演習問題のWebページを修正して、ユーザが5回目、10回目、15回目にページを表示するときに特別なメッセージを出力するようにしなさい。また、ユーザが20回目にページを表示するときに、クッキーを削除してページカウントを最初から数え直すように修正しなさい。

3. ユーザがカラーリストから好みの色を選択できるフォームを表示するPHPプログラムを書きなさい。また、ユーザがフォームで選んだ色に背景色を設定する別のページを作成しなさい。$_SESSIONにカラー値を格納して両方のページからアクセスできるようにする。

[*1] 答えは本書のWebサイト（http://www.oreilly.co.jp/books/9784873117935/）に掲載している。

4. 注文フォームを表示するPHPプログラムを書きなさい。注文フォームには6つの商品を列挙する。商品名の隣には、ユーザが注文したい商品数を入力できるテキストボックスを設置する。フォームがサブミットされたら、サブミットされたフォームデータをセッションに保存する。また、保存した注文内容、注文フォームページへ戻るリンク、決済ボタンを表示する別のページを作成しなさい。注文フォームページに戻るリンクをクリックしたら、テキストボックスにセッションに保存した注文数を入れて注文フォームページを表示する。決済ボタンをクリックしたら、セッションから注文を削除する。

11章
他のWebサイトやサービスとのやり取り

これまでの章では、データベースやファイルなどの外部データソースについて説明しました。本章は、別の重要な外部データソースとして他のWebサイトを取り上げます。PHPプログラムは、他のサイトのクライアントや必要なデータを提供するAPIとなることが少なくありません。Webサイト自体が別のサイトに必要なデータを提供することもあります。本章では、外部URLの取得方法とAPIへのアクセス方法を示します。また、APIリクエストを送る方法も説明します。

最初の節では、PHPの組み込みファイルアクセス関数をファイル名の代わりにURLで使う方法を示します。これは、迅速で簡単なリモートURLアクセスのための便利な方法です。しかし、さらに大きな威力と柔軟性を備えるためには、「11.2 cURLを使った包括的なURLアクセス」で説明するPHPの拡張機能、cURLを使います。cURL関数は、実行するリクエストのさまざまな側面を制御できます。

「11.3 APIリクエスト」では、PHPプログラムからWebページの代わりにAPIレスポンスを返す方法を取り上げます。このレスポンスは標準的なHTMLページに似ていますが、大きな違いがあります。

11.1 ファイル関数を使った簡単なURLアクセス

file_get_contents()のようなファイルアクセス関数の便利な特徴は、ローカルファイル名だけでなくURLも理解することです。リモートURLを文字列に入れるだけで、そのURLをfile_get_contents()に渡せます。

例11-1は、file_get_contents()を使ってWebサイトnumbersapi.comから9月27日に関する興味深い事実を表示します。

例11-1 file_get_contents()によるURLの取得

Did you know that <?= file_get_contents('http://numbersapi.com/09/27') ?>

Numbers APIはそれぞれの日付に関する多くの情報を持っていますが、私が実行したときには

例11-1の結果は以下のようになりました。

```
Did you know that September 27th is the day in 1961 that Sierra Leone
joins the United Nations.
```

http_build_query()関数は、クエリ文字列パラメータを含むAPI URLを作成する必要があるときに便利です。http_build_query()にパラメータ名と値の連想配列を指定すると、**key = value**のペアの文字列を&で連結して適切にエンコードして返します（これはまさにURLに必要なものです）。

米国農務省は、国民栄養データベース（National Nutrient Database）に優れたAPIを提供しています。このNDB APIは自由に簡単に使えます。

本章の例で使うNDB APIでは、リクエストにapi_keyという名前のパラメータがあり、その値はこのAPIに登録したときに入手する個別のAPIキーである必要がある。自分のAPIキーを取得するには、https://api.data.gov/signup/にアクセスする。これは無料ですぐに入手できるが、最低限の情報（名前とメールアドレスだけ）を提供する必要がある。本章の例では、実際のAPIキーの代わりに定数NDB_API_KEYを使う。自分で例を実行するには、NDB_API_KEYを各自のAPIキーに置き換えるか、define()を使ってNDB_API_KEY定数を各自のAPIキーの値に設定する。例えば、APIキーが273bqhebrfkhuebfなら、以下の行をコードの先頭に挿入する。

```
define('NDB_API_KEY','273bqhebrfkhuebf');
```

例11-2は、NDB検索APIを使って黒コショウに関する情報を探します。このAPIは、データベース内の名前がqクエリ文字列パラメータと一致する食物に関する情報を返します。

例11-2　API URLへのクエリ文字列パラメータの設定

```
$params = array('api_key' => NDB_API_KEY,
                'q' => 'black pepper',
                'format' => 'json');

$url = "http://api.nal.usda.gov/ndb/search?" . http_build_query($params);
```

例11-2の$url変数は、次のように設定されます（実際の値は各自のAPIキーによって変わる）。

```
http://api.nal.usda.gov/ndb/search?
api_key=j724nbefuy72n4&q=black+pepper&format=json
```

$params配列のキーと値は=と&で連結され、black pepperのスペースなどの特殊文字はエンコードされています。

このようなURLをfile_get_contents()に渡すと、APIを呼び出します。この例ではAPIがJSONを返すので、file_get_contents()の返り値は以下の文字列になります。

```
{
    "list": {
        "q": "black pepper",
        "sr": "27",
        "start": 0,
        "end": 1,
        "total": 1,
        "group": "",
        "sort": "r",
        "item": [
            {
                "offset": 0,
                "group": "Spices and Herbs",
                "name": "Spices, pepper, black",
                "ndbno": "02030"
            }
        ]
    }
}
```

file_get_contents()はURLで取得したレスポンスを文字列として返すので、その文字列を他の関数に渡してさらに変換するのは簡単です。例えば、上記のAPIレスポンスをjson_decode()に渡すと、JSONを操作可能なPHPデータ構造に変換します。例11-3は、一致した食品のNDB ID番号を出力します。

例11-3　JSON APIレスポンスのデコード

```
$params = array('api_key' => NDB_API_KEY,
                'q' => 'black pepper',
                'format' => 'json');

$url = "http://api.nal.usda.gov/ndb/search?" . http_build_query($params);
$response = file_get_contents($url);
$info = json_decode($response);

foreach ($info->list->item as $item) {
    print "The ndbno for {$item->name} is {$item->ndbno}.\n";
}
```

json_decode()関数はJSONオブジェクトをPHPオブジェクトに変換し、JSON配列をPHP配列に変換します。レスポンスのトップレベル要素はオブジェクトです。これはjson_decode()からの返り値であり、$infoに割り当てています。このオブジェクトは、別のオブジェクトであるlistプロパティを持ちます。listオブジェクトは$info->listで参照できます。このlistオブジェクトはitemという名前の配列プロパティを持ち、その要素は一致した食物の詳細を保持します。したがって、foreach()で$info->list->item配列を反復処理しています。foreach()でのそれぞれの

$itemはこの配列の1つのオブジェクトです。例11-3の出力は次の通りです。

```
The ndbno for Spices, pepper, black is 02030.
```

これまで行ったNDB API呼び出しは、format=jsonクエリ文字列パラメータがあるためにJSONを返します。また、NDB APIはContent-Typeヘッダを送ることによるレスポンスフォーマットの指定もサポートしています[*1]。application/jsonというヘッダ値は、レスポンスをJSON形式にするようにサーバに伝えます。

file_get_contents()でのHTTPリクエストにヘッダを追加するには、**ストリームコンテキスト**を作成します。PHPエンジンがプログラムとデータをやり取りするための基盤となる仕組みを**ストリーム**と呼びます。ストリームはローカルファイル、リモートURL、またはデータを作成または消費するその他の外部の場所にすることができます。file_get_contents()への第1引数はストリームの**対象**（読み書きするファイルやURL）です。読み書き操作に関する追加情報は**ストリームコンテキスト**で表され、ストリームコンテキストはstream_context_create()関数に追加情報の連想配列を渡して作成します。

ストリームによってコンテキストでサポートするオプションの種類が異なります。httpストリームでは、headerオプションはHTTPリクエストで送るヘッダの名前と値を含む文字列を指定します。例11-4にHTTPヘッダを含むストリームコンテキストを作成してfile_get_contents()で使う方法を示します。

例11-4　ストリームコンテキストを使ったHTTPヘッダの送信

```
// クエリ文字列ではキーとクエリ用語だけを指定してフォーマットは指定しない
$params = array('api_key' => NDB_API_KEY,
                'q' => 'black pepper');

$url = "http://api.nal.usda.gov/ndb/search?" . http_build_query($params);

// オプションはContent-Typeリクエストヘッダに設定する
$options = array('header' => 'Content-Type: application/json');
// 「http」ストリームのコンテキストを作成する
$context = stream_context_create(array('http' => $options))

// file_get_contentsへの第3引数としてコンテキストを渡す
print file_get_contents($url, false, $context);
```

例11-4では、$options配列には設定するオプションのキーと値のペアが含まれます。stream_context_create()関数には作成するストリームの種類を指定しなければいけないので、引数はキーがストリームタイプ（http）で値が設定するオプションである配列になります。

[*1] HTTP仕様ではレスポンスフォーマットの指定にAcceptヘッダを使うことになっているが、NDB APIではそのようには機能しない。

file_get_contents()の第2引数は、この関数がファイルを探すときにPHPエンジンのインクルードパスに注意を払うべきかどうかを示します。これはHTTPには関係ないので、値にfalseを指定します。コンテキストはfile_get_contents()の第3引数になります。

また、コンテキストはfile_get_contents()でPOSTリクエストを送る方法にもなります。method<c>コンテキストオプションはリクエストメソッドを制御し、<c>contentコンテキストオプションには送信するリクエストボディを含めます。コンテンツは、ヘッダとして指定したコンテンツタイプに適したフォーマットにする必要があります。

NDB APIではGETでしか栄養データを取得できないので、POSTにはNDB APIは使えません。NDB APIでは、新しいデータを追加することはできません。例11-5は、file_get_contents()を使ってサンプルURLにPOSTリクエストを送ります。このリクエストは、2つのフォーム変数nameとsmellを送るフォームサブミッションのような動作をします。

例11-5　file_get_contents()を使ったPOSTリクエストの送信

```
$url = 'http://php7.example.com/post-server.php';

// POSTで送る2つの変数
$form_data = array('name' => 'black pepper',
                   'smell' => 'good');

// メソッド、コンテンツタイプ、コンテンツを設定する
$options = array('method' => 'POST',
                 'header' => 'Content-Type: application/x-www-form-urlencoded',
                 'content' => http_build_query($form_data));
// 「http」ストリームのコンテキストを作成する
$context = stream_context_create(array('http' => $options));

// file_get_contentsへの第3引数としてコンテキストを渡す
print file_get_contents($url, false, $context);
```

例11-5では、methodストリームコンテキストオプションでこれがPOSTリクエストであることを保証します。PHPエンジンはここで指定する値をそのまま文字通りに使ってリクエストを作成するので、必ずすべて大文字にしてください。Content-Typeヘッダの値は、Webブラウザが通常のフォームデータに使う標準的な値です。これはクエリ文字列パラメータのようにフォーマットされたデータに相当しますが、リクエストボディで送信します。そのため、好都合なことにhttp_build_query()を使って適切にフォーマットしたリクエストボディを作成できます。

例11-5では、本節の他の例と同様にサンプルホスト名としてphp7.example.comを使っている。コードを正常に動作させるには、これを実際のホスト名（できれば各自のWebサーバ）に変更する必要がある。

POSTリクエストで別の種類のデータを送る必要がある場合には、Content-Typeヘッダの値とリクエストコンテンツのフォーマットを変更するだけです。例えば、JSONを送信するには、headerオプションをContent-Type: application/jsonに変更し、contentオプションをjson_encode($form_data)に変更します。

PHPエンジンのさまざまなストリームタイプとサポートしているコンテキストオプションに関する詳細情報は、http://www.php.net/contextで入手できます。

組み込みのファイルアクセス関数を使ったURLの取得は簡潔で素晴らしいですが、リクエスト時にエラーが発生すると対応が面倒です。エラーが発生すると、file_get_contents()はfalseを返し、PHPエンジンは「failed to open stream: HTTP request failed! HTTP/1.1 404 Not Found」のようなエラーメッセージを表示します。次に説明するcURL関数を使う理由の1つは、リクエストが成功しなかったときの処理を細かく制御できるからです。

11.2　cURLを使った包括的なURLアクセス

file_get_contents()関数は、特にコンテキストオプションと組み合わせると幅広いHTTPリクエストが可能です。しかし、HTTPリクエストとレスポンスの詳細を制御する必要があるときには、PHPのcURL関数を使います。cURL関数は、土台となる強力なライブラリlibcurlを使ってHTTPリクエストとレスポンスのあらゆる側面にアクセスできます。

11.2.1　GET経由でURLを取得する

cURLを使ったURLアクセスでは、まずアクセスしたいURLをcurl_init()に渡します。curl_init()関数は、すぐにはURLを取得しに行きません。この関数はハンドルを返します。ハンドルは、オプションやcURLの動作を設定するための他の関数に渡す変数です。さまざまな変数に複数のハンドルを同時に持つことができます。ハンドルごとに異なるリクエストを制御します。

curl_setopt()関数はURLを取得するときのPHPエンジンの振る舞いを制御し、curl_exec()関数は実際にリクエストを取得します。例11-6は、cURLを使って例11-1のnumbersapi.comのURLを取得します。

例11-6　cURLを使ったURLの取得

```
<?php
$c = curl_init('http://numbersapi.com/09/27');
// レスポンスコンテンツをすぐに出力するのではなく
// 文字列として返すようにcURLに通知する
curl_setopt($c, CURLOPT_RETURNTRANSFER, true);
// リクエストを実行する
$fact = curl_exec($c);

?>
Did you know that <?php $fact ?>
```

例11-6では、curl_setopt()の呼び出しでCURLOPT_RETURNTRANSFERオプションを設定しています。これは、HTTPリクエストを行うときにレスポンスを文字列として返すようにcURLに指示します。これを設定しないと、レスポンスを取得したらすぐに出力します。curl_exec()関数はリクエストを行い、結果を返します。

別のcURLオプションでヘッダを設定できます。例11-7は、cURL関数を使って例11-4のリクエストを行います。

例11-7　クエリ文字列パラメータとヘッダを設定したcURLの使用

```
// クエリ文字列ではキーとクエリ用語だけを指定してフォーマットは指定しない
$params = array('api_key' => NDB_API_KEY,
                'q' => 'black pepper');
$url = "http://api.nal.usda.gov/ndb/search?" . http_build_query($params);

$c = curl_init($url);
curl_setopt($c, CURLOPT_RETURNTRANSFER, true);
curl_setopt($c, CURLOPT_HTTPHEADER, array('Content-Type: application/json'));
print curl_exec($c);
```

例11-7では、http_build_query()でURLを作成しています。これはよく使われる方法です。クエリ文字列パラメータはURLの一部なので、curl_init()に渡すURL文字列に含まれます。新しいCURLOPT_HTTPHEADERオプションでこのリクエストで送るHTTPヘッダを設定します。複数のヘッダがあれば、この配列に複数の項目を入れます。

cURLリクエストで処理するエラーは2種類あります。1つ目はcURLそのものからのエラーです。このエラーは、ホスト名が見つからないとかリモートサーバに接続できないなどが考えられます。このようなエラーが発生したら、curl_exec()はfalseを返し、curl_errno()がエラーコードを返します。curl_error()関数は、このエラーコードに対応するエラーメッセージを返します。

2つ目の種類のエラーは、リモートサーバからのエラーです。このエラーは、リクエストしたURLが見つからない場合やサーバがリクエストに対するレスポンスを作成するときに問題が生じた場合に発生します。それでもサーバが何らかのレスポンスを返すためcURLはリクエストが成功したとみなすので、HTTPレスポンスコードを調べて問題がないか確認する必要があります。curl_getinfo()関数は、リクエストに関する情報の配列を返します。この配列の要素の1つがHTTPレスポンスコードです。

両方の種類のエラーを処理するcURLリクエスト作成コードを例11-8に示します。

例11-8　cURLでのエラー処理

```
// 存在しない偽装APIエンドポイント
$c = curl_init('http://api.example.com');
curl_setopt($c, CURLOPT_RETURNTRANSFER, true);
$result = curl_exec($c);
// 成功の成否にかかわらずすべての接続情報を取得する
```

```
$info = curl_getinfo($c);

// 接続に何か問題が生じた
if ($result === false) {
    print "Error #" . curl_errno($c) . "\n";
    print "Uh-oh! cURL says: " . curl_error($c) . "\n";
}
// 400台と500台のHTTPレスポンスコードはエラーを意味する
else if ($info['http_code'] >= 400) {
    print "The server says HTTP error {$info['http_code']}.\n";
}
else {
    print "A successful result!\n";
}
// リクエスト情報には計時統計データも含まれる
print "By the way, this request took {$info['total_time']} seconds.\n";
```

例11-8は、標準的なcURLリクエストから始まります。リクエストを作成した後、curl_getinfo()からのリクエスト情報を$infoに格納します。curl_errno()やcurl_error()と同様に、curl_getinfo()関数には対象となるcURLハンドルを渡す必要があります。これは正しいリクエストに関する情報を返すために必要です。

ホストapi.example.comは実際には存在しないので、cURLはこのホストに接続してリクエストを行うことはできません。そのため、curl_exec()はfalseを返します。例11-8の出力は次の通りです。

```
Error #6
Uh-oh! cURL says: Could not resolve host: api.example.com
By the way, this request took 0.000146 seconds.
```

curl_errno()に関するPHPマニュアルページ（http://php.net/curl_errno）には、cURLエラーコードの全リストが掲載されています。

サーバにリクエストを行ったときにサーバがエラーを返しても、$resultはfalseになりませんが、サーバが送り返したレスポンスを保存します。このレスポンスコードは、$info配列のhttp_code要素に含まれます。例11-8でHTTP 404エラーに遭遇したら（サーバがリクエストしたページを探し出せなかったことを意味します）、この例の出力は次の通りです。

```
The server says HTTP error 404.
By the way, this request took 0.00567 seconds.
```

この例のどちらの出力にも、このリクエストにかかった総時間が表示されます。これも$info配列に含まれるリクエストに関する便利なデータです。curl_getinfo()のPHPマニュアルページ（http://php.net/curl_getinfo）には、この配列の全要素が列挙されています。

11.2.2　POST経由でURLを取得する

　cURLでPOSTメソッドを使うには、リクエストメソッドを変更してリクエストボディデータを提供するように設定を調整します。CURLOPT_POST設定はPOSTリクエストを行いたいことをcURLに伝え、CURLOPT_POSTFIELDS設定は送りたいデータを保持します。例11-9は、cURLでPOSTリクエストを行う方法を示します。

例11-9　cURLによるPOSTリクエストの実行

```
$url = 'http://php7.example.com/post-server.php';

// POSTで送信する2つの変数
$form_data = array('name' => 'black pepper',
                   'smell' => 'good');

$c = curl_init($url);
curl_setopt($c, CURLOPT_RETURNTRANSFER, true);
// これはPOSTリクエストにすべき
curl_setopt($c, CURLOPT_POST, true);
// これは送信するデータである
curl_setopt($c, CURLOPT_POSTFIELDS, $form_data);

print curl_exec($c);
```

　例11-9では、Content-Typeヘッダや送信するデータのフォーマットを設定する必要はありません。それにはcURLが対応してくれます。

　しかし、通常のフォームデータとは異なるコンテンツタイプを送りたい場合には、もう少し作業が必要です。例11-10に、cURLを使ってPOSTリクエストでJSONを送信する方法を示します。

例11-10　cURLを使ってPOST経由でJSONを送る

```
$url = 'http://php7.example.com/post-server.php';

// POSTで送信する2つの変数
$form_data = array('name' => 'black pepper',
                   'smell' => 'good');

$c = curl_init($url);
curl_setopt($c, CURLOPT_RETURNTRANSFER, true);
// これはPOSTリクエストにすべき
curl_setopt($c, CURLOPT_POST, true);
// これはJSONを含むリクエストである
curl_setopt($c, CURLOPT_HTTPHEADER, array('Content-Type: application/json'));
// これは適切にフォーマットされた送信データである
curl_setopt($c, CURLOPT_POSTFIELDS, json_encode($form_data));

print curl_exec($c);
```

例11-10では、CURLOPT_HTTPHEADER設定でリクエストボディがフォームデータではなくJSONであることをサーバに通知します。そして、CURLOPT_POSTFIELDSの値をjson_encode($form_data)に設定してリクエストボディを確実にJSONにします。

11.2.3　クッキーの使用

cURLリクエストへのレスポンスにクッキーを設定するヘッダが含まれていても、デフォルトではcURLはそのヘッダに対して特別な処理は行いません。しかし、cURLはさまざまなPHPプログラムや同じプログラムの別の実行間でもクッキーを追跡できる構成設定を提供しています。

例11-11は、クッキーcを保持する簡単なページです。ページがリクエストされるたびにレスポンスにはクッキーcが含まれ、その値はリクエストでクッキーcに提供された値よりも1大きい値です。クッキーcが送信されなければ、レスポンスはクッキーcを1に設定します。

例11-11　簡単なクッキー設定サーバ

```
// クッキーがあればクッキーで送信された値を使い、クッキーが提供されなければ0を使う
$value = $_COOKIE['c'] ?? 0;
// 値を1増やす
$value++;
// レスポンスに新しいクッキーを設定する
setcookie('c', $value);
// クッキーの内容をユーザに伝える
print "Cookies: " . count($_COOKIE) . "\n";
foreach ($_COOKIE as $k => $v) {
    print "$k: $v\n";
}
```

追加の構成がなければ、cURLは例11-11で送り返されるクッキーを追跡しません。例11-12では、同じハンドルでcurl_exec()を2回呼び出しますが、最初のリクエストへのレスポンスで送り返されたクッキーを2番目のリクエストでは送信しません。

例11-12　cURLのデフォルトのクッキー処理

```
// クッキーサーバページを取得し、クッキーは送信しない
$c = curl_init('http://php7.example.com/cookie-server.php');
curl_setopt($c, CURLOPT_RETURNTRANSFER, true);
// 1回目にはクッキーはない
$res = curl_exec($c);
print $res;

// 2回目もやはりクッキーはない
$res = curl_exec($c);
print $res;
```

本節の他のクライアント例と同様に、**例11-12**のプログラムはhttp://php7.example.com/cookie-server.phpでアクセスできる。このコードを自分で実行するには、各自のPHPサーバを指すようにURLを変更する。

例11-12の出力は次の通りです。

```
Cookies: 0
Cookies: 0
```

cURLはリクエストでCookieヘッダを送信しないので、どちらのリクエストもCookies: 0というレスポンスを得ます。

cURLの**クッキー jar**を有効にすると、クッキーを追跡します。特定のcURLハンドルの存続期間内でクッキーを追跡するには、例11-13に示すようにCURLOPT_COOKIEJARをtrueに設定します。

例11-13 cURLのクッキー jarの有効化

```
// クッキーサーバページを取得し、クッキーは送信しない
$c = curl_init('http://php7.example.com/cookie-server.php');
curl_setopt($c, CURLOPT_RETURNTRANSFER, true);
// クッキー jarを有効にする
curl_setopt($c, CURLOPT_COOKIEJAR, true);

// 1回目にはクッキーはない
$res = curl_exec($c);
print $res;
// 2回目は最初のリクエストからのクッキーがある
$res = curl_exec($c);
print $res;
```

例11-13の出力は次の通りです。

```
Cookies: 0
Cookies: 1
c: 1
```

例11-13では、cURLはプログラムにそのcURLリクエストのハンドルが存在する限りリクエストへのレスポンスで送られたクッキーを追跡します。ハンドル$cで2回目にcurl_exec()を呼び出すときには、最初のレスポンスに設定されたクッキーを使います。

このモードでは、クッキー jarはハンドル内のクッキーだけを追跡します。CURLOPT_COOKIEJARの値をファイル名に変更すると、クッキー値をそのファイルに書き込むようにcURLに指示します。そして、そのファイル名をCURLOPT_COOKIEFILEの値として指定することもできます。cURLは、リクエストを送る前にCURLOPT_COOKIEFILEファイルからクッキーを読み込んで後続のリクエストに使います。例11-14は、クッキー jarとクッキーファイルの動作を示します。

例11-14　リクエスト間でのクッキーの追跡

```
// クッキーサーバページを取得する
$c = curl_init('http://php7.example.com/cookie-server.php');
curl_setopt($c, CURLOPT_RETURNTRANSFER, true);
// このプログラムと同じディレクトリの「saved.cookies」ファイルに
// クッキーを保存する
curl_setopt($c, CURLOPT_COOKIEJAR, __DIR__ . '/saved.cookies');
// このディレクトリの「saved.cookies」から
// クッキーを読み込む（以前に保存されている場合）
curl_setopt($c, CURLOPT_COOKIEFILE, __DIR__ . '/saved.cookies');

// このリクエストにはファイルからのクッキーが含まれる（存在する場合）
$res = curl_exec($c);
print $res;
```

最初に**例11-14**を実行すると出力は次の通りです。

```
Cookies: 0
```

2回目に**例11-14**を実行すると出力は次の通りです。

```
Cookies: 1
c: 1
```

3回目に**例11-14**を実行すると出力は次の通りです。

```
Cookies: 1
c: 2
```

同様に続きます。プログラムを実行するたびに、saved.cookiesを探し、そのファイルに格納されているクッキーを読み込んでリクエストに使います。CURLOPT_COOKIEFILE設定がCURLOPT_COOKIEJAR設定と同じ値なので、リクエストの後にはクッキーを同じファイルに保存します。すると、保存されたクッキーファイルが更新されるので、次にプログラムを実行するときには新しい値が用意されています。

Webブラウザでのユーザのログインとリクエストの実行を模倣するプログラムを書いている場合には、クッキーjarはサーバが送ったすべてのクッキーをcURLが行うリクエストに入れるとても便利な方法になります。

11.2.4　HTTPS URLの取得

httpsプロトコルを使うURLを取得するには、cURLで通常のhttp URLの場合と全く同じことを行います。しかし、適切に行うために重要なセキュリティ設定があります。通常はデフォルトで問題ありません。この節ではそのデフォルト値を説明し、その値が正しいと確信でき、変更すべきではない理由を理解できるようにします。

Webクライアントがhttps URLを取得するときには、2つの別個のセキュリティ機能が提供さ

れます。1つは身元確認です。サーバは、(ホスト名に基づいて)そのURLを処理すべき本当のサーバであると断言します。もう1つは傍受からの防御です。クライアントとサーバ間のやり取りを手に入れようとする人には、実際のリクエストやレスポンスではなく意味のない文字の羅列にしか見えません。

CURLOPT_SSL_VERIFYPEERとCURLOPT_SSL_VERIFYHOST設定は、cURLが身元確認を厳格に行うかどうかを制御します。CURLOPT_SSL_VERIFYPEERをfalseに設定するか、CURLOPT_SSL_VERIFYHOSTを2以外に設定すると、cURLはサーバの身元を確認するために不可欠な手順を省略します。

cURLバージョン7.10以降を使っている場合には、CURLOPT_SSL_VERIFYPEERはデフォルトで有効になっています。cURLバージョン7.28.1以降を使っている場合には、cURLではCURLOPT_SSL_VERIFYHOSTを2以外の値に設定できません。

PHPインストールのバージョンを知るには、curl_version()関数を使います。この関数は、インストールされたcURLバージョンの機能に関する情報の連想配列を返します。この配列のversion要素には、PHPエンジンが利用しているcURLのバージョンが含まれています。

Webクライアントとサーバがhttps URLを実装するために使うセキュリティプロトコルにはさまざまなバージョンがあります。cURLが使うプロトコルバージョンは、CURLOPT_SSLVERSION設定で制御します。この値を変更する必要はないはずです。デフォルト値(定数CURL_SSLVERSION_DEFAULTで明示的に設定できます)では、使用しているcURLバージョンで利用できる最も安全な最新バージョンのプロトコルを使っています。

11.3 APIリクエスト

PHPプログラムは、APIリクエストをクライアントに提供することもできます。プレーンのHTMLページではなく、API呼び出しに適したデータを作成します。さらに、送信するHTTPレスポンスコードとレスポンスヘッダも操作しなければいけない場合もあります。

レスポンスと一緒にHTTPヘッダを送るには、header()関数を使います。例11-15は、PHPの小さな時計APIです。このAPIは、現在時刻をJSON形式で提供します。

例11-15 JSONレスポンスの提供

```
$response_data = array('now' => time());
header('Content-Type: application/json');
print json_encode($response_data);
```

例11-15のheader()呼び出しは、PHPエンジンが生成するHTTPレスポンスにヘッダ行を追加します。この関数には任意のヘッダ行を渡します。このコードは、json_encode()関数を使ってレスポンスとなるJSONを生成します。json_encode()関数はjson_decode()の逆です。PHPデータ型(文字列、数値、オブジェクト、配列など)を渡すと、渡されたもののJSON表現を含む文字列を返します。例11-15は、以下のようなHTTPレスポンスを生成します。

```
HTTP/1.1 200 OK
Host: www.example.com
Connection: close
Content-Type: application/json

{"now":1962258300}
```

　1〜4行目はレスポンスヘッダです。数行はWebサーバが自動的に追加します。`Content-Type: application/json`の行は`header()`の呼び出しによるものです。空行の後にリクエストボディが続きます。これがWebブラウザに表示されます（または、HTMLの場合は、WebブラウザがHTMLをレンダリングした結果が表示されます）。この例では、レスポンスボディは1つのプロパティnowを持ち、その値が現在時刻に相当するタイムスタンプであるJSONオブジェクトです。実際には上記のタイムスタンプとは異なる時刻にこのコードを実行しているはずなので、このコードを実行したときに得られる値は違う値になるでしょう。PHPでの時間処理に関する詳細は「**15章　日付と時刻**」を参照してください。

　レスポンスヘッダの最初の行はレスポンスコードです。この例では200です。これはHTTPで「すべてがうまくいった」という意味です。別のレスポンスコードを送るには、`http_response_code()`関数を使います。**例11-16**は**例11-15**に似ていますが、keyというクエリ文字列パラメータをpineappleという値で提供しないと403状態コード（「禁止」）とエラーレスポンスボディを送り返します。

例11-16　レスポンスコードの変更

```php
if (! (isset($_GET['key']) && ($_GET['key'] == 'pineapple'))) {
    http_response_code(403);
    $response_data = array('error' => 'bad key');
}
else {
    $response_data = array('now' => time());
}
header('Content-Type: application/json');
print json_encode($response_data);
```

　適切なクエリ文字列パラメータを提供しないと、**例11-16**のレスポンスは以下のようになります。

```
HTTP/1.1 403 Forbidden
Host: www.example.com
Connection: close
Content-Type: application/json

{"error":"bad key"}
```

　例11-4では、Content-Typeヘッダを使ってレスポンスをJSONとして返すようにNDB APIに

通知しました。PHPプログラムから受信したリクエストヘッダにアクセスするには、$_SERVER配列を調べます。この配列に受信ヘッダがあります。ヘッダの配列キーはHTTP_の次にヘッダ名がすべて大文字で続き、ダッシュ記号(-)はアンダースコア(_)に変換されます。例えば、受信したContent-Typeヘッダの値は $_SERVER['HTTP_CONTENT_TYPE']にあります。例11-17は、受信したAcceptヘッダの値を調べて出力データのフォーマット方法を決めます。

例11-17　リクエストヘッダの検査

```
<?php
// サポートしたいフォーマット
$formats = array('application/json','text/html','text/plain');
// 指定されなかった場合のレスポンスフォーマット
$default_format = 'application/json';

// レスポンスフォーマットが指定されたか
if (isset($_SERVER['HTTP_ACCEPT'])) {
    // サポートしているフォーマットが指定されたらそれを使う
    if (in_array($_SERVER['HTTP_ACCEPT'], $formats)) {
        $format = $_SERVER['HTTP_ACCEPT'];
    }
    // サポートしていないフォーマットが指定されたのでエラーを返す
    else {
        // 406は「作成できないフォーマットでのレスポンスをリクエストしている」という意味
        http_response_code(406);
        // ここで終了するとレスポンスボディはなくなるが、問題ない
        exit();
    }
} else {
    $format = $default_format;
}

// 時刻を調べる
$response_data = array('now' => time());
// 送信するコンテンツの種類をクライアントに伝える
header("Content-Type: $format");
// フォーマットに適した方法で時刻を出力する
if ($format == 'application/json') {
    print json_encode($response_data);
}
else if ($format == 'text/html') { ?>
<!doctype html>
  <html>
    <head><title>Clock</title></head>
    <body><time><?= date('c', $response_data['now']) ?></time></body>
  </html>
<?php
```

```
} else if ($format == 'text/plain') {
    print $response_data['now'];
}
```

　受信したAcceptヘッダがapplication/json、text/html、またはtext/plainの場合、$formatを使用する適切なフォーマットに設定します。この値はレスポンスのContent-Typeヘッダに入り、フォーマットに適した出力を作成するために使います。Acceptヘッダが指定されなかったら、デフォルトのapplication/jsonを使います。Acceptヘッダにその他の値が指定されたら、このプログラムは406エラーコードと空の本体を返します。これは、無効なフォーマットをリクエストしたことをクライアントに伝えます[*1]。

　また、$_SERVER配列は現在のリクエストが安全なリクエストか（つまり、HTTPSでリクエストされたか）どうかを判断する場所でもあります。現在のリクエストが安全であれば、$_SERVER['HTTPS']がonに設定されます。例11-18は、現在のリクエストがHTTPSで行われたかどうかを調べ、そうでなければ現在のリクエストのURLのHTTPSバージョンにリダイレクトします。

例11-18　HTTPSのチェック

```
$is_https = (isset($_SERVER['HTTPS']) && ($_SERVER['HTTPS'] == 'on'));
if (! $is_https) {
    newUrl = 'https://' . $_SERVER['HTTP_HOST'] . $_SERVER['REQUEST_URI'];
    header("Location: $newUrl");
    exit();
}
print "You accessed this page over HTTPS. Yay!";
```

　例11-18では、最初の行で2つのことを確認して現在のリクエストがHTTPSで行われたかどうかを判断します。1つ目は$_SERVER['HTTPS']に値が設定されているかどうか、2つ目はその値がonかどうかです。両方がtrueでなければ、適切なプロトコル（https://）に現在のリクエストのホスト名（$_SERVER['HTTP_HOST']の値）と現在のリクエストのパス（$_SERVER['REQUEST_URI']の値）を組み合わせて現在のURLのHTTPSバージョンを作成します。リクエストにクエリ文字列パラメータが含まれていたら、それも$_SERVER['REQUEST_URI']に含まれています。header()関数が送信するLocationヘッダが、Webクライアントを新しいURLにリダイレクトします。

11.4　まとめ

　本章では次の内容を取り上げました。

[*1] クライアントは複数のフォーマットを送信してどのフォーマットを好むかを示すことができるので、実際のAcceptヘッダの解析はもう少し複雑である。この処理に対する完全な解決策はGitHub（https://github.com/willdurand/Negotiation）を参照してほしい。これは**コンテントネゴシエーション**と呼ばれる。

- file_get_contents()でURLを取得する。
- クエリ文字列パラメータを含むURLを取得する。
- JSON HTTPレスポンスをデコードする。
- PHPのストリームコンテキストを理解する。
- URLの取得時にヘッダを追加する。
- file_get_contents()を使ってPOSTメソッドでURLを取得する。
- cURLでURLを取得する。
- cURLでクエリ文字列パラメータを使用する。
- cURLでリクエストヘッダを追加する。
- cURLリクエストからのエラーを処理する。
- cURLを使ってPOSTメソッドでURLを取得する。
- cURLでHTTPクッキーを追跡する。
- HTTPSでcURLを安全に使用する。
- 非HTMLレスポンスを提供する。
- HTTPレスポンスコードを変更する。
- HTTPリクエストヘッダの値を使う。
- リクエストがHTTPSで行われたかどうかを調べる。

11.5 演習問題[*1]

1. http://php.net/releases/?json は、最新のPHPリリースのJSONフィードです。file_get_contents()を使ってこのフィードを取得し、PHPリリースの最新バージョンを出力するプログラムを書きなさい。

2. 上記の演習のプログラムを、file_get_contents()の代わりにcURLを使うように修正しなさい。

3. クッキーを使ってユーザが最後にWebページを閲覧した時刻をユーザに伝えるWebページを書きなさい(「15章 日付と時刻」で説明する日付時刻処理関数が役に立つでしょう)。

4. GitHubのgistは、共有が容易なテキストやコードです。GitHub API (https://developer.github.com/v3/gists/#create-a-gist) では、ログインせずにgistを作成できます。内容がgistを作成するために記述しているプログラムとなるgistを作成するプログラムを書きなさい。なお、GitHub APIではHTTP APIリクエストにUser-Agentヘッダを設定する必要がある。CURLOPT_USERAGENT設定を使うとこのヘッダを設定できる。

[*1] 答えは本書のWebサイト (http://www.oreilly.co.jp/books/9784873117935/) に掲載している。

12章
デバッグ

　最初から正しく動作するプログラムはほとんどありません。本章では、プログラム内部の問題を探し出して修正するテクニックを紹介します。PHP初心者が書くプログラムは、おそらくPHPの達人が書くプログラムより単純でしょう。しかし、一般的に初心者のプログラムで発生するエラーはそれほど単純ではなく、エラーを探し出して修正するには達人と同じツールとテクニックを使う必要があります。

12.1　エラー出力場所の制御

　PHPエンジンにエラーメッセージを生成させるプログラムには、問題がたくさんある可能性があります。エラーメッセージの出力場所は指定できます。エラーメッセージを他のプログラムの出力と一緒にWebブラウザに送ることができます。また、Webサーバのエラーログに含めることもできます。

　エラーメッセージの表示先を設定する際には、PHPプログラムの開発中にはエラーを画面に表示し、開発が完了して実際にプログラムを使っているときにはエラーログに送ると便利です。プログラムの開発中は、例えば特定の行のパースエラーがすぐにわかると助かります。しかし、プログラムが（一応は）動作して同僚やユーザが使っていたりすると、このようなエラーメッセージは混乱を招いてしまうでしょう。

　エラーメッセージをブラウザに表示するには、display_errors構成ディレクティブをOnに設定します。エラーメッセージをブラウザに表示させないようにするには、display_errors構成ディレクティブをOffに設定します。エラーをWebサーバのエラーログに送信するには、log_errorsをOnに設定します。

　PHPエンジンが生成するエラーメッセージは、以下の5種類のいずれかに該当します。

> パースエラー（Parse Error）
> 　命令文の最後にセミコロンがないなどのプログラム構文の問題。エンジンは、パースエラーが発生するとプログラムの動作を停止する。

致命的なエラー（Fatal Error）
定義されていない関数を呼び出すなどのプログラムの内容に関わる重大な問題。エンジンは、致命的なエラーが発生するとプログラムの動作を停止する。

警告（Warning）
プログラム内に疑わしいところがあるとの勧告であるが、エンジンは動作を続けることができる。関数を呼び出すときに正しくない数の引数を使うと警告の原因となる。

注意（Notice）
マナーの専門家の役割を担うPHPエンジンからの助言。例えば、最初に変数をある値に初期化せずに出力すると注意を生成する。

厳格注意（Strict Notice）または非推奨警告（Deprecation Warning）
コードの相互運用性や互換性を維持するためのコーディングスタイルについてのPHPエンジンからの変更や提案。または、将来のPHPバージョンでは機能しなくなるとの忠告。

上記の全種類のエラーを受け取る必要はないでしょう。error_reporting構成ディレクティブは、PHPエンジンが報告するエラーの種類を制御します。error_reportingのデフォルト値はE_ALL & ~E_NOTICE & ~E_STRICTであり、注意と非推奨警告を除くすべてのエラーを報告するようにエンジンに通知します。付録Aでは、構成ディレクティブの値の&と~の意味を説明します。

PHPではerror_reportingの値の設定に使用できる定数を定義し、特定の種類のエラーだけを報告させることができます[*1]。

- E_ALL（すべてのエラー）
- E_PARSE（パースエラー）
- E_ERROR（致命的なエラー）
- E_WARNING（警告）
- E_NOTICE（注意）
- E_STRICT（厳格注意、PHPバージョン7.0.0以前）

厳格注意はPHP 5の新機能なので、PHPバージョン5.4.0以前のE_ALLには厳格注意は含まれません。エラーになる可能性があるすべてについて知りたいことを古いバージョンのPHPエンジンに伝えるには、error_reportingをE_ALL | E_STRICTに設定します。

12.2　パースエラーの修正

PHPエンジンは文法に厳しいのですが、どこが悪いのかは教えてくれません。必要なセミコロンを省いたり、文字列を単一引用符から始めたのに二重引用符で終わったりすると、プログラムを実行しません。エンジンはあきらめて「パースエラー」について不満を漏らし、プログラマはひた

[*1] 訳注：エラーの種類は他にもある。詳しくはhttp://php.net/manual/ja/errorfunc.constants.phpを参照。

すらデバッグせざるをえなくなります。

　パースエラーはプログラミングを始めたころに最もストレスを感じることの1つです。PHPエンジンに受け入れてもらうには、すべての構文や区切りを**適切**に使わなければいけません。この過程では、PHP対応のエディタでプログラムを書くととても便利です。このようなエディタは、PHPプログラムの編集中であることを知らせると、プログラミングを簡単にする特別な機能を提供してくれます。

　このような特別な機能の1つが**シンタックスハイライト**（構文強調表示）です。プログラムの各部分の内容に基づいて色を変更します。例えば、文字列はピンク、ifやwhileなどのキーワードは青、コメントは灰色、変数は黒などになります。シンタックスハイライトにより、閉じ引用符がない文字列などが検出しやすくなります。ピンクのテキストが文字列のある行を超え、ファイルの末尾（またはプログラムで後に出現する次の引用符）までずっと続きます。

　もう1つの機能は**引用符と括弧の対応付け**です。これは、引用符や括弧が対になっていることを確認するのに役立ちます。中括弧 } などの閉じ区切り文字を入力すると、エディタがそれに対応する開き { を強調表示します。エディタによって表示方法は異なりますが、典型的な方法は開き { の位置でカーソルを点滅させるか、少しの間 {} の対を太字にします。この動作は、文字列を区切る単一引用符や二重引用符、丸括弧、角括弧、中括弧などの対になる区切り文字に便利です。

　このようなエディタは、プログラムファイルの行番号も表示します。PHPエンジンからプログラムの35行目にパースエラーを見つけたというエラーメッセージを受けとったときに、エラーを探すべき場所がわかります。

　表12-1にPHP対応エディタを挙げます。価格は米ドルですが、本書の執筆時点での正確な価格です。

　PhpStorm、NetBeans、Zend Studio、Eclipse + PDTはむしろ従来の統合開発環境（IDE）に近いのに対し、Sublime Text、Emacs、Vimは従来のテキストエディタのようなものです。しかし、PHPを理解するためのプラグインで簡単にカスタマイズできます。PhpStormとZend Studioはこれらのエディタの中で最もPHPに特化し、その他のエディタは他の多くのプログラミング言語とも連携するように作られています。**表12-1**の有料エディタにはすべて無料の評価期間があるので、試しに使ってみて最も満足のいくエディタを確認できます。

表12-1　PHP対応テキストエディタ

名称	URL	価格
PhpStorm	https://www.jetbrains.com/phpstorm（日本語の情報は http://samuraism.com/products/jetbrains/phpstorm）	89ドル（個人／初年度）、199ドル（法人／初年度）。いずれも年額[1]
NetBeans	https://netbeans.org （日本語サイトはhttps://ja.netbeans.org/）	無料[2]

---

[1] PhpStorm：サブスクリプション購入として年額コースのほか月額コースも用意されている。月額の場合、1ユーザあたり8.90ドル（個人／初年度）、1ユーザあたり19.90ドル（法人／初年度）。

[2] NetBeans：8.2からPHP7をサポートしている。

名称	URL	価格
Zend Studio	http://www.zend.com/en/products/studio（日本語の情報は http://www.zend.co.jp/products/studio/）	89ドル（個人／年額）、189ドル（商用／年額）
Eclipse + PDT	http://www.eclipse.org/pdt （日本語の情報は http://mergedoc.osdn.jp/）	無料
Sublime Text	http://www.sublimetext.com（日本語の情報は http://qiita.com/I-201/items/0869a288eb6e4ed5a274）	70ドル
Emacs	http://ergoemacs.org/emacs/which_emacs.html （日本語の情報は http://emacs.rubikitch.com/）	無料
Vim	http://vim.wikia.com/wiki/Where_to_download_Vim （日本語サイトは http://vim-jp.org/）	無料

パースエラーは、PHPエンジンがプログラムで予期しないことに出くわしたときに発生します。例12-1の壊れたプログラムを考えてみましょう。

例12-1　パースエラー

```
<?php
if $logged_in) {
        print "Welcome, user.";
    }
?>
```

例12-1のコードを実行させようとすると、PHPエンジンは以下のエラーメッセージを生成します。

```
PHP Parse error: syntax error, unexpected '$logged_in' (T_VARIABLE),
expecting '(' in welcome.php on line 2
```

このエラーメッセージは、ファイルの2行目でPHPエンジンが開き括弧を期待していたにもかかわらず代わりに`$logged_in`に出くわし、PHPエンジンはこれを`T_VARIABLE`と呼ばれるものだと思っていることを表しています。**T_VARIABLE**は**トークン**です。トークンは、PHPエンジンがプログラムのさまざまな基本部分を表すための手段です。エンジンはプログラムを読み込むと、プログラムに書かれた内容をトークンのリストに変換します。プログラムのどこに変数を入れても、エンジンのリストには`T_VARIABLE`トークンがあります。

したがって、PHPエンジンはこのエラーメッセージで「2行目を読み込んでいて、開き括弧を期待していたところに`$logged_in`という名前の変数を見つけた」ということを知らせようとしています。例12-1の2行目を見ると、その理由がわかります。`if()`テスト式を始めるための開き括弧がありません。PHPは、`if`の後にテスト式を始める`(`を期待します。しかし、`(`は見つからず、代わりに`$logged_in`変数があります。

PHPエンジンが使う（したがって、エラーメッセージに現れる可能性のある）すべてのトークンのリストは、オンラインPHPマニュアル（http://www.php.net/tokens）にあります。

しかし、パースエラーでは厄介なことに、エラーメッセージに示された行数が実際にエラーのあ

る行番号ではないことも多いのです。例12-2にこのようなエラーを示します。

例12-2　面倒なパースエラー

```php
<?php
$first_name = "David';
if ($logged_in) {
    print "Welcome, $first_name";
} else {
    print "Howdy, Stranger.";
}
?>
```

例12-2のコードを実行すると、PHPエンジンから次のように出力されます。

```
PHP Parse error: syntax error, unexpected 'Welcome' (T_STRING)
in trickier.php on line 4
```

このエラーは、4行目の本来あるべきではない場所に文字列（Welcome）があると伝えているように見えます。しかし、問題を特定しようと細かく調べても、問題は見つかりません。「`print "Welcome, $first_name";`」は完全に正しく、文字列は二重引用符で正しく囲まれているし、行末はセミコロンで適切です。

例12-2の本当の問題は2行目にあります。`$first_name`に代入している文字列を括る引用符は左側が二重で右側が単一です。PHPエンジンは2行目を読み込む際に二重引用符があると、「ここから文字列が始まります。これから次の（エスケープされていない）二重引用符までのすべてをこの文字列の内容として読み込もう」と考えます。すると、エンジンは2行目の単一引用符を飛び越えて4行目の最初の二重引用符までずっと読み続けます。この二重引用符を見ると、エンジンは文字列の最後が見つかったと解釈します。そして、二重引用符の後ろにくるものが新しいコマンドか命令文であると考えます。しかし、二重引用符の後にはWelcome, $first_name";がきます。これはエンジンには理解できません。命令文の終わりを示すセミコロンか、直前に定義した文字列と別の文字列を結合するピリオドを期待します。しかし、Welcome, $first_name";はあるべきではない場所にある区切り文字のない文字列にすぎません。そのため、エンジンはあきらめてパースエラーを出します。

超高速でマンハッタン通りを走り抜けているところを想像してみましょう。35番街の歩道に亀裂があり、つまずいたとします。しかし、あまりにも速すぎるので、39番街に倒れこみ、石畳を血の海にしてしまいます。しばらくすると交通局の役人がやって来て「39番街で事故だ。誰かが、歩道で倒れている」と言います。

これが、先の例でPHPエンジンが行っていることです。パースエラーの行番号はエンジンが予期しなかったことに気付いた箇所であり、必ずしも実際にエラーがある箇所の行番号とは限りません。

エンジンからパースエラーを受け取ったら、まずパースエラーが示す行を調べてください。命令文の最後にセミコロンがあることを確認するなどの基本的な事項を調べます。その行が大丈夫そうに見えたら、プログラムの前後の数行を調べて実際のエラーを探してください。対になる区切りには特に注意を払いましょう。文字列を囲む単一引用符や二重引用符、関数呼び出しやテスト式の括弧、配列要素の角括弧、コードブロックの中括弧などです。開き区切り記号 ((、[、{ など) の数が閉じ区切り記号 ()、]、} など) の数と一致するか数えます。

このような状況には、PHP対応エディタがとても便利です。シンタックスハイライトや括弧の対応付け機能があると、エディタが問題を知らせてくれるので探し回る必要がありません。例えば、本書のデジタル版を読んでいる場合には、シンタックスハイライトと**例12-2**のカラーコーディングで簡単にエラーを見つけられるようになるでしょう。

12.3　プログラムデータの検査

パースエラーを乗り越えても、ゴールに到達するにはまだやるべき作業があるでしょう。プログラムは文法的に正しくても、論理的な欠陥がある場合があります。「タグボートは6頭のずるいバッファローと一緒に怒りで真っ赤になりながらかみ砕いた」という文は文法的には正しくても意味をなさないように、PHPエンジンでは問題が見つからなくても期待通りに機能しないプログラムを書くことができます。

プログラムの期待通りに動作しない部分を見つけて修正することは、プログラミングの大きな割合を占めます。特定の状況を診断して調べる方法の詳細は、何を修正するかに大きく左右されます。この節では、PHPプログラムで何が起こっているかを調べるための2つのテクニックを示します。1つ目のデバッグ出力の追加は簡単ですが、プログラムを修正する必要があり、一般ユーザも出力を目にする本番環境には適してないかもしれません。2つ目のデバッガの利用には適切に準備するために追加作業が必要になりますが、動作しているプログラムの調べ方として実行時の柔軟性が増します。

12.3.1　デバッグ出力の追加

プログラムの動作がおかしい場合には、変数の値を表示するチェックポイントを追加します。このようにすると、プログラムの動作がどこで期待通りではなくなったがわかります。**例12-3**に商品の総額を間違って計算しようとするプログラムを示します。

例12-3　壊れたプログラム

```
$prices = array(5.95, 3.00, 12.50);
$total_price = 0;
$tax_rate = 1.08; // 税金8%

foreach ($prices as $price) {
    $total_price = $price * $tax_rate;
```

```
}
printf('Total price (with tax): $%.2f', $total_price);
```

例12-3は正しく動作しません。出力は以下のようになります。

```
Total price (with tax): $13.50
```

商品の総額は少なくとも20ドルにはなるはずです。例12-3では何が間違っているのでしょうか。間違いを探し出す方法の1つは、foreach()ループに$total_priceを変更する前後の値を出力する行を挿入することです。すると、計算が間違っている理由を理解する手掛かりとなるはずです。例12-4は、例12-3に診断のためのprint命令文を加えます。

例12-4　デバッグ出力付きの壊れたプログラム

```
$prices = array(5.95, 3.00, 12.50);
$total_price = 0;
$tax_rate = 1.08;    // 税金8%

foreach ($prices as $price) {
    print "[before: $total_price]";
    $total_price = $price * $tax_rate;
    print "[after: $total_price]";
}
printf('Total price (with tax): $%.2f', $total_price);
```

例12-4の出力は次の通りです。

```
[before: 0][after: 6.426][before: 6.426][after: 3.24][before: 3.24]
[after: 13.5]Total price (with tax): $13.50
```

例12-4のデバッグ出力を分析すると、$total_priceはforeach()ループを通るたびに増えていないことがわかります。さらにコードを綿密に調べると、以下の行は

```
$total_price = $price * $tax_rate;
```

以下のようにすべきという結論に至ります。

```
$total_price += $price * $tax_rate;
```

このコードには、代入演算子（=）の代わりに増分代入演算子（+=）が必要です。

> ## 正しいファイルの編集
>
> デバッグ中にプログラムを変更したのにWebブラウザでプログラムを再ロードしたときに変更が反映されていなかったら、正しいファイルを編集しているかどうかを確認してください。プログラムをローカルシステムにコピーして作業をしているのにリモートサーバからブラウザにロードしている場合は、必ず変更したファイルをサーバにコピーしてからページを再ロードするようにしてください。
>
> 編集中のファイルとWebブラウザで見ているページが同期していることを確認するには、以下のように die() を呼び出す行をプログラムの先頭に一時的に追加する方法があります。
>
> ```
>     die('This is: ' . __FILE__);
> ```
>
> 特殊な定数 __FILE__ は、動作中のファイルの名前を保持します。上記のコードを先頭に含む http://www.example.com/catalog.php などのURLでPHPページをブラウザにロードすると、以下のように表示されるはずです。
>
> ```
>     This is: /usr/local/htdocs/catalog.php
> ```
>
> Webブラウザで die() の結果を見ると、正しいファイルを編集していることがわかります。これを確認したら、プログラムから die() の呼び出しを取り除いてデバッグを続けてください。

例12-5　var_dump()を使ったサブミットされたすべてのフォームパラメータの出力

```
print '<pre>';
var_dump($_POST);
print '</pre>';
```

　デバッグ出力に配列を含めるには、var_dump() を使います。var_dump() は配列の全要素を出力します。Webブラウザで適切にフォーマットするには、HTMLタグ <pre> と </pre> で var_dump() の出力を囲みます。例12-5は、var_dump() を使ってサブミットされたフォームパラメータの内容をすべて出力します。

　デバッグメッセージは有益ですが、通常のページ出力に混ぜると紛らわしかったり悪影響を及ぼしたりする可能性があります。デバッグメッセージをWebブラウザではなくWebサーバのエラーログに送信するには、print の代わりに error_log() 関数を使います。例12-6は例12-4のプログラムと同じですが、error_log() を使ってWebサーバのエラーログに診断メッセージを送信するところが異なります。

例12-6　エラーログデバッグ出力付きの壊れたプログラム

```
$prices = array(5.95, 3.00, 12.50);
$total_price = 0;
$tax_rate = 1.08; // 税金8%

foreach ($prices as $price) {
    error_log("[before: $total_price]");
    $total_price = $price * $tax_rate;
    error_log("[after: $total_price]");
}

printf('Total price (with tax): $%.2f', $total_price);
```

例12-6は総額行だけを出力します。

```
Total price (with tax): $13.50
```

しかし、以下のような行をWebサーバのエラーログに送信します。

```
[before: 0]
[after: 6.426]
[before: 6.426]
[after: 3.24]
[before: 3.24]
[after: 13.5]
```

　Webサーバのエラーログの実際の場所は、Webサーバの構成によって異なります。Apacheを使っている場合、エラーログの場所はApache構成ディレクティブ設定ErrorLogで指定します。

　var_dump()関数自体は情報の出力をするだけなので、エラーログに出力を送信するには、少し巧妙な処理を行う必要があります。これは、「10.6　setcookie()とsession_start()がページの先頭に来る理由」の最後に説明した出力バッファリング機能に似ています。例12-7に示すように、一時的に出力を中断させる関数でvar_dump()の呼び出しを囲みます。

例12-7　var_dump()を使ったサブミットされたすべてのフォームパラメータのエラーログへの送信

```
// 出力を表示する代わりに捕捉する
ob_start();
// 通常通りにvar_dump()を呼び出す
var_dump($_POST);
// ob_start()の呼び出し後に生成された出力を$outputに格納する
$output = ob_get_contents();
// 通常の出力表示に戻す
ob_end_clean();
// $outputをエラーログに送る
error_log($output);
```

例12-7のob_start()、ob_get_contents()、ob_end_clean()関数は、PHPエンジンが出力を生成する方法を操作します。ob_start()関数は、「今後は何も出力してはいけません。内部バッファに出力を蓄積しなさい」とエンジンに告げます。var_dump()の呼び出し時にはエンジンはob_start()の影響を受けてるので、出力はこの内部バッファに入ります。ob_get_contents()関数は内部バッファの内容を返します。ob_start()の呼び出し以降の出力はvar_dump()だけなので、var_dump()の出力が$outputに入ります。ob_end_clean()関数はob_start()の動作を取り消します。出力に関して通常の振る舞いに戻すようにPHPエンジンに伝えます。最後に、error_log()が$output（var_dump()の「出力」を保持しています）をWebサーバのエラーログに送信します。

12.3.2　デバッガの利用

前節で説明した出力してロギングする方法は簡単に使えます。しかし、プログラムを修正する必要があるので、一般ユーザがデバッグ出力を目にする本番環境では使えません。また、プログラムの実行を開始する前に出力やロギングを行いたい情報を決める必要もあります。目的の値を出力するコードを追加していなかったら、プログラムを再び修正して再実行する必要があります。

このような問題は、デバッガでプログラムを調べると解決します。デバッガは動作中にプログラムを調べることができるので、変数の値やどの関数がどの関数を呼び出しているかがわかります。これにはプログラムを変更する必要はありませんが、別の準備が必要です。

PHP対応のデバッガがいくつかあり、表12-1に示したエディタの多くはデバッガを適切に統合できるので、エディタから動作中のPHPプログラムを調べることができます。この節では、PHPに付属しているphpdbgデバッガを使ったプログラムの検査を説明します。

phpdbgデバッガはPHPバージョン5.6以降に付属しているが、PHPエンジンのインストールがphpdbgデバッガを含むように構成されていない場合がある。システムでphpdbgプログラムが実行できない場合には、PHPが--enable-phpdbgオプションを付けてインストールされているかどうかを確認してほしい（または、システム管理者に調べてもらう）。
Xdebugデバッガ（http://www.xdebug.org）は、強力で機能豊富なデバッガである。Xdebugデバッガはプロトコルを使ってエディタやIDEとやり取りできるが、使いやすいクライアントは付属していない。Xdebugは無料である。
Zend DebuggerはZend Studio（http://www.zend.com/en/products/studio）の一部である。Zend Debuggerは独自のプロトコルを使ってZend Studioとやり取りするが、PhpStormなどの他のIDEとも連携する。

phpdbgでデバッグセッションを開始するには、-e引数でデバッグしたいプログラムを指定してphpdbgプログラムを実行します。

```
phpdbg -e broken.php
```

phpdbgは以下のようにレスポンスします。

```
Welcome to phpdbg, the interactive PHP debugger, v0.4.0]
To get help using phpdbg type "help" and press enter
[Please report bugs to <http://github.com/krakjoe/phpdbg/issues>]
[Successful compilation of broken.php]
```

これはphpdbgがbroken.phpを読み込み、broken.phpに含まれるコマンドを理解し、実行の準備が整ったことを意味します。まず、**ブレークポイント**を設定します。ブレークポイントは、プログラムのある箇所に到達したら一時停止するようにphpdbgに伝えます。phpdbgが一時停止したら、プログラムの内部を調べられます。ループ内で$total_priceに値を割り当てる箇所は7行目なので、7行目で中断しましょう。

```
prompt> break 7
```

prompt>の部分は入力したものではありません。phpdbg自体がコマンドを受け入れる準備が整っていることを示すプロンプトとして出力します。break 7というコマンドは、プログラムの7行目に到達したら実行を一時停止するようにphpdbgに伝えます。phpdbgは以下のようにレスポンスします。

```
[Breakpoint #0 added at broken.php:7]
```

これで準備ができたので、プログラムの実行を開始するようにphpdbgに指示します。

```
prompt> run
```

最初から実行をはじめ、7行目のブレークポイントに到達するまでプログラムの各行を実行します。7行目に到達すると、phpdbgは次のように表示します。

```
[Breakpoint #0 at broken.php:7, hits: 1]
>00007:     $total_price = $price * $tax_rate;
 00008: }
 00009:
```

ここで、$total_priceに**ウォッチポイント**を追加できます。これは、$total_priceの値が変わるたびにプログラムの実行を一時停止するようにphpdbgに伝えます。$total_priceの値が期待通りに設定されていないので、プログラムのまさにこの値を診断する必要があります。watchコマンドはウォッチポイントを追加します。

```
prompt> watch $total_price
```

phpdbgは以下のようにレスポンスします。

```
[Set watchpoint on $total_price]
```

これでウォッチポイントを設定したので、7行目のブレークポイントはもう必要ありあせん。break delコマンドはブレークポイントを削除します。

```
prompt> break del 0
```

これは、設定した最初のブレークポイントを削除するようにphpdbgに指示します（PHPの配列要素と同様に、phpdbgでは1からではなく0から番号を付け始めます）。phpdbgは、以下のように出力してブレークポイントの削除を受け入れます。

```
[Deleted breakpoint #0]
```

プログラムの実行を続ける準備ができ、$total_priceの値が変更されるたびに一時停止するようにしました。continueコマンドは、phpdbgに実行を続けるように指示します。

```
prompt> continue
```

phpdbgは、プログラムの実行を開始します。最初に実行するコマンドは7行目のコマンドであり、$total_priceの値を変更します。したがって、すぐにプログラムの実行が一時停止し、phpdbgの出力は次の通りです。

```
[Breaking on watchpoint $total_price]
Old value: 0
New value: 6.426
>00007: $total_price = $price * $tax_rate;
 00008: }
 00009:
```

これは役に立ちます。このコードが$total_priceを0から6.426に変更しているのがわかります。次に何が起こるか見てみましょう。continueコマンドは、再び実行を進めるようにphpdbgに指示します。

```
prompt> continue
```

すると、プログラムは再び停止します。

```
[Breaking on watchpoint $total_price]
Old value: 6.426
New value: 3.24
>00007: $total_price = $price * $tax_rate;
 00008: }
 00009:
```

再びループの7行目に戻り、$total_priceが6.426から3.24に変わります。これは正しいとは思えません。$total_priceは増えているはずです。続けてみましょう。

```
prompt> continue
```

最後にもう一度、$total_priceの値が変わります。

```
[Breaking on watchpoint $total_price]
Old value: 3.24
New value: 13.5
```

```
>00007: $total_price = $price * $tax_rate;
 00008: }
 00009:
```

今回は13.5に増えています。最後のcontinueでプログラムを完了させます。

prompt> *continue*

phpdbgはプログラムの実行を続け、プログラムの実際の出力が得られます。

```
Total price (with tax): $13.50
[$total_price was removed, removing watchpoint]
[Script ended normally]
```

phpdbgがウォッチポイントで2回目に一時停止したときに、$total_priceの値の計算方法に問題があることは明らかです。これは、前節で導入したデバッグ出力と同じ結論です。

入力する具体的な構文（またはGUIをクリックする場所）はデバッガやIDEによって変わるかもしれませんが、基本的な考え方は同じです。デバッガは、特別な監視をしながらプログラムを実行します。選択した箇所でプログラムの実行を一時停止し、停止中にプログラムの内部を調べることができます。

12.4　未捕捉例外の処理

「6.3　例外を使った問題の通知」ではPHPでの例外の使い方の基本を説明し、**例6-8**では例外が発行されたのに捕捉しないとどうなるかを示しました。PHPプログラムは実行を停止し、PHPエンジンはエラー情報とスタックトレース（プログラムが停止した時点で互いに呼び出している関数のリスト）を出力します。

例外を発行する可能性があるコードは必ずtry/catchブロックで囲むべきですが、実際にはこの目標を完璧に達成するのは困難な場合もあります。サードパーティライブラリを使っているために発行する例外がわからない場合や、単に間違えて自分のコードが例外を発行する状況を忘れてしまう場合もあるでしょう。このような場合に備えて、PHPはコードが例外を処理していない場合に呼び出される特殊な例外ハンドラを指定する手段を提供しています。この例外ハンドラは例外に関する情報を記録してプログラムのユーザに情報を示すために適した場所であり、スタックトレースよりもわかりやすいでしょう。

未捕捉例外にカスタム例外ハンドラを使うには、以下の2つのことを行います。

1. 例外を処理する関数を記述する。この関数は1つの引数（例外）を取る。
2. set_exception_handler()を使い、PHPエンジンにその関数を伝える。

例12-8はユーザに適切なエラーメッセージを表示し、例外に関するさらに詳しい情報をロギングする例外ハンドラを設定します。

例12-8　カスタム例外ハンドラの設定

```
function niceExceptionHandler($ex) {
    // ユーザに脅威ではないことを伝える
    print "Sorry! Something unexpected happened. Please try again later.";
    // システム管理者が精査するための詳細情報をロギングする
    error_log("{$ex->getMessage()} in {$ex->getFile()} @ {$ex->getLine()}");
    error_log($ex->getTraceAsString());
}

set_exception_handler('niceExceptionHandler');

print "I'm about to connect to a made up, pretend, broken database!\n";

// PDOコンストラクタに渡すDSNが有効なデータベースや
// 接続パラメータを示していないので、コンストラクタは例外を発行する
$db = new PDO('garbage:this is obviously not going to work!');

print "This is not going to get printed.";
```

例12-8では、niceExceptionHandler()関数はprintを使ってユーザに簡単なメッセージを表示し、error_log()とExceptionオブジェクトのメソッドを使って精査するための詳細な技術情報をロギングします。niceExceptionHandler引数（文字列）でset_exception_handler()を呼び出すと、未処理例外をその関数に渡すようにPHPに指示します。

例12-8の出力は以下のようになります。

```
I'm about to connect to a made up, pretend, broken database!
Sorry! Something unexpected happened. Please try again later.
```

ロギングされたエラー情報は以下のようになります。

```
could not find driver in exception-handler.php @ 17
#0 exception-handler.php(17): PDO->__construct('garbage:this is...')
#1 {main}
```

これで機密情報（データベース認証情報やファイルパスなど）が漏洩する可能性がある紛らわしい技術的詳細をユーザが目にすることはありませんが、後で精査するためにその情報をエラーログに格納します。

カスタム例外ハンドラは、例外処理後にプログラムが停止しないようにするわけではありません。例外ハンドラの実行後、プログラムは終了します。そのため、**例12-8**では`This is not going to get printed.`の行を出力することはありません。

12.5　まとめ

本章では次の内容を取り上げました。

- Webブラウザ、Webサーバのエラーログ、またはその両方にエラーを出力するように設定する。
- PHPエンジンのエラー報告レベルを設定する。
- PHP対応テキストエディタの長所を理解する。
- パースエラーメッセージを解読する。
- パースエラーを探し出して修正する。
- print、var_dump()、error_log()でデバッグ情報を出力する。
- var_dump()の出力を出力バッファリング関数でエラーログに送る。
- デバッガで動作中のプログラムを調べる。
- 他のコードで捕捉されない例外を処理する。

12.6　演習問題[*1]

1. 以下のプログラムには構文エラーがあります。

    ```
    <?php
    $name = 'Umberto';
    function say_hello() {
        print 'Hello, ';
        print global $name;
    }
    say_hello();
    ?>
    ```

    PHPエンジンでプログラムを実行せずに、エンジンがプログラムを実行しようとしたときに出力するパースエラーがどのようになるかを考えなさい。プログラムを適切に実行させてHello, Umbertoと出力するには、プログラムにどのような変更を加えなければいけないか。

2. 「7章　ユーザとの情報交換：Webフォームの作成」の演習問題3の答えのvalidate_form()関数を修正し、Webサーバのエラーログにサブミットされたフォームパラメータのすべての名前と値を出力するようにしなさい。

3. 「8章　情報の保存：データベース」の演習問題4の答えを修正し、WebブラウザとWebサーバのエラーログでは異なるメッセージを出力するカスタムデータベースエラー処理関数を使うようにしなさい。このエラー処理関数は、エラーメッセージを出力した後に終了する。

4. 次のプログラムで、「8章　情報の保存：データベース」の演習問題4のテーブルの全顧客のアルファベット順リストを出力させたい。このプログラムのエラーを探し出して修正しなさい。

    ```
    <?php
    // データベースに接続する
    try {
    ```

[*1] 答えは本書のWebサイト (http://www.oreilly.co.jp/books/9784873117935/) に掲載している。

```php
        $db = new PDO('sqlite::/tmp/restaurant.db');
    } catch ($e) {
        die("Can't connect: " . $e->getMessage());
    }
    // 例外エラー処理を設定する
    $db->setAttribute(PDO::ATTR_ERRMODE, PDO::ERRMODE_EXCEPTION);
    // フェッチモードを設定する：配列としての行
    $db->setAttribute(PDO::ATTR_DEFAULT_FETCH_MODE, PDO::FETCH_ASSOC);
    // データベースから料理名の配列を取得する
    $dish_names = array();
    $res = $db->query('SELECT dish_id,dish_name FROM dishes');
    foreach ($res->fetchAll() as $row) {
        $dish_names[ $row['dish_id']]] = $row['dish_name'];
    }
    $res = $db->query('SELECT ** FROM customers ORDER BY phone DESC');
    $customers = $res->fetchAll();
    if (count($customers) = 0) {
        print "No customers.";
    } else {
        print '<table>';
        print '<tr><th>ID</th><th>Name</th><th>Phone</th>
    <th>Favorite Dish</th></tr>';
        foreach ($customers as $customer) {
            printf("<tr><td>%d</td><td>%s</td><td>%f</td><td>%s</td></tr>\n",
                $customer['customer_id'],
                htmlentities($customer['customer_name']),
                $customer['phone'],
                $customer['favorite_dish_id']);
        }
        print '</table>';
    ?>
```

13章
テスト：プログラムが
正しく動作するようにする

　プログラムが意図通りに動作していることをどのように知るのでしょうか。詳細に細心の注意を払っても、消費税計算関数が正しく機能していると確信できるでしょうか。どうすればわかるのでしょうか。

　本章では、このような疑問に対する答えを提供してみなさんを安心させます。**単体テスト**は、少量のコードを監査する手段です。「この関数にこの値を入れたら、この別の値が得られるはずである」ということを確認します。適切な状況でのコードの振る舞いを調べるテストを作成すると、プログラムの振る舞いに自信が持てます。

　PHPUnitは、PHPコードのテストを記述するためのデファクトスタンダードです。テスト自体も少量のPHPコードです。次の節では、PHPUnitのインストール方法を説明します。「テストの記述」では、コードとそのコードの最初のテストを示します。このコードを使って実行してPHPUnitを適切にインストールしていることを確認し、テストの基本を理解します。

　そして、「13.3　テスト対象の分離」では、行いたいテストに最大効率で焦点を絞る方法を説明します。

　「13.4　テスト駆動開発」ではテストコードを拡張し、まだ存在していないコードのテストを追加してからそのテストに通るコードを追加します。このテクニックは、適切にテストされるコードを記述するようにするための便利な方法になります。

　本章の最後では、「13.5　テストに関する詳細情報」でPHPUnitとテスト全般に関する詳しい情報がある場所を紹介します。

13.1　PHPUnitのインストール

　PHPUnitを実行するための最も手軽な方法は、PHPUnitパッケージ全体の自己完結型PHPアーカイブをダウンロードして実行可能形式にすることです。PHPUnitのWebサイト（https://phpunit.de/getting-started.html）で説明しているように、PHPUnitプロジェクトはこのアーカイブをhttps://phar.phpunit.de/phpunit.pharで入手できるようにしています。このファイルをダウ

ンロードし、例13-1のように実行可能形式にして直接実行するか、例13-2のようにphpコマンドラインプログラムで実行できます。

例13-1　実行可能PHARファイルとしてのPHPUnitの実行

```
# phpunit.phar が現在のディレクトリにあるとすると、
# 以下のコマンドで実行可能形式になる
chmod a+x phpunit.phar
# 以下で実行する
./phpunit.phar -version
```

例13-2　phpコマンドラインプログラムでのPHPUnitの実行

```
php ./phpunit.phar -version
```

どのようにPHPUnitを実行しても、正しく動作していればphpunit.phar -versionの出力は以下のようになります。

```
PHPUnit 4.7.6 by Sebastian Bergmann and contributors.
```

Composerでパッケージや依存関係を管理する大規模プロジェクトでのテストにPHPUnitを使うことに決めた場合には、以下のコマンドを実行してcomposer.jsonファイルのrequire-devセクションにPHPUnitへの参照を追加します。

```
composer require-dev phpunit/phpunit
```

13.2　テストの記述

例5-11のrestaurant_check()関数は、料理の値段、税率、チップ率を指定するとレストランの料理の総額を計算します。思い出すために、例13-3にこの関数を再び示します。

例13-3　restaurant_check()

```
function restaurant_check($meal, $tax, $tip) {
    $tax_amount = $meal * ($tax / 100);
    $tip_amount = $meal * ($tip / 100);
    $total_amount = $meal + $tax_amount + $tip_amount;
    return $total_amount;
}
```

PHPUnitのテストは、クラス内のメソッドとして構成されます。テストを含めるクラスを記述するには、PHPUnit_Framework_TestCaseクラスを拡張します。テストを実装するメソッドの名前はtestから始めます。例13-4に、restaurant_check()のテストを含むクラスを示します。

例 13-4　レストラン精算のテスト

```
include 'restaurant-check.php';

class RestaurantCheckTest extends PHPUnit_Framework_TestCase {

    public function testWithTaxAndTip() {
        $meal = 100;
        $tax = 10;
        $tip = 20;
        $result = restaurant_check($meal, $tax, $tip);
        $this->assertEquals(130, $result);
    }

}
```

例 13-4 は restaurant_check() 関数が restaurant-check.php という名前のファイルで定義されていることを前提とし、テストクラスを定義する前に restaurant-check.php をインクルードしています。テストするコードを読み込み、テストクラスで起動できるようにするのは自分の責任です。

テストを実行するには、コードを保存したファイル名を引数として PHPUnit プログラムに渡します。

```
phpunit.phar RestaurantCheckTest.php
```

すると、以下のように出力します。

```
PHPUnit 4.8.11 by Sebastian Bergmann and contributors.

.

Time: 121 ms, Memory: 13.50Mb

OK (1 test, 1 assertion)
```

Time: 行の前の . は、それぞれ実行した 1 つのテストを表します。最後の行「OK (1 test, 1 assertion)」はすべてのテストの状態、実行したテストの数、すべてのテストに含まれるアサーションの数を示しています。OK 状態は、失敗したテストがなかったことを意味します。この例にはテストメソッド testWithTaxAndTip() が 1 つあり、このテストメソッド内にはアサーションが 1 つありました。それは、関数からの返り値が 130 に等しいことを確認する assertEquals() の呼び出しです。

一般に、テストメソッドは上記の例のような構造を持ち、test から始まるテストの振る舞いを表す名前が付けられています。テストメソッドは、コードをテストするために必要な変数の初期化や設定を行います。そして、テストするコードを起動します。次に、何が起こるかに関するアサーションを行います。アサーションは PHPUnit_Framework_TestCase クラスのインスタンスメソッド

として利用できるので、テストサブクラスで利用できます。

　アサーションメソッドは名前がassertから始まり、値が等しいかどうか、配列に要素が存在するかどうか、オブジェクトがあるクラスのインスタンスかどうかなどのコードの動作に関するあらゆる側面を調べます。PHPUnitマニュアルのAppendix A（https://phpunit.de/manual/current/en/appendixes.assertions.html）には、利用できるアサーションメソッドの一覧があります。

　PHPUnitは、テストに失敗すると出力が変わります。例13-5は、RestaurantCheckTestクラスに2つ目のテストメソッドを追加します。

例13-5　失敗するアサーションを含むテスト

```
include 'restaurant-check.php';

class RestaurantCheckTest extends PHPUnit_Framework_TestCase {

    public function testWithTaxAndTip() {
        $meal = 100;
        $tax = 10;
        $tip = 20;
        $result = restaurant_check($meal, $tax, $tip);
        $this->assertEquals(130, $result);
    }

    public function testWithNoTip() {
        $meal = 100;
        $tax = 10;
        $tip = 0;
        $result = restaurant_check($meal, $tax, $tip);
        $this->assertEquals(120, $result);
    }
}
```

　例13-5では、testWithNoTip()テストメソッドは消費税10%でチップなしでの100ドルの請求総額が120ドルになると示していますが、正しくありません。総額は110ドルになるはずです。この例でのPHPUnitの出力は次の通りです。

```
PHPUnit 4.8.11 by Sebastian Bergmann and contributors.

.F

Time: 129 ms, Memory: 13.50Mb

There was 1 failure:

1) RestaurantCheckTest::testWithNoTip
Failed asserting that 110.0 matches expected 120.
```

```
RestaurantCheckTest.php:20

FAILURES!
Tests: 2, Assertions: 2, Failures: 1.
```

テストが失敗するので、出力の冒頭に.ではなくFが表示されます。また、PHPUnitは失敗に関する詳細も報告します。失敗を含むテストクラスとテストメソッドと、失敗したアサーションを通知します。テストコードは120（assertEquals()の第1引数）を期待していましたが、110（assertEquals()の第2引数）でした。

testWithNoTip()のアサーションで代わりに110を期待するように変更すれば、テストに通ります。

テストが十分にさまざまな状況を網羅し、コードの振る舞いが期待通りになるまでに、通常はある程度の考慮と創造力が必要です。例えば、restaurant_check()はチップをどのように計算すべきでしょうか。料理の代金のみからチップの金額を計算する人もいれば、料理の代金と税金を合わせた額からチップを計算する人もいます。テストは、関数の振る舞いを明確にするための優れた手段です。例13-6は、関数の既存の振る舞いを検証するテストを追加します。税金は含めず、料理の代金のみからチップの額を計算します。

例13-6　チップの計算方法のテスト

```
include 'restaurant-check.php';

class RestaurantCheckTest extends PHPUnit_Framework_TestCase {

    public function testWithTaxAndTip() {
        $meal = 100;
        $tax = 10;
        $tip = 20;
        $result = restaurant_check($meal, $tax, $tip);
        $this->assertEquals(130, $result);
    }

    public function testWithNoTip() {
        $meal = 100;
        $tax = 10;
        $tip = 0;
        $result = restaurant_check($meal, $tax, $tip);
        $this->assertEquals(110, $result);
    }

    public function testTipIsNotOnTax() {
        $meal = 100;
        $tax = 10;
```

```
        $tip = 10;
        $checkWithTax = restaurant_check($meal, $tax, $tip);
        $checkWithoutTax = restaurant_check($meal, 0, $tip);
        $expectedTax = $meal * ($tax / 100);
        $this->assertEquals($checkWithTax, $checkWithoutTax + $expectedTax);
    }
}
```

testTipIsNotOnTax()メソッドは、2通りの計算を行います。指定の税率での計算と税率0での計算です。この2つの計算結果の差が予想される税額です。また、チップは同額になるでしょう。このテストメソッドのアサーションは、税込みの額が税抜きの額と予想される税額の合計に等しいかを調べます。さらに、この関数が税額に対してチップを計算していないことも保証します。

13.3　テスト対象の分離

生産性の高いテストに重要な原則は、テストする対象をできるだけ分離することです。テスト関数外には、内容や振る舞いがテスト関数の結果を変える可能性があるグローバル状態や寿命の長いリソースがないことが理想です。テスト関数は、実行順にかかわらず同じ結果になるべきです。

例7-13のvalidate_form()関数を考えてみましょう。validate_form()関数は、受信データを検証するために$_POSTを調べ、filter_input()を使ってINPUT_POSTを直接操作します。これは検証が必要なデータにアクセスするための簡潔な方法です。しかし、この関数をテストするには、スーパーグローバル配列$_POSTの値を調整しなければならないように思われます。さらに、これはfilter_input()を適切に動作させることもできません。filter_input()は、$_POSTの値を変更しても土台となる未修正のサブミットされたフォームデータを常に調べます。

この関数をテストできるようにするには、検証するサブミットされたフォームデータを引数として渡す必要があります。すると、$_POSTの代わりにこの配列を参照でき、filter_var()で配列の要素を調べられます。例13-7に、validate_form()関数の分離バージョンを示します。

例13-7　分離したフォームデータ検証

```
function validate_form($submitted) {
    $errors = array();
    $input = array();
    $input['age'] = filter_var($submitted['age'] ?? NULL, FILTER_VALIDATE_INT);
    if ($input['age'] === false) {
        $errors[] = 'Please enter a valid age.';
    }

    $input['price'] = filter_var($submitted['price'] ?? NULL,
                                 FILTER_VALIDATE_FLOAT);
    if ($input['price'] === false) {
        $errors[] = 'Please enter a valid price.';
```

```php
    }
    $input['name'] = trim($submitted['name'] ?? '');
    if (strlen($input['name']) == 0) {
        $errors[] = "Your name is required.";
    }

    return array($errors, $input);
}
```

　filter_var()の第1引数はフィルタリングする変数です。ここでは未定義変数と未定義配列インデックスに関するPHPの一般的な規則が適用されるため、null合体演算子を使って($submitted['age'] ?? NULL)、フィルタリングする値が配列に存在しない場合にNULLを提供します。NULLは有効な整数や浮動小数点ではないので、その場合には無効な数値が指定されたときと同様にfilter_var()はfalseを返します。

　アプリケーションから修正版のvalidate_form()を呼び出すときには、引数として$_POSTを渡します。

```php
list ($form_errors, $input) = validate_form($_POST);
```

　テストコードでは、テストしたい状況を実現する偽のフォーム入力の配列を渡し、アサーションで結果を検証します。例13-8にvalidate_form()のテストをいくつか示します。小数の年齢は許可しないことを確認するテスト、ドル記号の付いた値段は許可しないことを確認するテスト、無効な値段、年齢、名前を指定したときに適切な値を返すことを確認するテストです。

例13-8　分離されたフォームデータ検証のテスト

```php
// validate_form()はこのファイルで定義されている
include 'isolate-validation.php';

class IsolateValidationTest extends PHPUnit_Framework_TestCase {

    public function testDecimalAgeNotValid() {
        $submitted = array('age' => '6.7',
                           'price' => '100',
                           'name' => 'Julia');
        list($errors, $input) = validate_form($submitted);
        // 1つだけのエラーを期待する -- 年齢に関するエラー
        $this->assertContains('Please enter a valid age.', $errors);
        $this->assertCount(1, $errors);
    }

    public function testDollarSignPriceNotValid() {
        $submitted = array('age' => '6',
                           'price' => '$52',
```

```
                            'name' => 'Julia');
        list($errors, $input) = validate_form($submitted);
        // 1つだけのエラーを期待する -- 値段に関するエラー
        $this->assertContains('Please enter a valid price.', $errors);
        $this->assertCount(1, $errors);
    }

    public function testValidDataOK() {
        $submitted = array('age' => '15',
                           'price' => '39.95',
                           // 名前の前後に取り除くべき
                           // ホワイトスペースがある
                           'name' => ' Julia ');
        list($errors, $input) = validate_form($submitted);
        // エラーを予期していない
        $this->assertCount(0, $errors);
        // 入力に3つのものを期待する
        $this->assertCount(3, $input);
        $this->assertSame(15, $input['age']);
        $this->assertSame(39.95, $input['price']);
        $this->assertSame('Julia', $input['name']);
    }
}
```

　例13-8では、新しいアサーションassertContains()、assertCount()、assertSame()を使っています。assertContains()とassertCount()は、配列で便利です。assertContains()は配列にある要素が存在するかどうかを確認し、assertCount()は配列のサイズを調べます。この2つのアサーションは、このテストの$errors配列と、3番目のテストの$input配列に期待している状況を表します。

　assertSame()アサーションはassertEquals()に似ていますが、さらに一歩踏み込みます。2つの値が等しいことを調べるだけでなく、2つの値の型が同じであることも確認します。文字列'130'と整数130を指定するとassertEquals()アサーションは成功しますが、assertSame()は失敗します。testValidDataOK()でassertSame()を使うと、入力データ変数の型がfilter_var()で適切に設定されているかを調べます。

13.4　テスト駆動開発

　テスト駆動開発（TDD：Test-Driven Development）はテストを有効に活用するプログラミングテクニックで、広く使われています。TDDの狙いは、実装すべき新機能があるときに、コードを書く**前**にその機能のテストを書くことです。テストは、期待するコードの動作を表します。そして、テストに通るように新機能のコードを書きます。

　TDDはあらゆる状況に適しているわけではありませんが、何を行う必要があるかを明確にし、コードを網羅する包括的なテストを作成できます。例として、TDDを使ってチップを計算すると

きに総額に税金を含めるオプションの機能をrestaurant_check()関数に追加できます。この機能は、restaurant_check()関数へのオプションの第4引数として実装します。true値は、チップ計算に税金を含めるようにrestaurant_check()に指示します。false値は、税金を含めないように指示します。値を指定しない場合には、これまでと同様に振る舞うべきです。

　まずはテストです。チップ計算に税金を含め、請求総額が正しくなるようにrestaurant_check()に指示するテストが必要です。また、チップ計算に税金を含めないように明示的に指示したときに正しく機能することを確認するテストも必要です。この2つの新しいテストメソッドを**例13-9**に示します（わかりやすくするために、テストクラス全体ではなくこの2つのメソッドだけを示します）。

例13-9　新しいチップ計算ロジックのテストの追加

```php
public function testTipShouldIncludeTax() {
    $meal = 100;
    $tax = 10;
    $tip = 10;
    // 第4引数のtrueは、税込みで
    // チップ計算を行うことを示す
    $result = restaurant_check($meal, $tax, $tip, true);
    $this->assertEquals(121, $result);
}

public function testTipShouldNotIncludeTax() {
    $meal = 100;
    $tax = 10;
    $tip = 10;
    // 第4引数のfalseは、税抜きで
    // チップ計算を行うことを明示的に示す
    $result = restaurant_check($meal, $tax, $tip, false);
    $this->assertEquals(120, $result);
}
```

　この新しいテストtestTipShouldIncludeTax()が失敗しても驚かないでしょう。

```
PHPUnit 4.8.11 by Sebastian Bergmann and contributors.

...F.

Time: 138 ms, Memory: 13.50Mb

There was 1 failure:

1) RestaurantCheckTest::testTipShouldIncludeTax
Failed asserting that 120.0 matches expected 121.

RestaurantCheckTest.php:40
```

```
FAILURES!
Tests: 5, Assertions: 5, Failures: 1.
```

このテストに通るには、例13-10に示すようにrestaurant_check()でチップ計算の振る舞いを制御する第4引数に対応する必要があります。

例13-10　チップ計算ロジックの変更

```
function restaurant_check($meal, $tax, $tip, $include_tax_in_tip = false) {
    $tax_amount = $meal * ($tax / 100);
    if ($include_tax_in_tip) {
        $tip_base = $meal + $tax_amount;
    } else {
        $tip_base = $meal;
    }
    $tip_amount = $tip_base * ($tip / 100);
    $total_amount = $meal + $tax_amount + $tip_amount;

    return $total_amount;
}
```

例13-10の新しいロジックでは、restaurant_check()関数は第4引数に対応し、それに応じてチップの計算方法を変更します。このバージョンのrestaurant_check()はすべてのテストに通ります。

```
PHPUnit 4.8.11 by Sebastian Bergmann and contributors.

.....

Time: 120 ms, Memory: 13.50Mb

OK (5 tests, 5 assertions)
```

このテストクラスにはこの新機能の新しいテストだけでなく古いテストもすべて含まれているので、新機能追加前にrestaurant_check()を使っていた既存コードも引き続き正常に動作することを保証します。包括的なテストは、コードへの変更で既存機能が壊れないことを再確認します。

13.5　テストに関する詳細情報

プロジェクトが大きくなると、包括的なテストのメリットも大きくなります。最初は、一見余計と思われる大量のコードを記述して、restaurant_check()の基本的な数学演算などの明らかなことを検証するのは面倒に思えます。しかし、プロジェクトの機能がどんどん増えてくると（そして、おそらくますます多くの人が関わってくると）、テストの累積はとても貴重なものになります。

突拍子がなくなることを許さないコンピュータ科学の形式手法ではない限り（まれに昨今のPHPアプリケーションで目にすることはありますが）、テストの結果こそが「プログラムが思い通りに

動作していることをどのように知るのか」という疑問に答える証拠となります。テストによって、プログラムをさまざまな方法で実行して、結果が期待通りであることを保証するので、プログラムが何を行うかがはっきりします。

本章では、PHPUnitをプロジェクトに統合して簡単なテストを記述するための基本を示しています。さらに踏み込むために、PHPUnitとテスト全般に関する追加の情報源を以下に示します。

- PHPUnitマニュアル（https://phpunit.de/manual/current/en/index.html）が網羅的で役に立つ。このマニュアルには、一般的なPHPUnitタスクについてのチュートリアル形式の情報やPHPUnitの機能に関する参考資料が含まれている。
- https://phpunit.de/presentations.htmlには、PHPUnitに関するプレゼンテーションの素晴らしいリストがある。
- 人気のPHPパッケージのtestディレクトリを調べ、そのパッケージがどのようにテストを行っているかを理解するのも参考になる。Zend Frameworkでは、GitHubにzend-formコンポーネント（https://github.com/zendframework/zend-form/tree/master/test）とzend-validator（https://github.com/zendframework/zend-validator/tree/master/test）のテストがある。人気のMonologパッケージ（https://github.com/Seldaek/monolog/tree/master/tests/Monolog）のテストもGitHubにある。
- 当然ながら、PHPUnitには振る舞いを検証する大量のテスト（https://github.com/sebastianbergmann/phpunit/tree/master/tests）がある。これらのテストはPHPUnitテストである。

13.6　まとめ

本章では次の内容を取り上げました。

- コードテストの利点を理解する。
- PHPUnitをインストールして実行する。
- PHPUnitでテストケースクラス、テストメソッド、アサーションがどのように連携して動作するかを理解する。
- 関数の振る舞いを検証するテストを書く。
- PHPUnitでテストを実行する。
- テストが成功したときと失敗したときのPHPUnitの出力を理解する。
- テストするコードを分離する理由を理解する。
- コードからグローバル変数を取り除いてテストできるようにする。
- テスト駆動開発について学ぶ。
- 新機能のコードを書く前にその機能のテストを書く。
- 新しいテストに通るようにコードを書く。

- PHPUnitとテストに関する詳細情報がある場所を知る。

13.7　演習問題[*1]

1. 「13.1　PHPUnitのインストール」の説明に従ってPHPUnitをインストールし、テストに通る簡単な1つのアサーション（`$this->assertEquals(2, 1 + 1);`など）を含む1つのテストを持つテストクラスを書き、そのテストクラスでPHPUnitを実行しなさい。

2. 例13-8に、名前がサブミットされなかったときにエラーを返すことを保証するテストケースを追加しなさい。

3. 例7-29の`select()`関数の振る舞いを検証するテストを書きなさい。必ず次の状況を考慮する。
   - オプションの連想配列が指定されたら、`<option>`タグの`value`属性として配列キーを使い、`<option>`と`</option>`の間のテキストとして配列値を使って`<option>`タグを表示する。
   - オプションの数値配列が指定されたら、`<option>`タグの`value`属性として配列インデックスを使い、`<option>`と`</option>`の間のテキストとして配列値を使って`<option>`タグを表示する。
   - 属性が指定されない場合、開きタグは`<select>`になる。
   - 属性が真偽値`true`で指定されたら、その属性の名前だけを開き`<select>`タグ内に指定する。
   - 属性が真偽値`false`で指定されたら、その属性は開き`<select>`タグ内に指定しない。
   - 属性がその他の値で指定されたら、その属性と値を開き`<select>`タグ内に*attribute=value*のペアとして指定する。
   - `multiple`属性が設定されていたら、開き`<select>`タグの`name`属性の値に`[]`を付け加える。
   - `<`や`&`などの特殊文字を含む属性値やオプションテキストは、`&lt;`や`&amp;`などのエンコードされたHTMLエンティティを使って表示する。

4. HTML5フォーム仕様（https://www.w3.org/TR/html5/forms.html）には、フォーム要素に使える具体的な属性の一覧が詳しい説明付きで挙げられている。考えられる属性の完全な組み合わせは膨大な数である。しかし、比較的制約がある属性もある。例えば、`<button>`タグは`type`属性に使える値として`submit`、`reset`、`button`の3つしかサポートしていない。

   まずはFormHelperを修正せずに、`<button>`タグに指定された`type`属性の値を調べる新しいテストを書きなさい。この属性はオプションであるが、指定された場合には、使用可能な3つの値のいずれかに限られる。

   テストが完成したら、テストに通るようにFormHelperの新しいコードを書きなさい。

[*1]　答えは本書のWebサイト（http://www.oreilly.co.jp/books/9784873117935/）に掲載している。

14章
ソフトウェア開発で心得ておきたいこと

　これまでとは異なり、本章ではPHPプログラムで何かを行う方法を詳しく調べることはしません。その代わりに、ソフトウェア開発全般に当てはまるツールやトピックを取り上げます。これらのテクニックは他の人と協働するときに便利ですが、自分1人だけでプロジェクトに取り組むときにも役立ちます。

　ソフトウェアプロジェクトは、特定の処理を行わせるPHPコードだけではありません。コードの変更履歴を管理し、バグが入り込んだ場合に古いバージョンに戻したり、2人の人がコードの同じ部分に行った変更を調整できるようにする必要もあります。バグが発生したりユーザから新機能の要望があったら、どのようにそのタスクを管理するのでしょうか。バグは修正されているのでしょうか。このバグを修正するためにどのコードを変更したのでしょうか。誰が修正したのでしょうか。バグを修正したバージョンのコードをユーザが使っているのでしょうか。バージョン管理システム（「14.1　バージョン管理」で説明）と課題管理システム（「14.2　課題管理」で説明）は、このような疑問を解決する情報を提供します。

　最小規模のプロジェクト以外では、変更を行う際は、ユーザが使用する実際のWebサイトで動作中のコードの編集は避けたいものです。ユーザが問題にさらされる危険があるからです。うっかりとタイプミスをしたファイルを保存してしまったり、時間のかかる計算でサーバをダウンさせるような変更を行ってしまったら、ユーザは不満に思うでしょう。

　その代わりに、プログラムの動作に満足したときだけユーザがアクセスするサーバにファイル群をリリースするようにします。「14.3　環境とデプロイ」では、その方法とPHPプログラムをさまざまな状況でスムーズに実行する方法を説明します。

　本章の最後では、「14.4　スケーリングはゆくゆく考える」でWebサイトのパフォーマンスを考慮すべき時期と必要に応じて最適化する方法を簡単に説明します。

14.1　バージョン管理

　バージョン管理システムでは、ファイルの変更を管理します。コードの変更履歴の閲覧、変更者の確認、バージョンの比較を行うことができます。また、2人の管理者が別々に変更を行っても、その変更を簡単に統合できます。

　バージョン管理システムは複数の人がプロジェクトに参加するときに不可欠ですが、1人で取り組んでいるプロジェクトでも便利です。「時間をさかのぼり」以前の時点でのコードの中身を確認できると、どの時点でバグが入り込んだのかを割り出すときに便利です。

　人気のあるバージョン管理システムは数多く、どれを使うかは個人の好みの場合もあれば（自分自身のプロジェクトの場合）、決まっている場合もあります（すでにバージョン管理システムを使っている既存プロジェクトに参加する場合）。PHPエンジン自体のコードは、Gitで管理されています。PHPエンジンのソースコードは、http://git.php.netで閲覧できます。その他の人気のバージョン管理システムには、Mercurial（https://www.mercurial-scm.org/）やSubversion（http://subversion.apache.org/）などがあります。

Gitについて学ぶ

　Gitは人気があり、強力で機能が豊富です。Git（またはその他のバージョン管理システム）を使ったことがなければ、https://try.github.ioの素晴らしいチュートリアルに目を通してみましょう。ターミナルプロンプトがブラウザに表示され、基本事項を説明してくれます。ファイルへの変更の管理、変更の実施、変更の取り消し、行った変更リストの表示をGitに指示する方法がわかります。

　バージョン管理システムは、テキストファイルの扱いを得意とします。PHPコードは基本的にテキストファイルの集合なので、一般的なバージョン管理システムで適切に扱うために特別なことをする必要はありません。それでも、いくつかの規約に従うとコードをさらに管理しやすくなります。

　その1つはファイルをクラスへまとめる方法です。オブジェクト指向コードを書いている場合には、ファイルごとに1つのクラスだけを定義し、ファイル名とクラス名を同じ名前します（.php拡張子を付けます）。名前空間内にクラスを定義したら、それぞれの名前空間に対応するディレクトリを作成してそのディレクトリにファイルを配置します。

　例えば、CheeseGraterという名前のクラスはCheeseGrater.phpファイルに入れます。このクラスをUtensils名前空間に定義した場合、CheeseGrater.phpはUtensilsサブディレクトリに入れます。複数階層の名前空間は、複数のサブディレクトリを意味します。完全修飾名が\Kitchen\Utensils\CheeseGraterのクラスは、パスKitchen/Utensils/CheeseGrater.phpに入ります。

　この規約はPSR-4というもので、PSRはPHP Standard Recommendation（PHP標準勧告）を

表します。PHP標準勧告（http://www.php-fig.org/psr/）は、ほとんどの主要なPHPプロジェクトで使うコーディングスタイルと構成に関する規約です。

14.2　課題管理

　何に取り組むべきかを管理する方法はたくさんあります。正式な課題管理（イシュートラッキング）システムは、バグ、機能要求、対処する必要があるその他の作業のリストを保持する確実な方法です。課題管理システムは、作業を担当者に割り当てます。作業は、優先度、作業にかかる推定時間、進捗と完了状況、コメントなどの関連するメタデータと関連付けられます。このメタデータで課題背景のソート、検索、理解がスムーズになります。

　現在は多くの課題管理システムがあり、バージョン管理システムと同様にどれを使うかは参加しているプロジェクトや勤務先で使用するものに依存しますが、候補としてMantisBT（http://www.mantisbt.org/）を挙げておきます。MantisBTはオープンソースで、MantisBT自体がPHPで書かれているからです。

　課題管理システムは使用プログラミング言語を問わないので、PHPプログラムと適切に連携させるために特別な作業は必要ありません。しかし、特定の課題に関連するコードを書く場合は、プログラムに課題IDを示しておくとよいでしょう。

　課題管理システムが管理する課題にはIDが付いています。IDは数字、文字、または数字と文字の組み合わせにすることができ、課題を参照するための簡潔で一意な手段を提供します。例えば、「メールアドレスに+が入っているとログインが正しく機能しない」というバグを課題管理システムに登録し、ID MXH-26が割り当てられたら、この問題を修正するコードを書く際に、コメントにこの課題IDを入れておきます。例を挙げましょう。

```
// MXH-26：+ の問題を避けるためのURLエンコードメールアドレス
$email = urlencode($email);
```

　このようにすると、このコードを見た他の開発者にも課題番号が明らかで、このコードが存在する理由の背景と説明を課題管理システムで調べられます。

14.3　環境とデプロイ

　PHPプログラムを書く際、編集中のファイルはユーザリクエストにレスポンスするときにWebサーバが読み込むファイルと同じではないことが理想です。このような「稼働中」のファイルを直接編集すると、多くの問題を引き起こす危険があります。

- タイプミスをしたファイルを保存すると、すぐにユーザにエラーが表示される。
- エディタが自動的に保存するバックアップコピーに悪意のある人がアクセスできる可能性がある。
- 実際のユーザが目にする前に変更をテストする適切な方法がない。

このような問題は、さまざまな**環境**（コードを実行できる別々のコンテキスト）を保持することで回避します。少なくとも、**開発**環境と**本番**環境が必要です。開発環境は作業を行う場所であり、本番環境は実際のユーザとやり取りするコードを実行する場所です。一般的には、開発環境は自分のコンピュータ上に構築し、本番環境はAmazon Web ServicesやGoogle Cloud Platformなどのクラウドホスティングプロバイダやデータセンターのサーバ上に構築します。

本章で取り上げるソフトウェアエンジニアリングの他の側面と同様に、さまざまな環境の構築、環境間でのコードの移動、関係する全コンピュータの管理には多くの方法があります。このようなツールやテクニックは、通常は言語固有ではありません。しかし、さまざまな環境でPHPコードをシームレスに実行しやすくする方法があります。

最も重要なことは、環境固有の構成情報をコードと分離し、コード自体を変更せずに構成情報を交換できるようにすることです。構成情報とは、データベースホスト名とログイン認証情報、ログファイルの場所、その他のファイルシステムパス、ロギングの冗長性などのデータです。PHPは構成情報をプログラムに取り込むメソッドを用意しているので、構成情報を別のファイルに入れておきます。

parse_ini_file()関数は、*key=value*構成ファイル（PHPエンジンのphp.iniファイルと同じフォーマット）の内容を連想配列に変換します。例えば、次の構成ファイルがあるとします。

```
;
; 構成ファイルのコメント行はセミコロンから始まる
;

; データベース情報
; dsn値には=が含まれるので引用符で囲む必要がある
dsn="mysql:host=db.dev.example.com;dbname=devsnacks"
dbuser=devuser
dbpassword=raisins
```

例14-1はこの構成ファイルを読み込み（config.iniに保存されているとします）、その構成データを使ってデータベース接続を確立します。

例14-1　構成ファイルの読み込み

```
$config = parse_ini_file('config.ini');
$db = new PDO($config['dsn'], $config['dbuser'], $config['dbpassword']);
```

例14-1では、parse_ini_file()が返す配列にはconfig.iniの**key=value**行に対応するキーと値が含まれます。異なるデータベース接続情報を持つ別の環境では、PHPプログラムを変更する必要はありません。正しい接続を確立するために必要なものは、新しいconfig.iniファイルだけです。

14.4　スケーリングはゆくゆく考える

　大規模システムの構築や実行に興味を持っているソフトウェアエンジニアや企業の人たちと話をすると、「スケーリングできるか」や「このシステムはスケーラブルか」といった質問をよく受けます。彼らは、（時には不正確に）このシステムが多くの人が使う大規模システムになった場合の対応を知りたいのです。利用者が3人のときに高速なWebサイトは、利用者が3,000人になったら遅くなるでしょうか。300万人になったらどうでしょうか。

　スケーラブルなシステムを構築するための初心者のプログラマへ贈る、私の最善のアドバイスは、「今のところは心配しない」です。負荷が高くなっても問題がほとんどないことを事前に保証しておくよりも、最初は軽い負荷で（ほとんど）正常に機能させることの方がずっと重要です。

大規模システムでPHPを使う

　PHPは簡単に始められるので、無数の小規模Webサイトで使用されています。そればかりでなく、とても巨大なシステムにも対応しています。Facebookは、独自バージョンのPHPエンジンHHVM（http://hhvm.com/）を構築してPHPコードを実行し、さらにインフラを効率化しています。Baidu、Wikipedia、EtsyもHHVMエンジンを使用しています。

　さらに、アプリケーションでパフォーマンス問題が現れたとき、おそらくPHPコードは最大の問題ではありません。多くのことがアプリケーションのパフォーマンスに影響します。実行に数秒かかる非効率なデータベースクエリがあると、たとえクエリをデータベースに送信してデータベースのレスポンスからHTMLを生成するPHPプログラムが数ミリ秒しかかからなくても、Webページの読み込みがとても遅くなってしまいます。サーバがクライアントにWebページを迅速に送り返したとしても、そのHTMLがWebブラウザに表示するのに長い時間がかかる何百もの画像をロードすると人間のユーザには遅く感じられるのです。

　アプリケーションのPHP固有の部分を高速にしたいときには、**プロファイラ**を使ってコード実行時のPHPエンジンのパフォーマンスデータを収集します。最も人気があるオープンソースプロファイラは、Xdebug（http://www.xdebug.org/）とXHProf（http://php.net/xhprof）の2つです。XHProfは、PHP 7と連携するように更新されてはいません。Xdebugは、2015年11月の2.4.0rc1リリースの時点でPHP 7をサポートしています[*1]。

　「**12章　デバッグ**」で説明したように、XdebugはPhpStormやNetBeansなどの複数のIDEと統合できます。PhpStormでのプロファイリングについて学ぶには、JetBrainsの記事（https://www.jetbrains.com/help/phpstorm/2016.2/profiling-with-xdebug.html）がお勧めです。PhpStormを使わない場合は、Xdebugのプロファイラを稼働してプロファイリング出力を閲覧するための全般

[*1]　監訳注：2016-12-10現在では、Xdebu 2.1.4でPHP 7を、Xdebug 2.5.0でPHP 7.1をサポートしている。

的な情報をXdebugドキュメント（https://xdebug.org/docs/profiler）を参照してください。

14.5 まとめ

本章では次の内容を取り上げました。

- ソース管理システムとは何かを理解する。
- PSR-4規約に従ってクラスをファイルにまとめる。
- 課題管理システムを使う。
- コードのコメントで課題管理IDを示す。
- 開発と本番では別々の環境で作業する。
- 構成ファイルに環境固有の情報を入れる。
- parse_ini_file()で構成ファイルを読み込む。
- 最初はスケーラビリティについて心配せずに満足する。
- XdebugとXHProfプロファイラの使用方法に関する詳細情報がある場所を把握する。

15章
日付と時刻

日付と時刻はWebアプリケーションのいたるところで登場します。ショッピングカートでは、製品の出荷日を扱います。フォーラムでは、メッセージの投稿時間を管理します。どんな種類のアプリケーションでもユーザの最後のログインを記録し、「最後のログイン以降に15の新しいメッセージが投稿されました」などと通知できるようにする必要があります。

プログラムで日付と時刻を適切に取り扱うのは、文字列や数字より複雑です。日付や時刻は1つの値ではなく値の集合です。例えば、年、月、日、時、分、秒があります。そのため、日付や時刻の演算は面倒です。単に日付や時刻全体を足したり引いたりするのではなく、構成要素とそれぞれに使える値を考慮します。時間は12（または24）まで、分と秒は59までで、月の日数はすべて同じではありません。

このような負担を軽減するために、PHPは特定の時点に関する全情報をカプセル化するDateTimeクラスを提供しています。このクラスのメソッドを使うと、日付や時刻を好きなフォーマットで出力したり、2つの日付を足し引きしたり、時間間隔を扱うことができます。

本書では、**時間部分**（または**日付部分**や**日時部分**）という表現は日、月、年、時、分、秒などの日時要素のグループを意味し、**フォーマットされた時間文字列**（または**フォーマットされた日付文字列**など）は、日時部分の特定のグループ（例えば、「2016年10月20日（Thursday, October 20, 2016）」や「午後3時54分（3:54 p.m）」）を含む文字列を意味します。

15.1　日付や時刻の表示

日付や時刻の最も簡単な例は、ユーザに現在時刻を表示することです。これを行うには、例15-1に示すようにDateTimeオブジェクトのformat()メソッドを使います。

例15-1　現在時刻

```
$d = new DateTime();
print 'It is now: ';
print $d->format('r');
print "\n";
```

例15-1のコードの実行時にPHPエンジンから「システムのタイムゾーン設定に頼るのは安全ではない」という警告が出されたら、**「15.4 タイムゾーン」**に先に目を通しこの警告の意味と解決方法を調べるとよい。

2016年10月20日の正午であれば、例15-1の出力はこうなります。

```
It is now: Thu, 20 Oct 2016 12:00:00 +0000
```

DateTimeオブジェクトを作成するときには、オブジェクトに格納する時刻や日付をオブジェクトのコンストラクタに指定します。例15-1のように引数を指定しなかったら、現在の日付と時刻を使います。format()メソッドに渡すフォーマット文字列は、日付と時刻を出力するフォーマットを制御します。

フォーマット文字列の個々の文字は、特定の時間値に変換されます。例15-2は月、日、年を出力します。

例15-2　フォーマットされた日付文字列の出力

```
$d = new DateTime();
print $d->format('m/d/y');
```

2016年10月20日の正午であれば、例15-2の出力は次の通りです。

```
10/20/16
```

例15-2では、mは月（10）、dはその月の日（20）、yは2桁表示の年（04）になります。スラッシュはformat()が理解するフォーマット文字列ではないので、format()が返す文字列の中にそのまま残ります。

表15-1に、DateTime::format()が理解する特殊文字をすべて挙げます。

表15-1　日付と時刻のフォーマット文字

種類	フォーマット文字	説明	範囲/例
日	j	その月の日、数値	1-31
日	d	その月の日、数値、先頭にゼロが付く	01-31
日	S	月の日のための英語の序数接尾辞、テキスト	st、th、nd、rd
日	z	その年の日、数値	0-365
日	w	曜日、数値、0は日曜	0-6
日	N	曜日、数値、1は月曜	1-7
日	D	省略した曜日名、テキスト	Mon-Sun
日	l	完全な曜日名、テキスト	Monday-Sunday
週	W	その年の週番号（ISO-8601）、数値、先頭にゼロが付く、週01は現在の年の少なくとも4日ある最初の週、月曜がその週の1日目	01-53
月	M	省略した月名、テキスト	Jan-Dec
月	F	完全な月名、テキスト	January-December
月	n	月、数値	1-12

種類	フォーマット文字	説明	範囲/例
月	m	月、数値、先頭にゼロが付く	01-12
月	t	月の日数、数値	28-31
年	y	年、世紀なし、数値	00-99
年	Y	年、世紀付き、数値	0000-9999
年	o	年（ISO-8601）、世紀付き、数値、現在の週番号（W）が属する年	0000-9999
年	L	うるう年フラグ、1はうるう年	0、1
時	g	時、12時間表示、数値	1-12
時	h	時、12時間表示、数値、先頭にゼロが付く	01-12
時	G	時、24時間表示、数値、	0-23
時	H	時、24時間表示、数値、先頭にゼロが付く	00-23
時	a	a.m.またはp.m.の表示	am、pm
時	A	A.M.またはP.M.の表示	AM、PM
分	i	分、数値、先頭にゼロが付く	00-59
秒	s	秒、数値、先頭にゼロが付く	00-59
秒	u	マイクロ秒、数値、先頭にゼロが付く	00000-999999
タイムゾーン	e	タイムゾーン識別子、テキスト	サポートするタイムゾーン（http://php.net/timezones）
タイムゾーン	T	タイムゾーンの略語、テキスト	GMT、CEST、MDTなど
タイムゾーン	O	タイムゾーンのUTCとの符号付き時間差、テキスト	-1100-+1400
タイムゾーン	P	タイムゾーンのUTCとの符号とコロン付きの時間差、テキスト	-11:00-+14:00
タイムゾーン	Z	タイムゾーンのUTCとの秒数差、数値	-39600-50400
その他	I	夏時間フラグ、1は夏時間	0、1
その他	B	スウォッチインターネットタイム、数値	000-999
その他	c	ISO-8601フォーマットの日付、テキスト	2016-10-20T12:33:56+06:00
その他	r	RFC-2822フォーマットの日付、テキスト	Thu, 20 Oct 2016 12:33:56 +0600
その他	U	1970年1月1日午前12時UTCからの秒数	1476945236

15.2 日付や時刻の解析

特定の時間を表すDateTimeオブジェクトを作成するには、その時間をコンストラクタの第1引数として渡します。この引数は、オブジェクトで表したい日付と時刻を示す文字列です。DateTimeオブジェクトは、幅広い種類のフォーマット文字列を理解します。どんなフォーマットでもおそらく適切に機能しますが、利用できるすべてのフォーマットの一覧はhttp://www.php.net/datetime.formatsで入手できます。

例15-3に、DateTimeコンストラクタが理解する日時フォーマットを示します。

例15-3　DateTimeが理解するフォーマットされた日時文字列

```
// 時刻だけを指定すると、年月日には現在の日付を使う
$a = new DateTime('10:36 am');
// 日付だけを指定すると、時分秒には現在の時刻を使う
```

```
$b = new DateTime('5/11');
$c = new DateTime('March 5th 2017');
$d = new DateTime('3/10/2018');
$e = new DateTime('2015-03-10 17:34:45');
// DateTimeはミリ秒を理解する
$f = new DateTime('2015-03-10 17:34:45.326425');
// エポックタイムスタンプ[*1]には接頭辞@を付けなければいけない
$g = new DateTime('@381718923');
// 一般的なログフォーマット
$h = new DateTime('3/Mar/2015:17:34:45 +0400');

// 相対フォーマット
$i = new DateTime('next Tuesday');
$j = new DateTime("last day of April 2015");
$k = new DateTime("November 1, 2012 + 2 weeks");
```

2016年10月20日の正午であれば、**例15-3**の変数の日付と時刻は以下のようになります。

```
Thu, 20 Oct 2016 10:36:00 +0000
Wed, 11 May 2016 00:00:00 +0000
Sun, 05 Mar 2017 00:00:00 +0000
Sat, 10 Mar 2018 00:00:00 +0000
Tue, 10 Mar 2015 17:34:45 +0000
Tue, 10 Mar 2015 17:34:45 +0000
Fri, 05 Feb 1982 01:02:03 +0000
Tue, 03 Mar 2015 17:34:45 +0400
Tue, 25 Oct 2016 00:00:00 +0000
Thu, 30 Apr 2015 00:00:00 +0000
Thu, 15 Nov 2012 00:00:00 +0000
```

ユーザがフォーム要素に指定してサブミットした月、日、年、時、分、秒のように個別の日時部分がある場合には、それらをsetTime()やsetDate()メソッドに渡してDateTimeオブジェクトに格納される時刻と日付を調整することもできます。

例15-4にsetTime()とsetDate()の動作を示します。

例15-4　日付や時刻部分の設定

```
// $_POST['mo']、$_POST['dy']、$_POST['yr']には
// フォームでサブミットされた月番号、日、年
// が含まれる
//
// $_POST['hr']と$_POST['mn']には
// フォームでサブミットされた時と分が含まれる

// $dは現在時刻が含まれるが、
```

[*1] 監訳注：エポックタイムスタンプは、UNIXの紀元（1970年1月1日 00:00:00 GMT）からの通算秒のこと。

```
// すぐに上書きされる
$d = new DateTime();

$d->setDate($_POST['yr'], $_POST['mo'], $_POST['dy']);
$d->setTime($_POST['hr'], $_POST['mn']);

print $d->format('r');
```

$_POST['yr']が2016、$_POST['mo']が5、$_POST['dy']が12、$_POST['hr']が4、$_POST['mn']が15の場合には、**例15-4**の出力は次の通りです。

```
Thu, 12 May 2016 04:15:00 +0000
```

例15-4の実行時には$dは現在の日時と時刻に初期化されますが、setDate()とsetTime()の呼び出しでオブジェクトに格納されている内容が変更されます。

DateTimeオブジェクトは、受信データを解析する際に、有効でない入力にできる限り対応しようとします。これは便利な場合もありますが、役に立たないこともあります。例えば、**例15-4**で$_POST['mo']が3、$_POST['dy']が35だったらどうなるでしょうか。3月35日になることはありません。しかし、DateTimeは悩みません。3月35日は4月4日と同じとみなします（3月31日は3月の最終日なので、3月32日は翌日（4月1日）、3月33日は4月2日、3月34日は4月3日、3月35日は4月4日）。$d->setDate(2016, 3, 35)を呼び出すと、DateTimeオブジェクトを2016年4月4日に設定します。

日や月をさらに厳密に検証するには、月、日、年にまずcheckdate()を使います。checkdate()は、**例15-5**に示すように指定した月や日が指定の年で有効かどうかを通知します。

例15-5　月と日の検証

```
if (checkdate(3, 35, 2016)) {
    print "March 35, 2016 is OK";
}
if (checkdate(2, 29, 2016)) {
    print "February 29, 2016 is OK";
}
if (checkdate(2, 29, 2017)) {
    print "February 29, 2017 is OK";
}
```

例15-5では、2番目のcheckdate()の呼び出しだけがtrueを返します。3月は必ず35日よりも少ないので最初の呼び出しはfalseになり、3番目の呼び出しは2017年がうるう年ではないのでfalseになります。

15.3 日付と時刻の計算

特定の時点を表すDateTimeオブジェクトを取得したら、日付や時刻の計算は簡単です。ユーザがメニューから日付や時刻を選択できるようにしたい場合もあるでしょう。**例15-6**は、日付を選択するHTMLの`<select>`メニューを表示します。最初の選択肢は、プログラム実行後の最初の火曜日にあたる日付です。以降の選択肢は、1日おきの日付が続きます。

例15-6　一連の日付の表示

```
$daysToPrint = 4;
$d = new DateTime('next Tuesday');
print "<select name='day'>\n";
for ($i = 0; $i < $daysToPrint; $i++) {
    print " <option>" . $d->format('l F jS') . "</option>\n";
    // 日付に2日を加える
    $d->modify("+2 day");
}
print "</select>";
```

例15-6では、modify()メソッドはループを通過するたびにDateTimeオブジェクト内の日付を変更します。modify()メソッドはhttp://www.php.net/datetime.formats.relativeに記載されている相対日時フォーマットの1つを含む文字列を受け取り、それに従ってオブジェクトを調整します。この例では、+2 dayで毎回2日先に進めます。

2016年10月20日であれば、**例15-6**の出力は次の通りです。

```
<select name='day'>
  <option>Tuesday October 25th</option>
  <option>Thursday October 27th</option>
  <option>Saturday October 29th</option>
  <option>Monday October 31st</option>
</select>
```

DateTimeオブジェクトのdiff()メソッドから、2つの日付の差がわかります。diff()メソッドは日付間の間隔を格納するDateIntervalオブジェクトを返します。**例15-7**では、指定した誕生日の人が13歳よりも年上かどうかを調べます。

例15-7　日付間隔の計算

```
$now = new DateTime();
$birthdate = new DateTime('1990-05-12');
$diff = $birthdate->diff($now);

if (($diff->y > 13) && ($diff->invert == 0)) {
    print "You are more than 13 years old.";
} else {
```

```
    print "Sorry, too young.";
}
```

例15-7では、`$birthdate->diff($now)`を呼び出すと新しい`DateInterval`オブジェクトを返します。このオブジェクトのプロパティは、`$birthdate`と`$now`の間隔を表します。`y`プロパティは年数であり、`invert`プロパティは差が正数のときは0になります（`$birthdate`が`$now`よりも後だったら、`invert`プロパティは1になります）。その他のプロパティには`m`（月数）、`d`（その月の日数）、`h`（時間数）、`i`（分数）、`s`（秒数）、`days`（2つの日付間の総日数）があります。

15.4　タイムゾーン

残念ながら、日付と時刻は時、分、秒、月、日、年の集合だけではありません。日付と時刻を完成させるには、タイムゾーンも必要です。「2016年10月20日正午」は、ニューヨーク市とロンドンでは同じ時間ではありません。

PHPエンジンは、使用するデフォルトタイムゾーンを指定して構成するようにします。そのための最も簡単な方法は、PHP構成ファイルで`date.timezone`構成パラメータを設定することです[*1]。PHP構成ファイルを調整できない場合は、プログラムで日付や時刻を操作する前に`date_default_timezone_set()`関数を呼び出します。PHP 7では、独自のデフォルト値を指定しないとエンジンはUTCタイムゾーンをデフォルトにします。

PHPエンジンが理解するタイムゾーン値の一覧もあります（http://www.php.net/timezones）。しかし、ローカルなタイムゾーンではなく、UTC（Coordinated Universal Time：協定世界時のコード）に設定した方がソフトウェア開発が容易になることも多くあります。UTCは経度0度の時間で、夏時間設定の調整を行いません。ログファイルなどに現れるUTCタイムスタンプをローカル時間に変換するというちょっとした暗算が必要になりますが、UTCを使うとさまざまなタイムゾーンにある複数のサーバから来る時間データが簡単に扱えます。また、見かけの時刻が変わらないので夏時間との切り替え時の混乱も避けられます。

15.5　まとめ

本章では次の内容を取り上げました。

- **日時部分**や**フォーマットされた日時文字列**などの時刻や日付を扱う用語を定義する。
- 現在の時刻と日付を取得する。
- `DateTime`オブジェクトの`format()`メソッドを使ってフォーマットされた日時文字列を出力する。
- `format()`が理解するフォーマット文字を調べる。
- 絶対フォーマットや相対フォーマットから日付や時刻を解析する。

[*1] 「A.3　PHP構成ディレクティブの変更」で構成パラメータの調整方法を説明する。

- ある日付や時刻に相対的な日付や時刻を計算する。
- 2つの日付の差を計算する。
- UTCが便利なデフォルトタイムゾーンである理由を理解する。

16章
パッケージ管理

他の人が書いたコードパッケージを丸ごと利用して、「**5章　ロジックのグループ：関数とファイル**」で紹介した合理的な再利用をさらに一歩進めましょう。本章では、Composerパッケージ管理システムを使って既存のライブラリを探し、プログラムに統合する方法を説明します。

過去にパッケージマネージャを使わずにサードパーティライブラリを統合しようとしたことがあれば、おそらく必要となるすべての手順をよく理解していることでしょう。ライブラリの入ったアーカイブファイルをダウンロードして解凍し、解凍したファイルを特別な場所に入れて新しいファイルを見つけられるようにプログラムを修正します。

Composerを使うと、このすべてが1つのコマンドで行えます。さらに、使用中のパッケージの新バージョンがリリースされたら、Composerによるアップグレードも簡単です。

別の言語のパッケージマネージャ（JavaScriptのnpm、Rubyのgem、Perlのcpanなど）を使用した経験があれば、Composerの操作は簡単で好印象を受けるでしょう。

16.1　Composerのインストール

端末のシェルプロンプトで以下のコマンドを実行すると、Composerのインストーラがダウンロードされて実行が開始されます。

```
curl -sS https://getcomposer.org/installer | php
```

Windowsでは、Composerインストーラをダウンロードしたら（https://getcomposer.org/Composer-Setup.exe）、ComposerSetup.exeを実行します。

Composerのインストールに成功したら、コマンドラインからComposerを実行するには（php composer.pharと入力するか、Windowsでは単にcomposerと入力）、Composerがサポートするコマンド一覧を示すヘルプ画面を確認しましょう。

16.2　プログラムへのパッケージの追加

requireコマンドでパッケージをプログラムに追加します。少なくとも、requireには追加するパッケージ名を指定する必要があります。例16-1は、プログラムにSwift Mailerを追加します。

例16-1　requireでのパッケージの追加

```
php composer.phar require swiftmailer/swiftmailer
```

このコマンドはパッケージをダウンロードし、パッケージのファイルを現在のプロジェクトディレクトリのvendorというディレクトリにインストールし、composer.jsonファイルを更新します。composer.jsonファイルは、インストールしたパッケージとComposerが管理するプロジェクトに関する他の設定を管理します。また、Composerはcomposer.lockファイルも保持し、このファイルはインストールしたパッケージの具体的なバージョンを管理します。

Composerでパッケージをインストールしたら、プログラムでパッケージを使えるようにするには、require "vendor/autoload.php;"という簡単なPHPコード行でComposerオートロードファイルを参照するだけです。このファイルのロジックには、クラス名からファイル名へのマッピングが含まれます。インストールしたパッケージのクラスを参照すると、そのクラスを定義したファイルがロードされます。

インストールしたパッケージの数にかかわらず、vendor/autoload.phpファイルは1度しかロードする必要はありません。一般に、Composerでインストールしたパッケージを利用するプログラムは、「require "vendor/autoload.php";」という文をプログラムで最初に行う処理の1つとして実行します。例16-2は、(「17章　メールの送信」で説明するように) Swift Mailerを使ってメッセージを作成する場合を示します。

例16-2　Composerでインストールしたライブラリの使用

```
// Composerのクラス発見ロジックをロードするようにPHPに指示する
require 'vendor/autoload.php';
// これでSwift_Messageクラスは自動的に利用できる
$message = Swift_Message::newInstance();
$message->setFrom('julia@example.com');
$message->setTo(array('james@example.com' => 'James Beard'));
$message->setSubject('Delicious New Recipe');
$message->setBody(<<<_TEXT_
Dear James,

You should try this: puree 1 pound of chicken with two pounds
of asparagus in the blender, then drop small balls of the mixture
into a deep fryer. Yummy!

Love,
Julia
```

```
_TEXT_
);
```

　プログラムをバージョン管理システムにチェックインしている場合（「**14章　ソフトウェア開発で心得ておきたいこと**」を参照）、Composerとうまく連携するには少し手間が必要です。まず、composer.jsonとcomposer.lockの両方をバージョン管理システムが管理するファイルに追加します。これは、バージョン管理システムからプログラムをチェックアウトする他の人が同じパッケージと同じパッケージバージョンをインストールできるようにするために必要です。次に、バージョン管理システムがvendorディレクトリを**管理しない**ようにします。vendorディレクトリのコードは、すべてComposerが管理します。パッケージをアップグレードするときに、変更を管理するファイルはcomposer.jsonとcomposer.lockだけで、vendorディレクトリ下の変更された個々のファイルは対象外です。

　composer.jsonとcomposer.lockはバージョン管理の対象としてvendorはバージョン管理の対象としないでおくと、バージョン管理システムからコードをチェックアウトする他の開発者は「`php composer.phar install`」というコマンドを実行するだけで、適切なパッケージの適切なバージョンが適切な場所にインストールされます。

16.3　パッケージの検索

　もちろん、Composerなどのパッケージ管理システムの本当の有用性は、インストールできるパッケージの有用性に左右されます。そこで、抱えている問題を解決する優れたパッケージをどのように探すのでしょうか。最も人気のあるComposerパッケージリポジトリ（閲覧してダウンロードできるパッケージ一覧を示すサイト）はPackagist (https://packagist.org/)です。

　例えば、住所をジオコーディング（特定の住所に対応する経度と緯度を見つける）する必要がある場合があるとします。Packagist Webサイトの先頭の検索ボックスにgeocodeと入力し、検索ボックスの隣の矢印をクリックしてダウンロード数で結果をソートすると、**図16-1**に示すようにすぐにたくさんの結果が表示されます。

　このパッケージの1つをプロジェクトに追加するのは簡単で、「`php composer.phar require willdurand/geocoder`」または「`php composer.phar require league/geotools`」と入力するだけです。**図16-2**に、willdurand/geocoderをインストールしたときに端末のプロンプトがどのように表示されるかを示します。

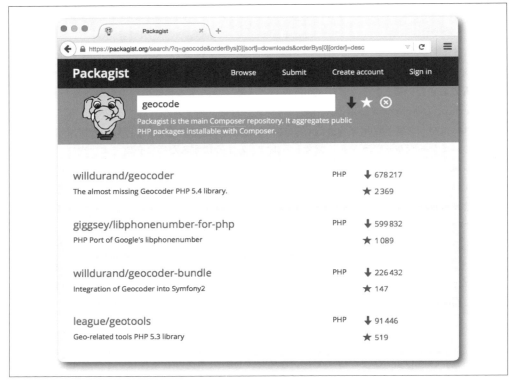

図16-1　packagist.orgでのパッケージの検索

　図16-2では、先頭の「`php composer.phar require willdurand/geocoder`」から始まります。そして、Composerが使用する最新の安定バージョン（3.2）とインストールの必要がある依存関係も見つけ、そのパッケージをダウンロードしてインストールします。依存関係の1つ（`http-adapter`）が他の多数のパッケージをインストールできることを示しているので（しかし必須ではない）、Composerはそのパッケージをインストールする代わりにそのパッケージに関するメッセージを出力します。

図16-2　willdurand/geocoderパッケージのインストール

16.4　Composerに関する詳細情報の入手

本章では、Composerを使って他の人が書いたコードをプロジェクトで利用することについて説明しています。他の人がComposerを使って自分のコードをライブラリとしてインストールしたいのなら、Composerマニュアルの「Libraries」の章（https://getcomposer.org/doc/02-libraries.md）を参照してください。Packagistにパッケージを公開するのは無料で簡単です。

Composerレポジトリは他にもあります。例えば、WordPress Packagist（https://wpackagist.org/）はWordPressのテーマとプラグインのレポジトリなので、Composerでテーマとプラグインをインストールできます。DrupalパッケージはPackagist（https://packagist.drupal-composer.org/）からComposerで入手できます[*1]。

16.5　まとめ

本章では次の内容を取り上げました。

- Composerパッケージ管理ツールをインストールする。
- プログラムで使用するパッケージをダウンロードしてインストールする。
- Composerのautoload.phpファイルをロードし、コードからパッケージファイルにアクセスできるようにする。
- Composerを利用するプログラムとソース管理システムを統合する。
- インストールするパッケージを探す。
- Composerの利用に関する詳細情報を入手する。

[*1]　監訳注：DrupalのPackagistは、2017年1月以降、Drupal.orgの公式パッケージリポジトリが準備でき次第、そちらへ移行の予定（https://www.drupal.org/node/2718229）。

17章
メールの送信

ユーザとのやり取りのほとんどはWebページ経由になりますが、メールでメッセージをやり取りするのも便利な場合があります。メールは、更新、注文の確認、ユーザがパスワードをリセットするためのリンクを送る優れた手段です。

本章では、Swift Mailerライブラリを使ってメールメッセージを送信するための基本を説明します。

17.1 Swift Mailer

まず、Composerを使ってSwift Mailerをインストールします。

```
php composer.phar require swiftmailer/swiftmailer
```

プログラムに標準的な「require "vendor/autoload.php";」文があれば、Swift Mailerを利用できます。

Swift Mailerは、メッセージを`Swift_Message`オブジェクトとして扱います。メールメッセージを作成するには、`Swift_Message`オブジェクトを作成してメッセージを作成するメソッドを呼び出します。そして、そのメッセージオブジェクトを`Swift_Mailer`クラスのインスタンスに渡してメッセージを送信できるようにします。`Swift_Mailer`インスタンスは、特定の種類の`Swift_Transport`で構成されています。このトランスポートクラスは、メッセージを実際に送信するロジック(リモートサーバに接続するかローカルサーバのメールユーティリティを使用するか)を具現化しています。

例17-1は、件名、送信元アドレス、宛先アドレス、プレーンテキストの本文を含む簡単なメールメッセージを作成します。

例17-1 メールメッセージの作成

```
$message = Swift_Message::newInstance();
$message->setFrom('julia@example.com');
$message->setTo(array('james@example.com' => 'James Bard'));
```

```
$message->setSubject('Delicious New Recipe');
$message->setBody(<<<_TEXT_
Dear James,

You should try this: puree 1 pound of chicken with two pounds
of asparagus in the blender, then drop small balls of the mixture
into a deep fryer. Yummy!

Love,
Julia

_TEXT_
);
```

　setFrom()とsetTo()の引数は、文字列でのメールアドレスか、キーと値のペアとしてのメールアドレスと氏名にすることができます。複数の受信者を指定するには、文字列（アドレス）やキーと値のペア（アドレスと氏名）の組み合わせを含む配列を渡します。

　setBody()メソッドは、プレーンテキストのメッセージ本文を設定します。メッセージ本文のHTMLバージョンを追加するには、第1引数に代わりのメッセージ、第2引数に適切なMIMEタイプを指定してaddPart()を呼び出します。以下に例を示します。

```
$message->addPart(<<<_HTML_
<p>Dear James,</p>
<p>You should try this:</p>
<ul>
<li>puree 1 pound of chicken with two pounds of asparagus in the blender</li>
<li>drop small balls of the mixture into a deep fryer.</li>
</ul>

<p><em>Yummy!</em></p>

<p>Love,</p>
<p>Julia</p>

_HTML_
    // 第2引数としてMIMEタイプ
    , "text/html");
```

　メッセージには送信するためのメーラーが必要で、メーラーにはメッセージの送信方法を調べるためのトランスポートが必要です。本章では、SMTP（Simple Mail Transfer Protocol）トランスポートを示します。SMTPは、標準的なメールサーバに接続してメッセージを送信します。Swift_SmtpTransportクラスのインスタンスを作成するには、メールサーバのホスト名とポート（そして、おそらくユーザ名とパスワード）が必要です。この情報を調べるには、システム管理者に尋ねるか、メールプログラムのアカウント設定を確認してください。

例17-2は、ホストsmtp.example.comのポート25のサンプルSMTPサーバを使うSwift_SmtpTransportオブジェクトを作成し、そのトランスポートを使用するSwift_Mailerオブジェクトを作成します。

例17-2　SMTPトランスポートの作成

```
$transport = Swift_SmtpTransport::newInstance('smtp.example.com', 25);
$mailer = Swift_Mailer::newInstance($transport);
```

Swift_Mailerを作成したら、Swift_Messageオブジェクトをsend()メソッドに渡してメッセージを送信します[*1]。

```
$mailer->send($message);
```

Swift Mailerは、ここで紹介したものよりもはるかに多くの機能をサポートしています。メッセージへのファイルの添付、メッセージへの任意のヘッダの追加、開封確認のリクエスト、SSLでのメールサーバへの接続などを行えます。このような機能の詳細を知るには、まずSwift Mailerのドキュメント（http://swiftmailer.org/docs/introduction.html）を調べるとよいでしょう。

17.2　まとめ

本章では次の内容を取り上げました。

- Swift Mailerをインストールする。
- Swift Mailerのメッセージオブジェクト、メーラーオブジェクト、トランスポートオブジェクトを理解する。
- Swift_Messageを作成し、内容を調整する。
- Swift_SmtpTransportを作成し、それをSwift_Mailerで使用する。
- メッセージを送信する。
- 詳細を学ぶためのSwift Mailerのドキュメントを探す。

[*1] 監訳注：もし、vendor/swiftmailer/swiftmailer/lib/classes/Swift/Mime/Headers/DateHeader.phpで、date()に関する警告メッセージが出る場合は、"date_default_timezone_set('Japan');"を呼び出すか、あるいは、php.iniにデフォルトタイムゾーンとして"date.timezone = japan"を設定しておくとよい。

18章
フレームワーク

　アプリケーションフレームワークは、一般的なタスクを容易に実現するための関数、クラス、規約の集合です。多くのプログラミング言語には人気のフレームワークがありますが、PHPも例外ではありません。本章では、人気のある3つのPHPフレームワークの概要を説明します。フレームワークのお陰で、何もないところから機能するWebアプリケーションを迅速に構築できます。

　一般に、Web開発を目的とするフレームワークは少なくとも次のタスクを行う標準的な手段を提供します。

ルーティング
: ユーザがリクエストしたURLを、レスポンスを作成する役割を担う特定のメソッドや関数に変換する。

オブジェクト関係マッピング
: コード内でデータベースの行をオブジェクトとして扱い、そのオブジェクトでデータベースを変更するメソッドを提供する。

ユーザ管理
: アプリケーションのユーザに関する情報を保持し、どのユーザがどの操作を行えるかを判断するための標準的なメカニズム。

　フレームワークを利用すると、フレームワークの全機能を自分で実装するよりも時間を節約できます。また、共同作業する新しい開発者がフレームワークをよく知っていれば、すぐに作業を始められます。しかし、フレームワークの学習とフレームワーク独自の実現手法への適応に時間を注がなければいけないというトレードオフがあります。

　本章ではLaravel、Symfony、Zend Frameworkの3つのフレームワークを取り上げます。それぞれ、「フレームワーク」の課題に対して大きく異なる種類の解決策を提供します。これらはインストール方法、ドキュメントでの説明内容、簡潔さと機能のバランス、困ったときの詳細情報の検索の方法が異なります。

他にも多くのPHPフレームワークがあります。本章でこの3つを紹介する理由は、最も人気があり高機能なフレームワークだからです。しかし、他のフレームワークを取り上げなかったからといって使うべきではないとは考えないでください。インターネットには、「どのPHPフレームワークを使うべきか」という疑問に答えるガイドラインがあふれています。最新情報については、QuoraのPHPフレームワークの話題（https://www.quora.com/topic/PHP-Frameworks）を調べるか、Hacker News（https://news.ycombinator.com/）やSitePoint（https://www.sitepoint.com/）で`php framework`を検索してください。

18.1　Laravel

Laravel（https://laravel.com/）の開発者は、「洗練度、簡潔性、読みやすさ」を重んじる人のためのフレームワークであると説明しています。よく考えられたドキュメントや活気あるユーザのエコシステムがあり、ホスティングプロバイダやチュートリアルを利用できます。

Laravelをインストールするには、コマンド「`php composer.phar global require laravel/installer=~1.1`」を実行します。そして、Laravelを使う新しいWebプロジェクトは、「`laravel new project-name`」で作成できます[*1]（*project-name*は各自のプロジェクト名に置き換えます）。例えば、「`laravel new menu`」を実行すると、menuというディレクトリを作成し、Laravelを適切に機能させるために必要なコードや構成をそのディレクトリに置きます。

動作を確認するには、プロジェクトディレクトリのserver.phpで組み込みのPHP Webサーバを指定してWebサーバを起動します。例えば、「`php -S localhost:8000 -t menu2/public menu/server.php`」とすると、http://localhost:8000でmenuサブディレクトリの新しいLaravelプロジェクトにアクセスできます。

Laravelのルーティングは、app/Http/routes.phpのコードで制御します。Routeクラスの静的メソッドの呼び出しは、特定のメソッドやURLパスでHTTPリクエストが来たときに何をすべきかをLaravelに知らせます。例18-1のコードは、/showに対するGETリクエストにレスポンスするようにLaravelに指示します。

例18-1　Laravelルートの追加

```
Route::get('/show', function() {
    $now = new DateTime();
    $items = [ "Fried Potatoes", "Boiled Potatoes", "Baked Potatoes" ];
    return view('show-menu', [ 'when' => $now,
                               'what' => $items ]);
});
```

例18-1では、Route::get()の呼び出しはHTTPの（POSTではなく）GETリクエストにレスポン

[*1] これには、グローバルComposerバイナリディレクトリがシステムの$PATHに含まれている必要がある。詳細については、「19.3　PHP REPLの実行」を参照してほしい。

スすべきことをLaravelに通知し、第1引数/showはこのRoute::get()呼び出しがURL /showへのアクセス時に実行すべきことに関する情報を提供していることをLaravelに知らせます。Route::get()の第2引数は、GET /showのレスポンスを計算するためにLaravelが実行する関数です。この関数は2つの変数$nowと$itemsを設定し、この変数をshow-menuビューにキーwhenとwhatとして渡します。

　ビューは、表示ロジック（アプリケーションが何を表示すべきか）を含むテンプレートです。Laravelのview()関数は所定の場所でファイルを探し、そのファイルのPHPコードを実行してレスポンスを作成します。view('show-menu')の呼び出しは、resources/viewsディレクトリのshow-menu.phpという名前のファイルを探すようにLaravelに指示します。例18-2にはこのビューのコードが含まれます。

例18-2　Laravelビュー

```
<p> At <?php echo $when->format('g:i a') ?>, here is what's available: </p>
<ul>
<?php foreach ($what as $item) { ?>
<li><?php echo $item ?></li>
<?php } ?>
</ul>
```

　このビューは普通のPHPにすぎません。ユーザやデータベースなどの外部ソースからのデータは、「7.4.6 HTMLとJavaScript」で説明したように適切にエスケープしてクロスサイト問題を防ぐべきです。Laravelは、Bladeテンプレートエンジンをサポートしています。Bladeテンプレートエンジンは、デフォルトでの出力のエスケープなどの多くのことを容易にします[*1]。

18.2　Symfony

　Symfony（https://symfony.com/）は再利用可能なコンポーネントの集合であると同時にWebプロジェクトのためのフレームワークであるとうたっています。つまり、リクエストのルーティングや他のWeb関連タスクにフレームワークを使っていなくても、テンプレート作成、構成ファイルの管理、デバッグなどに個々のコンポーネントを使用できるということです。

　Laravelと同様に、Symfonyにはプロジェクトの作成や管理に使うコマンドラインプログラムがあります。symfonyプログラム（http://symfony.com/installer）をインストールし、ダウンロードしたinstallerファイルの名前をsymfonyに変更します。そして、このファイルをシステムパスのディレクトリに移動します。LinuxやOS Xでは、chmod a+x /path/to/symfonyと入力してsymfonyプログラムを実行可能にします（/path/to/symfonyは、symfonyプログラムを入れた場所のフルパス

[*1] 監訳注：翻訳時点で、laravelのインストーラによるデフォルトのバージョンは、1.3.4になっている。また、インストーラを使わず、次のように直接composerコマンドでインストールして、create-projectでプロジェクトを開始することも可能。
　　$ composer create-project laravel/laravel menu "5.1.*"

です)。

　Symfonyを使う新しいWebプロジェクトを作成するには、symfony new *project-name*を実行します (*project-name*は各自のプロジェクト名に置き換えます)。例えば、symfony new menuというコマンドを実行すると、menuというディレクトリを作成し、Symfonyを適切に機能させるために必要なコードや構成をそのディレクトリに置きます。

　Symfonyには、PHPの組み込みWebサーバでのプロジェクトの実行を容易にする機能が含まれています。現在のディレクトリをプロジェクトディレクトリに変更し (例えば、cd menuなど)、php app/console server:runを実行するだけです。そして、Webブラウザでhttp://localhost:8000/にアクセスすると、下部に多くの興味深い診断情報を備えた「Welcome to Symfony」ページが表示されます。

　Symfonyでは、中央の1か所でルートを指定しません。その代わりに、src/AppBundle/Controllerディレクトリの個々のクラスでアプリケーションが扱うルートによって起動されるメソッドを定義します。メソッドの前のコメント内の特別な注記は、そのメソッドが対応するルートを示します。例18-3は、GET /showリクエストのハンドラを定義します。このハンドラをsrc/AppBundle/ControllersのMenuController.phpに入れます。

例18-3　Symfonyでのルーティング

```
namespace AppBundle\Controller;

use Symfony\Bundle\FrameworkBundle\Controller\Controller;
use Sensio\Bundle\FrameworkExtraBundle\Configuration\Route;
use Sensio\Bundle\FrameworkExtraBundle\Configuration\Method;
use Symfony\Component\HttpFoundation\Response;

class MenuController extends Controller
{
    /**
     * @Route("/show")
     * @Method("GET")
     */
    public function showAction()
    {
        $now = new DateTime();
        $items = [ "Fried Potatoes", "Boiled Potatoes", "Baked Potatoes" ];

        return $this->render("show-menu.html.twig",
                            [ 'when' => $now,
                              'what' => $items ]);
    }
}
```

　例18-3に、showAction()メソッドの前のコメント内の項目はshowAction()が対処するルート

（メソッドGETでのURLパス/show）を示します。render()メソッドは、レスポンスの内容を保持するSymfonyデータ構造を返します。render()メソッドの第1引数は使用するビューテンプレートファイルの名前であり、第2引数はテンプレートに渡すデータです。Symfonyでテンプレート言語として普通のPHPを使えますが、デフォルトの設定ではTwigテンプレートエンジン（http://twig.sensiolabs.org/）を使うので、ここではTwigファイルを指定しています。

Symfonyのビューディレクトリはapp/Resources/viewsです。したがって、render()にshow-menu.html.twigを渡すと、プロジェクトディレクトリのapp/Resources/views/show-menu.html.twigを探すようにSymfonyに伝えます。例18-4の内容をこのファイルに保存します。

例18-4　Symfonyビューの定義

```
{% extends 'base.html.twig' %}

{% block body %}
<p> At {{ when|date("g:i a") }}, here is what's available: </p>
<ul>
{% for item in what %}
<li>{{ item }}</li>
{% endfor %}
</ul>
{% endblock %}
```

Twigでは、{% %}はテンプレート言語コマンドを示し、{{}}は出力に値を（適切にHTMLエスケーピングして）含める変数を示します。この構文には多少慣れが必要かもしれませんが、Twigは強力で高速なテンプレート言語です[*1]。

18.3　Zend Framework

Zend Frameworkは、本章で取り上げた他の2つのフレームワークよりも強く「コンポーネントの集合」というアプローチをとります。そのため、特定のファイル構造やリクエストルーティング規約に従わなくても既存のプロジェクトに少数のコンポーネントを追加するのは簡単になりますが、ゼロから始めるのが少し難しくもなります。

稼働させるのに必要な基本部分を含むmenuディレクトリにZend Frameworkの「スケルトン」アプリケーションをインストールするには、以下のComposerコマンドのすべてを1行で実行します。

```
composer create-project --no-interaction --stability="dev"
zendframework/skeleton-application menu
```

[*1] 監訳注：symfonyもcomposerでインストールすることができ、次のようにcreate-projectでプロジェクトを開始できる。

```
$ omposer create-project symfony/framework-standard-edition project_name
$ (cd project_name; php app/console  server:run)
```

そして、組み込みのPHP Webサーバで新しいZend Frameworkアプリケーションを使えるようにするには、プロジェクトディレクトリに移動して`php -S localhost:8000 -t public/ public/index.php`を実行します。http://localhost:8000にアクセスすると、新しいアプリケーションのデフォルトのトップページが表示されます。

Zend Frameworkは、関連するアプリケーションコードをmodulesにまとめます。大規模アプリケーションでは、プログラムの大まかな部分ごとに別個のモジュールを作成できます。この小規模なサンプルアプリケーションでは、すでに存在するApplicationベースモジュールにコードを追加します。このモジュールには、/Application以下のパスをファイルシステムの特定の場所にあるコントローラクラスのコードにマッピングするデフォルトルーティングロジックが含まれます。例18-5に新しいMenuController.phpを示します。このファイルをZend Frameworkプロジェクトのmodule/Application/src/Application/Controllerディレクトリに保存します。

例18-5　Zend Frameworkコントローラ

```
namespace Application\Controller;
use Zend\Mvc\Controller\AbstractActionController;
use Zend\View\Model\ViewModel;

class MenuController extends AbstractActionController
{
    public function showAction()
    {
        $now = new DateTime();
        $items = [ "Fried Potatoes", "Boiled Potatoes", "Baked Potatoes" ];

        return new ViewModel(array('when' => $now, 'what' => $items));
    }
}
```

フレームワークに新しいクラスについて知らせるには、module/Application/config/module.config.phpの次のような部分を探します。

```
'controllers' => array(
    'invokables' => array(
        'Application\Controller\Index' =>
        'Application\Controller\IndexController'
    ),
),
```

そして、次の行を`invokables`配列の第2要素として追加します。

```
'Application\Controller\Menu' => 'Application\Controller\MenuController'
```

配列要素の構文が適切になるように、`'Application\Controller\IndexController'`の後にカンマを忘れずに追加します。すると、構成ファイルのこの部分は次のようになるでしょう。

```
    'controllers' => array(
        'invokables' => array(
            'Application\Controller\Index' =>
                'Application\Controller\IndexController',
            'Application\Controller\Menu' =>
                'Application\Controller\MenuController'
        ),
    ),
```

　これで新しいコントローラが得られ、フレームワークはそのコントローラの使い方がわかります。最後に、ビューを追加して時間と品目情報を表示できるようにします。Zend Frameworkでは、デフォルトのテンプレート言語は普通のPHPです。例18-6のコードをプロジェクトディレクトリのmodule/Application/view/application/menu/show.phtmlに保存します。

例18-6 Zend Frameworkビュー

```
<p> At <?php echo $when->format("g:i a") ?>, here is what's available: </p>
<ul>
<?php foreach ($what as $item) { ?>
<li><?php echo $this->escapeHtml($item) ?></li>
<?php } ?>
</ul>
```

　コントローラのnew ViewModel()に渡す配列のキーは、ビューのローカル変数名です。したがって、値へのアクセスがとても簡単です。しかし、テンプレート言語が普通のPHPなので、デフォルトではHTMLエンティティやその他の特殊文字をエスケープしていません。例18-6では、escapeHtml()ヘルパーメソッドを使って品目名の特殊文字をエスケープしています。

18.4　まとめ

本章では次の内容を取り上げました。

- アプリケーションフレームワークとはどのようなものであるかとアプリケーションフレームワークを利用するとよい理由を理解する。
- Laravelをインストールする。
- 新しいLaravelプロジェクトを作成する。
- Laravelでルートを追加する。
- Laravelでルートのビューを追加する。
- Symfonyをインストールする。
- 新しいSymfonyプロジェクトを作成する。
- Symfonyでルートを追加する。
- Symfonyでルートのビューを追加する。

- Zend Frameworkをインストールする。
- 新しいZend Frameworkプロジェクトを作成する。
- Zend Frameworkでルートを追加する。
- Zend Frameworkでルートのビューを追加する。

19章
コマンドラインPHP

通常、Webクライアントからのリクエストに応えてWebサーバがPHPエンジンを起動します。しかし、PHPエンジンは手元のマシンでコマンドラインユーティリティとして実行することもできます。これまで本書のすべてのコード例を実行しているなら、PHPUnitとComposerを使用する際はPHPをコマンドラインプログラムとして実行していることになります。

コマンドラインでの使用を目的としたPHPプログラムを書くのは、Webサイトでの使用を目的としたPHPプログラムを書くのとは少し異なります。文字列操作、JSONやXMLの処理、ファイルの操作などのすべての関数を同様に使えますが、フォームやURLデータを受信することはありません。その代わりに、コマンドライン引数から情報を取得します。標準的なprint命令文は、コンソールにデータを出力します。次の「19.1　コマンドラインPHPプログラムを書く」では、コマンドラインPHPプログラムの書き方の基本を示します。

PHPエンジンは、コマンドラインでPHPを実行することで起動できるミニWebサーバも備えています。「19.2　PHPの組み込みWebサーバの使用」では、組み込みWebサーバの機能を説明します。組み込みWebサーバは手軽にテストするのに便利です。

コマンドラインでのPHPの別の便利な用途は、別名REPL（Read-Eval-Print Loop）として知られる対話型シェルとしての利用です。これは、PHPコードを入力するプロンプトを提示し、そのPHPコードを実行して結果を表示するプログラムです。PHP関数の動作を調べて即座に納得するには、REPLに勝るものはありません。「19.3　PHP REPLの実行」ではPHPの組み込みREPLを説明し、その他のREPLについての情報を提供します。

19.1　コマンドラインPHPプログラムを書く

データを出力する簡単なPHPプログラムは、コマンドラインでもちゃんと動きます。**例19-1**を考えてみましょう。この例は、Yahoo! Weather APIを使ってある郵便番号の地域の現在の天候を出力するものです。

例19-1　天候の検索

```php
// 天候を調べる地域の郵便番号
$zip = "98052";

// 天候を調べるYQLクエリ
// 詳細はhttps://developer.yahoo.com/weather/を参照
$yql = 'select item.condition from weather.forecast where woeid in '.
       '(select woeid from geo.places(1) where text="'.$zip.'")';

// Yahoo! YQLクエリエンドポイントがリクエストするパラメータ
$params = array("q" => $yql,
                "format" => "json",
                "env" => "store://datatables.org/alltableswithkeys");

// クエリパラメータを付加してYQL URLを作成する
$url = "https://query.yahooapis.com/v1/public/yql?" . http_build_query($params);
// リクエストを行う
$response = file_get_contents($url);
// レスポンスをJSONにデコードする
$json = json_decode($response);
// 入れ子になったJSONレスポンスから情報を含むオブジェクトを選択する
$conditions = $json->query->results->channel->item->condition;
// 天候を出力する
print "At {$conditions->date} it is {$conditions->temp} degrees " .
      "and {$conditions->text} in $zip\n";
```

　例19-1をweather.phpというファイルに保存すると、php weather.phpのようなコマンドで、現在の天候がわかります。しかし、このプログラムは郵便番号98052の地域の天候を調べたい場合しか機能せず、それ以外の地域の場合には、ファイルを編集する必要があります。しかし、これではあまり役に立たないので、プログラムの実行時に引数として郵便番号を指定できるといいでしょう。例19-2はこのプログラムの更新版で、$_SERVER['argv']でコマンドライン引数を調べます。PHPエンジンのコマンドラインバージョンは、指定した引数を自動的にこの配列に格納します。

例19-2　コマンドライン引数へのアクセス

```php
// 天候を調べる地域の郵便番号
if (isset($_SERVER['argv'][1])) {
    $zip = $_SERVER['argv'][1];
} else {
    print "Please specify a zip code.\n";
    exit();
}

// 天候を調べるYQLクエリ
// 詳細はhttps://developer.yahoo.com/weather/を参照
```

```
$yql = 'select item.condition from weather.forecast where woeid in ' .
       '(select woeid from geo.places(1) where text="'.$zip.'")';

// Yahoo! YQL クエリエンドポイントがリクエストするパラメータ
$params = array("q" => $yql,
                "format" => "json",
                "env" => "store://datatables.org/alltableswithkeys");

// クエリパラメータを付加してYQL URLを作成する
$url = "https://query.yahooapis.com/v1/public/yql?" . http_build_query($params);
// リクエストを行う
$response = file_get_contents($url);
// レスポンスをJSONにデコードする
$json = json_decode($response);
// 入れ子になったJSONレスポンスから情報を含むオブジェクトを選択する
$conditions = $json->query->results->channel->item->condition;
// 天候を出力する
print "At {$conditions->date} it is {$conditions->temp} degrees " .
      "and {$conditions->text} in $zip\n";
```

例19-2をweather2.phpに保存し、「php weather2 19096」を実行すると、郵便番号19096の地域の天候が表示されます。

「4.1.3 数値配列の作成」で述べたようにPHP配列はインデックス0から始まるにもかかわらず、第1引数は$_SERVER['argv'][1]にあることに注意してください。なぜなら、$_SERVER['argv'][0]には実行したプログラム名が含まれるからです。「php weather2.php 19096」を実行した場合、$_SERVER['argv'][0]はweather2.phpです。

19.2　PHPの組み込みWebサーバの使用

記述しているPHPコードがWebブラウザからの実際のリクエストに対してどのように振る舞うかを調べたければ、PHPエンジンの組み込みWebサーバを使うと簡単です。

組み込みWebサーバはPHP 5.4.0以降で利用できる。

-S引数でホスト名とポート番号を指定してphpを実行するとWebサーバが作動し、phpを実行したディレクトリのファイルにアクセスできます。例えば、自分のローカルマシンのポート8000でWebサーバを稼働するには、php -S localhost:8000と実行します。Webサーバが稼働している状態でhttp://localhost:8000/pizza.phpにアクセスすると、Webサーバがpizza.phpのコードを実行して結果をWebブラウザに送ります。

存在するはずのファイルをWebサーバが見つけられなかったら、php -Sコマンドを実行したときのディレクトリを確認してください。デフォルトでは、PHP Webサーバはphp -Sを実行したディレクトリ以下のファイルを提供します。別のドキュメントルートディレクトリを指定するには、-t引数を加えます。例えば、php -S localhost:8000 -t /home/mario/webは、http://localhost:8000の/home/mario/web以下のファイルを提供します。

PHP Webサーバは、URLとファイルとのマッピングに面倒なことは何も行いません。ベースディレクトリ以下でURLに指定されたファイル名を探すだけです。URLでファイル名を省略すると、「ファイルが見つかりません」というエラーを返す前にindex.phpとindex.htmlを探します。

組み込みWebサーバは、一度に1つのリクエストにしか対応しません。これは開発マシンでの機能のテストや実験に最適です。設定が必要な大掛かりなApacheやnginxをインストールするよりも稼働させるのがはるかに簡単ですが、機能をすべて備えているわけでもありません。コードを本番環境にデプロイする時が来たら、一般的な用途でのスケーリングやセキュリティ要件に対応できるWebサーバを使ってください。

19.3　PHP REPLの実行

組み込みWebサーバを使うと、PHPコードの動作を手軽に確認できます。調査やテストに便利な別のツールはPHP REPLです。例19-3に示すように、php -aを実行するとphp >プロンプトが表示されます。そこで、PHPコードを入力すれば結果をすぐに確認できるのです。

例19-3　PHP REPLの使用

```
% php -a
Interactive shell

php > print strlen("mushrooms");
9
php > $releases = simplexml_load_file("https://secure.php.net/releases/feed.php");
php > print $releases->entry[0]->title;
PHP 7.0.5 released!
php >
```

例19-3の最初の%はUnixシェルプロンプトです。php -aはPHP REPLを実行するために入力したコマンドです。すると、REPLがInteractive shellとphp >プロンプトを出力します。REPLは、[Return]キーを押したときに入力したコマンドを実行して結果を出力します。print strlen("mushrooms");（そして、その後に［Return］）を入力すると、strlen("mushrooms")を実行してその結果をprintに渡すようにREPLに指示するので、9を出力します。末尾の;を忘れずに付けます。REPLに入力するPHPコードは、通常のプログラムで書くPHPコードと同じ構文規則に従います。

strlen("mushrooms");とだけ入力してもエラーを出さずにこのコードを実行しますが、次のphp

>プロンプトの前に何も出力されません。PHP REPLは、入力したPHPコードが出力を作成した場合だけ出力を表示します。

　REPLは、コマンド間の変数を覚えています。$releases = simplexml_load_file("https://secure.php.net/releases/feed.php");という入力は simplexml_load_file()関数を使って指定のURLからXMLを取得し、その結果をSimpleXMLオブジェクトとして$releasesに格納します[*1]。SimpleXMLは、返されたXMLの構造に対応したオブジェクト階層を提供するので、トップレベルXML要素の最初のentry要素のtitle要素の値は$releases->entry[0]->titleになります。**例19-3**のコードを実行した際のリリースフィードの最初の要素はPHP 7.0.5でした。

　組み込み以外のREPLもあります。その優れた例がPsySH (http://psysh.org/) です。Composerを使って、`php composer.phar global require psy/psysh`のようにコマンドを実行して、PsySHをインストールできます。

　`require`の前の`global`は、パッケージ固有のディレクトリではなく、システム全体に及ぶComposerディレクトリにPsySHをインストールするようにComposerに指示します。このディレクトリは、OS XやLinuxでは、ホームディレクトリの.composerディレクトリになります。Windowsでは、ホームディレクトリのAppData\Roaming\Composerになります。例えば、ユーザ名squidsyでログインする場合、ComposerディレクトリはOS Xでは/Users/squidsy/.composer、Linuxでは/home/squidsy/.composer、WindowsではC:\Users\squidsy\AppData\Roaming\Composerです。

　実際のpsyshプログラムは、Composerディレクトリのvendor/binディレクトリに置かれます。そのため、コマンドラインから実行するにはフルパス(例えば、/Users/squidsy/.composer/vendor/bin/psysh)を入力するか、このvendor/binディレクトリをシステムの$PATH(入力したプログラム名を探すデフォルトディレクトリ)に追加する必要があります。

　psyshを実行すると、PHPコードを入力できるプロンプトが表示されます。組み込みREPLとは違い、psyshは(`print`コマンドがなくても)命令文の評価値を出力し、変数の種類ごとに異なる色のテキストを使います。

19.4　まとめ

本章では次の内容を取り上げました。

- 記述したPHPプログラムをコマンドラインから実行する。
- PHPプログラムからコマンドライン引数にアクセスする。
- 組み込みWebサーバ経由でPHPプログラムを実行する。
- 組み込みのPHP REPLでコマンドを実行する。
- PsySHをインストールし、Composerのグローバルディレクトリから実行する。

[*1]　SimpleXML (http://www.php.net/simplexml) は、PHPでXML処理を行う手軽な手段である。

20章
国際化とローカライゼーション[*1]

「2.1 テキスト」で述べたように、PHPでの文字列はバイトの連続です。1バイトは最大256個の値を取ることができます。そのため、英語の文字（US-ASCII文字セット）だけを使うテキストをPHPで表すのは簡単ですが、日本語を含む他の種類の文字を含むテキストを適切に処理するには一工夫が必要です。

Unicode標準は、使用できる無数の文字をエンコードする方法を定めています。Unicode標準には、ä、ñ、z、λ、♪、┓、ドなどの文字に加え、さまざまな記号やアイコンも含まれています。UTF-8エンコーディングはどのバイトがどの文字を表すかを定めています。簡単な英語の文字は1バイトだけで表されます。しかし、他の文字には2、3あるいは4バイト必要なものもあります。

PHPは、標準でUTF-8エンコーディングによるテキスト処理をサポートしています。default_charset構成変数は使用するエンコーディングを制御し、そのデフォルト値はUTF-8です。問題があったら、default_charsetがUTF-8に設定されていることを確認してください。

歴史的な理由により、日本語では複数のエンコーディングが使用されています。Unicodeの普及により、Webアプリケーションにおける主流はUTF-8となっていますが、WindowsおよびMac-OS環境ではShift_JIS、メールではISO-2022-JPも使用されています。

本章では、PHPプログラムでマルチバイトUTF-8文字を正しく扱うための基本を紹介します。次の「20.1 テキストの操作」では、長さの計算や部分文字列の抽出などの基本的なテキスト操作を説明します。「20.4 ソートと比較」では、さまざまな言語での正しい文字順で文字列をソートして比較する方法を示します。「20.5 出力のローカライズ」では、PHPのメッセージフォーマット機能を使ってユーザの好きな言語で情報を表示できるようにする方法を紹介します。

本章のコードは、mbstringとintl拡張機能に含まれるPHP関数を利用します。「20.1 テキストの操作」で説明するmb_から始まる名前の関数には、mbstring拡張モジュールが必要です。「20.4 ソートと比較」と「20.5 出力のローカライズ」で取り上げるCollatorとMessageFormatterクラスには、intl拡張モジュールが必要です。そして、intl拡張モジュールはサードパーティのICUラ

[*1] 訳注：日本語が問題なく扱えるように日本の読者向けに加筆修正している。

イブラリ（http://site.icu-project.org/）を利用しています。これらの拡張機能が使えない場合には、システム管理者かホスティングプロバイダにインストールしてもらうように頼むか、「付録A　PHPエンジンのインストールと構成」の指示に従ってください。

20.1　テキストの操作

strlen()関数はバイト数を数えるだけなので、1文字に2バイト以上が必要なときの結果は正確ではありません。各文字に必要なバイト数にかかわらず文字列の文字数を数えるには、例20-1に示すようにmb_strlen()を使います。

例20-1　文字列長の測定

```
$english = "cheese";
$japanese = "チーズ";

print "strlen() says " . strlen($english) . " for $english and " .
    strlen($japanese) . " for $japanese.\n";

print "mb_strlen() says " . mb_strlen($english) . " for $english and " .
    mb_strlen($japanese) . " for $japanese.\n";
```

UTF-8エンコーディングの日本語文字列(チーズ)の各文字には3バイト必要なので、例20-1の出力は以下のようになります。

```
strlen() says 6 for cheese and 9 for チーズ.
mb_strlen() says 6 for cheese and 3 for チーズ.
```

マルチバイト文字を使っているときには、部分文字列を見つけるなどの文字位置に関わる操作もバイトではなく文字を意識した方法で行わなければいけません。例2-12ではsubstr()を使ってユーザがサブミットしたメッセージの最初の28バイトを抽出しました。最初の28文字を抽出するには、例20-2に示すように、代わりにmb_substr()を使います。

例20-2　部分文字列の抽出

```
$message = "In Japan, I like to eat 寿司 and drink 日本酒.";

print "substr() says: " . substr($message, 0, 28) . "\n";
print "mb_substr() says: " . mb_substr($message, 0, 28) . "\n";
```

例20-2の出力は次の通りです。

```
substr() says: In Japan, I like to eat 寿?
mb_substr() says: In Japan, I like to eat 寿司 a
```

substr()の出力行は完全に失敗しています。日本語文字には複数バイトが必要なので、この例

の文字列の28バイト目はある特定の文字のバイト列の途中になります。mb_substr()の出力のほうは正しい文字境界で適切に終わっています[*1]。

「小文字」と「大文字」の意味も文字セットごとに異なります。mb_strtolower()とmb_strtoupper()関数は、strtolower()とstrtoupper()の文字を意識したバージョンです。例20-3にこれらの関数の動作を示します。

例20-3　大文字小文字の変換

```
$english = "Please stop shouting.";
$japanese = "Ｐｌｅａｓｅ　ｓｔｏｐ　ｓｈｏｕｔｉｎｇ．";

print "strtolower() says: \n";
print "    " . strtolower($english) . "\n";
print "    " . strtolower($japanese) . "\n";

print "mb_strtolower() says: \n";
print "    " . mb_strtolower($english) . "\n";
print "    " . mb_strtolower($japanese) . "\n";

print "strtoupper() says: \n";
print "    " . strtoupper($english) . "\n";
print "    " . strtoupper($japanese) . "\n";

print "mb_strtoupper() says: \n";
print "    " . mb_strtoupper($english) . "\n";
print "    " . mb_strtoupper($japanese) . "\n";
```

例20-3の出力は次の通りです。

```
strtolower() says:
    please stop shouting.
    Ｐｌｅａｓｅ　ｓｔｏｐ　ｓｈｏｕｔｉｎｇ．
mb_strtolower() says:
    please stop shouting.
    ｐｌｅａｓｅ　ｓｔｏｐ　ｓｈｏｕｔｉｎｇ．
strtoupper() says:
```

[*1] 監訳注：php.iniの設定で、mbstringモジュールのデフォルトを日本語（Japanese）用に指定ない場合は、代わりに次のような関数呼び出しをして設定する。

```
mb_language('Japanese');
ini_set('mbstring.detect_order', 'auto');
ini_set('mbstring.http_input'  , 'auto');
ini_set('mbstring.http_output' , 'pass');
ini_set('mbstring.internal_encoding', 'UTF-8');
ini_set('mbstring.script_encoding'  , 'UTF-8');
ini_set('mbstring.substitute_character', 'none');
mb_regex_encoding('UTF-8');
```

```
        PLEASE STOP SHOUTING.
        Ｐｌｅａｓｅ　ｓｔｏｐ　ｓｈｏｕｔｉｎｇ．
mb_strtoupper() says:
        PLEASE STOP SHOUTING.
        ＰＬＥＡＳＥ　ＳＴＯＰ　ＳＨＯＵＴＩＮＧ．
```

strtoupper()とstrtolower()は個々のバイトに対処するので、mb_strtoupper()とmb_strtolower()のようにマルチバイト文字全体を正しい文字に置き換えません。

20.2　文字エンコーディングの相互変換

mb_convert_encoding()により、異なる文字エンコーディングを相互に変換をすることができます。例20-4は、文字列をShift_JISに変換します。

例20-4　文字エンコーディングの変換

```
$name = "鈴木タロウ";
print mb_convert_encoding($name, "SJIS");
```

例20-4は、"鈴木タロウ"をShift_JISで出力します。

20.3　日本語メールの送信

PHPでは、メール送信を行う際にmail()を使用することができます。しかし、mail()は日本語文字列を含むメールを正しく処理できないため、mb_send_mail()を使用します。この際、日本語関連の処理を行うためにmbstring.language構成変数にJapaneseを指定します。宛先に日本語を含む場合は、mb_encode_mimeheader()でMIMEエンコードします。例20-5は、日本語を含むメールを送信します。

例20-5　日本語メールの送信

```
ini_set('mbstring.language','Japanese');
$name = "鈴木タロウ";
$to = mb_encode_mimeheader($name) . "<taro@example.com>";
$subject = "ごあいさつ";
$body = "こんにちは、$name さん";
mb_send_mail($to, $subject, $body);
```

例20-5は以下のようなメールを送信します。件名と本文の内容は、適切な文字エンコーディングISO-2022-JPに変換されます。

```
To: 鈴木タロウ <taro@example.com>
Subject: ごあいさつ
X-PHP-Originating-Script: 0:s20-5.php
MIME-Version: 1.0
```

```
Content-Type: text/plain; charset=ISO-2022-JP
Content-Transfer-Encoding: 7bit

こんにちは、鈴木タロウ さん
```

20.4　ソートと比較

　PHPに組み込まれているテキストソートおよび比較関数も、英語のアルファベットの文字順に従ってバイト単位で動作します。文字を意識した方法でこの操作を行うにはCollatorクラスを利用します。

　まず、Collatorオブジェクトを作成し、コンストラクタに**ロケール文字列**を渡します。この文字列は特定の国や言語を参照し、使うべきルールをCollatorに通知します。ロケール文字列には細かな決まり（http://userguide.icu-project.org/locale）がたくさんありますが、通常は2文字の言語コード、_、そして2文字の国コードで構成されます。例えば、アメリカ英語はen_US、ベルギーフランス語はfr_BE、韓国語はko_KRになります。言語コードと国コードを示すのは、さまざまな国で1つの言語を異なる方法で使うことを許すためです。

　sort()メソッドは組み込みのsort()関数と同じことを行いますが、言語を意識した方法で行います。sort()メソッドは配列値を適切にソートします。**例20-6**にこの関数の動作を示します。

例20-6　配列のソート[*1]

```
// アメリカ英語
$en = new Collator('en_US');
// 日本語
$ja = new Collator('ja_JP');

$words = array('ka','か','が','カ','ガ');

print "Before sorting: " . implode(', ', $words) . "\n";

$en->sort($words);
print "en_US sorting: " . implode(', ', $words) . "\n";

$ja->sort($words);
print "ja_JP sorting: " . implode(', ', $words) . "\n";
```

　例20-6では、アメリカ英語のルールでは、日本語の平仮名が先に来ますが、日本語では片仮名が先に来ます。

[*1] 監訳注：この例では、原文でarray('absent','?ben','zero')を使ったデンマーク語（da_DK）との比較であったのを日本語の比較として置き換えた。原文「アメリカ英語のルールでは、デンマーク語の単語?benは英語の単語absentの前に来ますが、デンマーク語では?文字はアルファベットの最後にソートするので、?benは配列の最後に来ます。」

Collatorクラスには、組み込みのasort()に匹敵するasort()メソッドもあります。また、compare()メソッドもstrcmp()に似た動作をします。compare()メソッドは、最初の文字列が2番目の文字列よりも前にソートされる場合には-1、同じ場合には0、最初の文字列が2番目の文字列よりも後にソートされる場合には1を返します。

20.5　出力のローカライズ

世界中の人々が使うアプリケーションではさまざまな文字セットを適切に処理するだけでなく、さまざまな言語でメッセージを作成する必要があります。ある人にとっての「Click here」は、別の言語圏の人には「Cliquez ici」や「اضغط هنا」、「ここをクリック」になります。MessageFormatterクラスは、さまざまな場所に対して適切にローカライズしたメッセージを作成するのに役立ちます。

まず、メッセージカタログを作成する必要があります。これはサポートするロケールごとに翻訳したメッセージの一覧です。これはClick hereなどの簡単な文字列にすることもできれば、My favorite food is {0}のように置き換えられる値のマーカを含めることもできます。{0}は単語に置き換えられます。

大規模なアプリケーションでは、ロケールごとのメッセージカタログに何百もの異なる項目が含まれる場合もあります。MessageFormatterの動作を説明するために、例20-7にサンプルカタログのいくつかのエントリを示します。

例20-7　メッセージカタログの定義

```
$messages = array();
$messages['en_US'] = array('FAVORITE_FOODS' => 'My favorite food is {0}',
                           'COOKIE' => 'cookie',
                           'SQUASH' => 'squash');
$messages['ja_JP'] = array('FAVORITE_FOODS' => '私の好きな食べものは{0}です',
                           'COOKIE' => 'クッキー',
                           'SQUASH' => 'かぼちゃ');
```

$messages配列のキーはロケール文字列です。値はロケールごと適切に翻訳されたメッセージであり、後にメッセージを参照するのに使うキーでインデックス付けされています。

ロケール固有のメッセージを作成するには、例20-8に示すようにロケールとメッセージフォーマットをコンストラクタに渡して新しいMessageFormatterオブジェクトを生成します。

例20-8　メッセージのフォーマット

```
$fmtfavs = new MessageFormatter('ja_JP', $messages['ja_JP']['FAVORITE_FOODS']);
$fmtcookie = new MessageFormatter('ja_JP', $messages['ja_JP']['COOKIE']);

// これは「クッキー」を返す
$cookie = $fmtcookie->format(array());
```

```
// これは「クッキー」で置き換えた文を出力する
print $fmtfavs->format(array($cookie));
```

例20-8の出力はこうなります。

> 私の好きな食べものはクッキーです

メッセージフォーマットに中括弧が含まれている場合には、中括弧はformat()に引数として渡される配列の要素に置き換えられます。

例20-8では、単純なja_JP文字列の置換のみを行っていますので、MessageFormatterはあまり効果がありませんでした。しかし、数値や他のデータのロケール固有のフォーマットが必要なときにはとても役立ちます。MessageFormatterがさまざまなロケールの数値や金額を適切に処理できることを例20-9に示します。

例20-9　メッセージ内の数値のフォーマット

```
$msg = "The cost is {0,number,currency}.";

$fmtUS = new MessageFormatter('en_US', $msg);
$fmtDE = new MessageFormatter('de_DE', $msg);
$fmtJP = new MessageFormatter('ja_JP', $msg);

print $fmtUS->format(array(1023.5)) . "\n";
print $fmtDE->format(array(1023.5)) . "\n";
print $fmtJP->format(array(1023.5)) . "\n";
```

例20-9の出力はこうなります。

```
The cost is $1,023.5.
The cost is 1.023,5 €.
The cost is ￥1,024.
```

MessageFormatterは強力なICUライブラリに依存しているので、通貨記号、数値フォーマット、場所や言語ごとに情報を整理して適切な出力を作成するためのその他のルールに関する内部データベースを使います。

MessageFormatterクラスは、単数形と複数形のための適切なテキストフォーマット、単語の性が記述方法に影響する言語への対処、日付や時刻のフォーマットなど、ここで説明したことよりはるかに多くの処理を行えます。詳しく知りたければ、フォーマットと構文解析に関するICUユーザガイド（http://userguide.icu-project.org/formatparse）を参照してください。

20.6 まとめ

本章では次の内容を取り上げました。

- 表現に複数バイトを必要とする文字がある理由を理解する。
- バイトではなく文字単位で文字列長を測定する。
- 文字位置で部分文字列を抽出する。
- 文字の大文字小文字を安全に変更する。
- 文字エンコーディングを変換する。
- 日本語メールを送信する。
- ロケールを意識した方法でテキストをソートする。
- ロケールを意識した方法で文字列を比較する。
- さまざまなロケール用に出力をローカライズする。

付録A
PHPエンジンのインストールと構成

　PHPプログラムを書きたい場合、PHPエンジンでPHPプログラムを句読点のちりばめられたテキストファイルから実際のインタラクティブなWebページに変換する必要があります。PHPを稼働させる最も簡単な方法は、PHPを提供している無料あるいは安価なWebホスティングプロバイダに加入することですが、自分のマシンでPHPエンジンを動作させることも可能です。

A.1　WebホスティングプロバイダでPHPを使う

　すでにWebホスティングプロバイダのアカウントを持っている場合は、おそらくPHP対応のサーバにアクセスできるでしょう。最近では、PHPを**サポートしない**Webホスティングプロバイダはわずかです。通常、ホスティングプロバイダは、名前が.phpで終わるファイルをPHPプログラムとして扱うようにサーバを構成しています。ホスティングしているWebサイトがPHPをサポートしているかどうかを確かめるには、まず例A-1のファイルをphptest.phpという名前で保存します。

例A-1　PHPテストプログラム

```
<?php print "PHP enabled"; ?>
```

　サイトのURL（例えば、http://www.example.com/phptest.php）を訪れて、ブラウザでファイルを読み込みます。`PHP enabled`というメッセージだけが表示されれば、WebサイトのホストはPHPをサポートしています。そのページのコンテンツ全体（`<?php print "PHP enabled"; ?>`）が表示されたら、そのホスティングプロバイダはおそらくPHPをサポートしていません。しかし、そのホスティングプロバイダが別のファイル拡張子でPHPを有効にしていたり、その他の非標準の構成を選択していないかを確認してください。

A.2　PHPエンジンのインストール

ホスティングプロバイダのアカウントを持っていないか、プログラムをインターネット全体に公開せずにただ試してみたいだけの場合は、PHPエンジンを自分のマシンにインストールするとよいでしょう。ホスティングプロバイダを利用せず、PHPエンジンを自分のマシンにインストールしたい場合は、本節の指示に従ってインストールします。エンジンをインストールすれば、自分で書いたPHPプログラムを実行できます。

PHPエンジンをインストールするには、いくつかのファイルをダウンロードして正しい場所に置きます。また、PHPに対応できるようにWebサーバを構成する必要もあります。本節にはLinuxやOS Xマシンへのインストール方法と、WindowsでのPHPのインストール方法に関する参考資料も含まれます。途中でつまずいたら、php.netのインストールに関するFAQ（http://php.net/manual/ja/faq.installation.php）を調べてください。

A.2.1　OS X

OS XにはPHP 5.5がインストールされています。しかし、新しいバージョンのPHPをインストールしてアドオンや拡張機能を簡単に管理できるようにするには、Homebrewパッケージマネージャを使って独自のPHPエンジンをインストールしなければいけないでしょう。Homebrewは、OS Xプログラムやそのプログラムが依存するライブラリをインストールしてくれます[*1]。

Homebrewをまだインストールしていなければ、まずHomebrewをインストールします。詳細についてはhttp://brew.sh/を参照するか、端末のプロンプトに以下を（1行で）入力します。

```
ruby -e "$(curl -fsSL
https://raw.githubusercontent.com/Homebrew/install/master/install)"
```

入力が面倒なら、Homebrewのサイトからこのコマンドをクリップボードにコピーして端末にペーストするとよいでしょう。

Homebrewをインストールしたら、最新で最高のPHPがある場所をHomebrewに知らせる必要があります。それには次のコマンドを実行します。

```
brew tap homebrew/dupes
brew tap homebrew/versions
brew tap homebrew/homebrew-php
```

そして、PHP 7をインストールするには brew install php70 を実行するだけです。

インストールの最後には、Homebrewは構成に関する多くの情報を出力します。Apache WebサーバのMacのコピーにPHPの場所を知らせるにはこの指示に従う必要があるので注意します。

Homebrewには多くの拡張機能が含まれていますが（20章で使った intl や mbstring など）、インストールのための他のPHP拡張機能も提供しています。brew search php70- を実行し、拡張機能

[*1]　監訳注：OS X 10.1 Sierra2ではPHP 5.6になっている。

パッケージのリストを確認してください。この拡張機能と依存しているライブラリをインストールするのは簡単で、拡張パッケージ名を指定して brew install を実行するだけです。例えば、`brew install php70-gmp` は、大きな桁の数値で任意の精度の計算を行うための GMP (GNU Multiple Precision) 拡張機能をインストールします。

Justin Hileman (http://justinhileman.info/article/reinstalling-php-on-mac-os-x/) には、Homebrew による PHP のインストールに関する詳細があります。

A.2.2 Linux

ほとんどの Linux ディストリビューションにはすでに PHP がインストールされているか、インストールできるバイナリ PHP パッケージが付属しています。例えば、Fedora Linux (https://getfedora.org/) の場合は、yum で php パッケージをインストールします。Ubuntu (http://www.ubuntu.com/) なら、apt-get でパッケージをインストールします。最新の PHP パッケージは php5 であり、本書の執筆時点では正式な php7 パッケージはまだ用意されていません。Ubuntu 用の十分に信頼できる PHP 7 パッケージは別のソースから入手します。まず `sudo add-apt-repository ppa:ondrej/php` and `sudo apt-get update` を実行すると、apt-get で php7.0 をインストールできます。

パッケージが古ければ、PHPを自分で構築することもできます。現在の安定板の .tar.gz パッケージをダウンロードします (http://php.net/downloads.php)。以下のようにシェルスクリプトでアーカイブを解凍して展開します。

```
gunzip php-7.0.5.tar.gz
tar xvf php-7.0.5.tar
```

すると、PHPエンジンソースコードを含む php-7.0.5 ディレクトリが作成されます。詳しいインストール手順については、ソースコードディレクトリのトップレベルにある INSTALL ファイルを読んでください。また、php.net には Linux と Unix での PHP インストールの概要 (http://php.net/manual/en/install.unix.php) と、PHP と Apache 2.0 のインストール手順 (http://us3.php.net/manual/en/install.unix.apache2.php) もあります[1]。

A.2.3 Windows

Windows に PHP をインストールするには、OS X や Linux の場合とは少し異なります。PHP エンジンのインストール時に必要なものと、コンパイルに利用するツールが異なります。

幸い、Windows 用の PHP、Apache、MySQL を組み合わせた優れた一体型パッケージがいくつかあります。WampServer (http://www.wampserver.com/en/)、Bitnami WAMP Stack (https://bitnami.com/stack/wamp)、Apache Friends XAMPP (https://www.apachefriends.org/index.html) などです。

---

[1] 監訳注：RHEL や CentOS 用に各種パッケージを提供するサードベンダーのサイトもある。例えば、Webtatic には yum リポジトリも用意されている (https://webtatic.com/projects/yum-repository/)。

Microsoftには、IISで動作するPHPに特化したWebサイトがあります（http://php.iis.net/）。さらに、Windows用の公式PHP Webサイト（http://windows.php.net/）では、Windows用のさまざまなバージョンのPHPをダウンロードできます。

A.3　PHP構成ディレクティブの変更

これまでに、さまざまなPHP構成ディレクティブを取り上げました。PHP構成ディレクティブは、エラーの報告の仕方やPHPエンジンがインクルードファイルや拡張機能を探す場所などのPHPエンジンの振る舞いに影響を及ぼす設定です。

この節は、（自分のコンピュータでPHPを使っているか、ホスティングプロバイダを使っているかにかかわらず）変更したい構成ディレクティブに遭遇したときや、PHPエンジンの設定の調整方法に興味があるときに読んでください。例えば、output_bufferingディレクティブを変更すると、（「10.6　setcookie()とsession_start()がページの先頭に来る理由」で説明したように）クッキーやセッションの扱いがはるかに楽になります。

構成ディレクティブの値は複数の場所で変更が可能です。PHPエンジンのphp.ini構成ファイル、Apacheのhttpd.confや.htaccess構成ファイル、そしてPHPプログラムの中です。どこでもすべての構成ディレクティブを変更できるわけではありません。php.iniやhttpd.confファイルを編集できるのであれば、そこでPHP構成ディレクティブを設定するのが一番簡単です。しかし、サーバのパーミッションなどの理由でこれらのファイルを変更できない場合でも、一部の設定はPHPプログラムの中で変更できます。

WebサーバがCGIやFastCGIを使ってPHPエンジンとやり取りしている場合には、.user.iniファイルで構成ディレクティブを設定することもできます。PHP 5.3.0以降では、PHPエンジンは実行中のPHPプログラムと同じディレクトリの.user.iniというファイルを探します。PHPプログラムがWebサーバのドキュメントルート内にあれば、PHPエンジンはプログラムの親ディレクトリやさらにその親ディレクトリもドキュメントルートにさかのぼって調べます。.user.iniファイルの構文は、メインのphp.iniファイルと同じです。

php.iniファイルには、PHPエンジンのシステム全体に及ぶ構成が含まれています。Webサーバプロセスが起動すると、PHPエンジンはphp.iniファイルを読み込み、その内容に従って構成を調整します。システムのphp.iniの場所は、phpinfo()関数の出力を調べればわかります。この関数は、PHPエンジンの構成のレポートを出力します。例A-2の小さなプログラムを実行すると、図A-1のようなページが表示されます。

例A-2　phpinfo()を使った構成詳細の取得

```
<?php phpinfo(); ?>
```

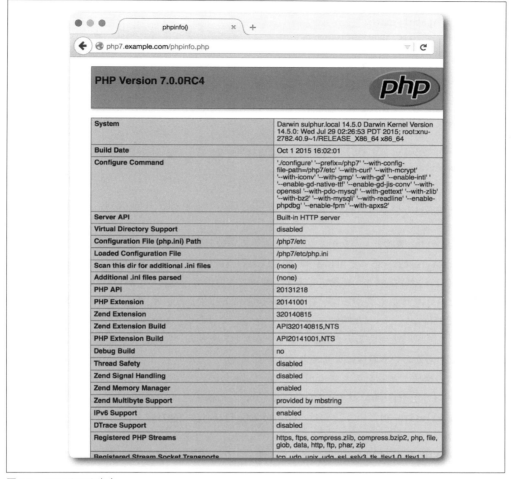

図A-1　phpinfo()の出力

　図A-1では、6行目（Configuration File (php.ini) Path）でphp.iniファイルが/php7/etc/php.iniにあることを示しています。実際のphp.iniファイルは別の場所にあるかもしれません。

　php.iniファイルのセミコロン（;）から始まる行はコメントです。構成ディレクティブの値を設定する行を例A-3に示します。

例A-3　php.iniのサンプル行

```
; Unixでのディレクトリの指定方法：区切り文字にスラッシュ、
; ディレクトリ名の間にコロン
include_path = ".:/usr/local/lib/php/includes"

; Windowsでのディレクトリの指定方法：区切り文字にバックスラッシュ、
```

```
; ディレクトリ名の間にコロン
; Windows："\path1;\path2"
include_path = ".;c:\php\includes"

; 注意以外のすべてのエラーを報告する
error_reporting = E_ALL & ~E_NOTICE

; エラーログにエラーを記録する
log_errors = On

; アップロードファイルは2メガバイトを超えることはできない
upload_max_filesize = 2M

; セッションは1440秒後に有効期限が切れる
session.gc_maxlifetime = 1440
```

error_reporting構成ディレクティブは、組み込み定数と論理演算子を組み合わせて設定します。例えば、error_reporting = E_ALL & ~E_NOTICEという行は、error_reportingをE_ALLではあるけれどもE_NOTICEではないように設定します。使用できる演算子は、&（「かつ」）、|（「どちらか」）、~（「ではない」）です。したがって、PHPエンジンにとってE_ALL & ~E_NOTICEはE_ALLでありかつE_NOTICEではないという意味になります。「かつ～ではない」というのは、E_NOTICE以外の>E_ALLのように「以外」と考える方がわかりやすいかもしれません。E_ALL | E_NOTICEは、E_ALLかE_NOTICEのどちらかという意味になります。

値が数値の構成ディレクティブ（upload_max_filesizeなど）を設定するときには、数値の最後にM（メガバイト）やK（キロバイト）を使って1,048,576倍または1,024倍にすることができます。upload_max_filesize=2Mという設定は、upload_max_filesize=2097152と同じです。1メガバイトは1,048,576バイトなので、2,097,152 = 2 * 1,048,576になります。

Apacheのhttpd.confや.htaccessファイルの構成ディレクティブを変更するには、**例A-4**に示すように少し異なる構文を使います。

例A-4　httpd.confでのPHP構成行の例

```
; Unixでのディレクトリの指定方法：区切り文字にスラッシュ、
; ディレクトリ名の間にコロン
php_value include_path ".:/usr/local/lib/php/includes"

; Windowsでのディレクトリの指定方法：区切り文字にバックスラッシュ、
; ディレクトリ名の間にコロン
; Windows："\path1;\path2"
php_value include_path ".;c:\php\includes"

; 注意以外のすべてのエラーを報告する
php_value error_reporting "E_ALL & ~E_NOTICE"
```

```
; エラーログにエラーを記録する
php_flag log_errors On

; アップロードファイルは 2GB を超えることはできない
php_value upload_max_filesize 2M

; セッションは 1440 秒後に有効期限が切れる
php_value session.gc_maxlifetime 1440
```

　例A-4のphp_flagとphp_valueは、行の残りの部分がPHP構成ディレクティブであることをApacheに伝えます。php_flagの後ろには、構成ディレクティブ名とOnまたはOffを記述します。php_valueの後ろには、ディレクティブ名とその値を記述します。値にスペースが含まれる場合は（E_ALL & ~E_NOTICEなど）、値を引用符で囲まなくてはいけません。構成ディレクティブの名前とその値の間には等号は入りません。

　PHPプログラムから構成ディレクティブを変更するには、ini_set()関数を使います。例A-5は、PHPプログラムの中からerror_reportingを設定します。

例A-5　ini_set()による構成ディレクティブの変更

```
ini_set('error_reporting',E_ALL & ~E_NOTICE);
```

　ini_set()の第1引数は、設定したい構成ディレクティブの名前です。第2引数は、その構成ディレクティブに設定したい値です。error_reportingの値は、php.iniの場合と同じ論理式になります。値が文字列や整数の構成ディレクティブには、ini_set()に文字列や整数を渡します。値がOnかOffとなる構成ディレクティブには、ini_set()に1 On)か0 (Off)を渡します。

　プログラムの中から構成ディレクティブの値を探し出すには、ini_get()を使います。ini_get()に構成ディレクティブの名前を渡すと、値を返します。例A-6に示すように、これはinclude_pathにディレクトリを追加する際に便利です。

例A-6　ini_get()とini_set()によるinclude_pathの変更

```
// 以下の行は /home/ireneo/php を include_path の最後に加える
$include_path = ini_get('include_path');
ini_set('include_path',$include_path . ':/home/ireneo/php');
```

　すでに述べたように、すべての構成ディレクティブがどこでも設定できるわけではありません。PHPプログラムの中からでは設定できない構成ディレクティブもあります。例えば、プログラムの読み込み前にPHPエンジンの設定を行うoutput_bufferingのようなディレクティブです。output_bufferingディレクティブはエンジンの振る舞いを変更するため、プログラムをエンジンに渡す前に有効にする必要があるので、ini_set()でoutput_bufferingを設定することはできません。さらに、Apacheの.htaccessファイルやApacheのhttpd.confファイルでは設定できないディレク

ティブもあります。php.iniファイルではすべての構成ディレクティブを設定できます。

PHPマニュアル（http://php.net/ini.list）には、すべての構成ディレクティブとそれをどこで変更できるかが書かれています。覚えておくと便利な構成ディレクティブを図A-1に示します。

表A-1 便利な構成ディレクティブ

ディレクティブ	推奨値	説明
allow_url_fopen	On	file_get_contents()などの関数がローカルファイル以外にURLも扱えるようにするかどうか。
auto_append_file	.	ファイル名を設定すると、PHPエンジンがプログラムを実行した後にそのファイルにあるPHPコードを実行する。共通のページフッタを出力するのに便利。
auto_prepend_file	.	ファイル名を設定すると、PHPエンジンがプログラムを実行する前にそのファイルにあるPHPコードを実行する。サイト全体で使う関数の定義やファイルのインクルードに便利。
date.timezone	UTC	PHPエンジンには、日付や時刻関数を呼び出す前にデフォルトタイムゾーンが必要である。「15.4　タイムゾーン」で説明したように、UTCを使うと多くの時間関連のタスクが簡単になる。
display_errors	デバッグにはOn、本番ではOff	Onのときには、PHPエンジンはプログラム出力の一部としてエラーを出力する。
error_reporting	E_ALL	PHPエンジンが報告するエラーの種類を制御する。「12.1 エラー出力場所の制御」を参照。
extension	.	php.iniのextension行はPHP拡張機能を読み込む。読み込む拡張ライブラリはシステム上になければいけない。
extension_dir	.	extensionディレクティブで指定された拡張ライブラリを見つけるためにPHPエンジンが探すディレクトリ。
file_uploads	On	フォームからのファイルのアップロードを許すかどうか。
include_path	.	PHPエンジンがinclude、require、include_once、require_onceで読み込むファイルを探すディレクトリの一覧。
log_errors	On	Onのときには、PHPエンジンはエラーをWebサーバのエラーログへ出力する。
output_buffering	On	Onのときには、PHPエンジンはスクリプトを実行するまで待ってからHTTPヘッダを送信するので、クッキーやセッションが使いやすくなる。10章の「10.6　setcookie()とsession_start()がページの先頭に来る理由」を参照。
session.auto_start	On（セッションを使用している場合）	Onのときには、PHPエンジンは各ページの最初にセッションを開始するので、session_start()を呼び出す必要がない。
session.gc_maxlifetime	1440	セッションを継続すべき秒数。ほとんどのアプリケーションではデフォルト値の1440で問題ない。
session.gc_probability	1	リクエストの開始時に有効期限の切れたセッションを除去する可能性（100に対する値）。ほとんどのアプリケーションではデフォルト値の1で問題ない。

ディレクティブ	推奨値	説明
short_open_tag	Off	Onのときには、PHPブロックを<?phpと同様に<?でも開始できる。すべてのサーバがショートタグを受け入れるように構成されているわけではないので、Offのままにして常に<?php開始タグを使う方がよい。
track_errors	デバッグにはOn、本番ではOff	Onのときには、PHPエンジンは問題の発生時にエラーメッセージをグローバル変数$php_errormsgに保存する。「9.6 エラーチェック」を参照。
upload_max_filesize	2M	フォームからアップロードされるファイルサイズの最大許容値。ユーザが大きなファイルをアップロードする必要のあるアプリケーションを構築している場合を除き、この値を増やしてはいけない。大きなファイルをたくさんアップロードするとサーバの動作を妨げることがある。

A.4 まとめ

この付録では次の内容を取り上げました。

- WebホスティングプロバイダでPHPを使う。
- OS X、Linux、WindowsにPHPエンジンをインストールする。
- phpinfo()を使ってPHPエンジンの構成を確認する。
- php.ini構成ファイルの構造を理解する。
- httpd.conf構成ファイルでPHPエンジンの構成を行う。
- ini_get()とini_set()で構成ディレクティブの値を読み書きする。
- 一般的な構成ディレクティブを使う。

索引

記号

::（静的メソッドの呼び出し）.............................. 100
''（単一引用符）
 エスケープ文字.. 20
 区切り文字.. 20
 デバッグ.. 241
""（二重引用符）
 区切り文字.. 22
 デバッグ.. 241
 配列要素の補間.. 66
!（否定演算子）.. 49
!=（不等価演算子）.. 44
#（コメント開始）.. 15
$（変数開始）.. 11
$_COOKIE 配列.. 200-201
$_GET 配列.. 116
$_POST 配列.. 114, 116
$_SERVER 配列.. 114
 argv.. 300
 HTTP_HOST... 236
 HTTPS... 235
 PHP_SELF 要素... 114
 REQUEST_METHOD 要素......................... 114
 REQUEST_URI... 236
 受信したリクエストヘッダにアクセス......... 235
 便利なサーバ変数.. 115
$_SESSION 配列.. 205
 キーと値を削除.. 217
 ユーザ名.. 215
$GLOBALS 配列.. 88
 global キーワード.. 89
 グローバル変数の変更.................................... 89
$params 配列.. 222
$PATH.. 292, 303
$this 変数.. 98
%（パーセント記号）
 Unix シェルプロンプト................................. 302
 剰余演算子.. 30
 フォーマット規則.. 26
 リテラルの照合.. 172
 ワイルドカード文字.................................... 171
&&（論理 AND 演算子）.. 50
()（括弧）
 演算子の優先順位................................... 31, 50
 関数名の後.. 78
'（アポストロフィ）.. 161
-（減算演算子）.. 30
--（減分演算子）.. 33
*（アスタリスク）
 SELECT クエリでワイルドカード文字を使う
 167
 指数演算子（**）.. 30
 乗算演算子.. 30
.（ピリオド）
 ファイル名.. 194
 文字列結合演算子.. 23
 代入演算子の組み合わせ................................ 33
.htaccess ファイル.. 318
.user.ini ファイル.. 316
/（スラッシュ）
 /* と */（複数行コメント）......................... 16
 //（コメント行）..................................... 8, 15
 クッキーパス.. 203

除算演算子 30
　　　ファイルアクセス関数 186
　　　ファイル名 194
;（セミコロン）
　　　PHP文の終了 13, 41
　　　構成ファイルのコメント行 270, 317
??（null合体演算子）........................... 117, 261
?>終了タグ 12
[ ]（角括弧）
　　　エディタで対応の確認 241
　　　短縮配列構文 57
　　　　　　多次元配列の作成 72
　　　配列要素の参照 57
　　　配列要素の追加 59
　　　フォーム要素名 117
　　　要素の追加 59
_（アンダースコア）
　　　リテラル 172
　　　ワイルドカード文字 173
__construct()メソッド 100
__FILE__定数 246
{ }（中括弧）
　　　エディタの対応付け機能 241
　　　関数本体 78
　　　コードブロック 41, 43
　　　多次元配列要素値の補間 75
　　　配列要素の補間 67
　　　変数の補間 35
　　　メッセージのフォーマット 311
||（論理OR演算子）... 50
\（バックスラッシュ）
　　　エスケープ文字 20
　　　トップレベル名前空間 109
+（プラス符号）
　　　++（増分演算子）.................................... 33
　　　+=（加算と代入演算子）................... 33, 245
　　　加算演算子 30
<（小なり演算子）... 45
<?php開始タグ 12
<=（以下演算子）.. 45
<=>（宇宙船演算子）....................................... 49
<select>メニュー 128, 133
=（等号）
　　　=（代入）と ==（比較）との違い 44
　　　==（等価演算子）............................... 25, 44
　　　===（同値演算子）......................... 123, 155, 193
　　　=>（配列矢印演算子）............................. 99
　　　代入演算子 31, 33
>（大なり演算子）... 45
->（矢印演算子）.. 99
>=（以上演算子）.. 45

A

abs()関数 45
Acceptヘッダ 235
action属性 114, 116
Apache Webサーバ
　　　httpd.confファイルと.htaccessファイル 318
　　　Windows 315
　　　エラーログ 246
API URL 222
APIキー 222
APIリクエスト 233-236
array()関数 56
　　　数値配列の作成 58
　　　多次元配列の作成 72
array_key_exists()関数 64
array_search()関数 65
arsort()関数 71
asキーワード 109
asort()関数 70
asort()メソッド 310

C

catchブロック 103
classキーワード 98
Collatorクラス 309
compare()メソッド 310
Composer 256, 281-286
　　　Composerでインストールしたライブラリの
　　　　使用 282
　　　Laravelのインストール 292
　　　PsySHのインストール 303
　　　Swift Mailerのインストール 287
　　　インストール 281
　　　情報源 286
　　　バージョン管理システム 283
　　　パッケージの追加 282
Content-Typeヘッダ 224, 225
COUNT()関数 167
count()関数 59
CREATE TABLEコマンド 152

データベースへの送信 153
CSV ファイル 187–191
cURL 226–236
　　GET 経由で URL を取得 226
　　HTTPS URL の取得 232
　　POST 経由で URL を取得 229
　　エラー処理 227
　　クエリ文字列パラメータとヘッダ 227
　　クッキー 230–232
　　リクエストで処理するエラー 227
curl_errno() 関数 227
curl_exec() 関数 227
curl_getinfo() 関数 227
curl_init() 関数 226
curl_setopt() 関数 226
curl_version() 関数 233
CURLOPT_COOKIEFILE 231
CURLOPT_COOKIEJAR 231
CURLOPT_HTTPHEADER 227, 230
CURLOPT_POST 229
CURLOPT_POSTFIELDS 229, 230
CURLOPT_RETURNTRANSFER 227
CURLOPT_SSL_VERIFYHOST 233
CURLOPT_SSL_VERIFYPEER 233
CURLOPT_SSLVERSION 233

D

date_default_timezone_set() 関数 279
DateInterval オブジェクト 278
DateTime クラス 273
DateTime::checkdate() 277
DateTime::diff() 278
DateTime::format() 202, 273
　　フォーマットされた文字列 273
DateTime::modify() 278
DateTime::setDate() 276
DateTime::setTime() 276
DECIMAL 型 153
default_charset 構成変数 305
DELETE コマンド 158
　　WHERE 句におけるワイルドカード 172
　　構文と使い方 160
DESC 演算子 169
die() 関数 245
display_errors 構成ディレクティブ 239
DROP TABLE コマンド 154

DSN (Data Source Name) 150

E

else 句
　　elseif() 構文 42
　　if() 構文 41
elseif() 構文 42
error_log() 関数 246, 252
error_reporting 構成ディレクティブ 240, 318
exec() 関数 153
　　UPDATE によるデータの変更 157
　　エラーチェック 155
　　データの削除 158
　　データの挿入 154
execute() 関数 11–12, 161
explode() 関数 68, 185

F

Facebook 271
fclose() 関数 185
　　fwrite() のエラーチェック 191
　　エラーチェック 193
feof() 関数 185
fetch() メソッド 166
　　query() 呼び出しに接続 168
　　フェッチスタイルを渡す 169
fetchAll() メソッド 11–12, 166
　　フェッチスタイル 169
fgetcsv() 関数 187
fgets() 関数 185
　　エラーチェック 193
file() 関数 184
file_exists() 関数 190
file_get_contents() 関数 182, 226
　　POST リクエストの送信 225
　　エラーチェック 193
　　返り値 222
file_put_contents() 関数 184
fopen() 関数 185
　　エラーチェック 191, 193
　　ファイルオープンエラー 191
　　ファイルモード 186
for() 構文 50
　　括弧の中に入る文 52
　　繰り返し式 52

多次元配列の反復処理 74
配列の反復 62
foreach()構文 60-61
多次元配列の反復処理 73
配列要素の順番 63
fputcsv()関数 188
functionキーワード 78
fwrite()関数 187

G

GETメソッド 114
　cURLを使ったURLの取得 226
　file_get_contents()を使ったURLの取得 221
　Route::get()メソッド 293
Git 268
globalキーワード 89

H

header()関数 189
HHVM PHPエンジン 271
HTML viii
　HTMLエンティティのエンコード 131
　フォーム 111
　フォームデータ入力のフィルタリング 130
　文字列からHTMLタグを取り除く 131
htmlentities()関数 131, 132, 144
HTTPレスポンスコード 228, 233
http_build_query()関数 222
httpd.confファイル 318
HttpOnlyクッキー 204
HTTPS URL 232

I

ICU
　ユーザガイド 311
　ライブラリ 305
IDE .... 統合開発環境を参照
if()構文 10
　else句 42
　elseif句 42
　elseif()とelse句 42
　返り値 85
　コードブロックの文 41
　テスト式 242
　テスト式の評価 41
　比較演算子と論理演算子 43-50
　フォームデータの検証 122
implode()関数 67
in_array()関数 65
includeディレクティブ 94
include_path構成ディレクティブ 319
ini_get()関数 319
ini_set()関数 209
　構成ディレクティブの変更 319
INSERTコマンド 154
　チュートリアル 156
instanceof演算子 106
INT型 153
INTEGER型 153
intl拡張 305
is_readable()関数 190
is_writeable()関数 190
isset()関数 117

J

JavaScript 3
　HttpOnlyクッキー 204
　フォームデータからタグを取り除く 131
JSON 222
　cURLを使ってPOST経由で送る 229
　JSON APIレスポンスの変換 223
　JSONレスポンスの提供 233
　POSTリクエストを送信 226
json_decode()関数 223

K

krsort()関数 71
ksort()関数 70

L

Laravelフレームワーク 291-292
　ビュー 293
　ルーティング 292
libcurl 226
LIKE演算子 172
LIMIT句 168-169
　SELECTによる行数を制限 169
Linux 5

Composer 303
PHPエンジンのインストール 315
Symfony 293
絶対パス 94

M

mail()関数 144
MantisBT 269
mb_strlen()関数 306
mb_strtolower()関数 307
mb_strtoupper()関数 307
mb_substr()関数 306
mbstring拡張 305
MessageFormatterオブジェクト 310
　　数値のフォーマット 311
　　メッセージのフォーマット 310
methodストリームコンテキストオプション 225
MySQL
　　Windows 315
　　情報源 150

N

namespaceキーワード 108
NDB API 222
NDB_API_KEY定数 222
new演算子 99
　　コンストラクタの呼び出し 101
null合体演算子（null coalesce operator、??）
　　.. 116, 261
number_format()関数 10

O

ob_end_clean()関数 247
ob_get_contents()関数 247
ob_start()関数 247
ORDER BY句 168-169
OS X
　　Composer 303
　　PHPエンジンのインストール 314
　　Symfony 293
　　絶対パス 94
output_buffering構成ディレクティブ 319

P

Packagist 283
　　WordPress 286
　　パッケージを公開 286
parent::__construct() 106
parse_ini_file()関数 270
password_compatライブラリ 216
password_hash()関数 215
password_verify()関数 215
PDO 148
　　DSN接頭辞とオプション 150
　　PDOオブジェクトを使った接続 150
　　新しいPDOオブジェクトの作成 150
　　エラーモード 155
　　プリペアドステートメント 161
PDO()関数 11
PDO::ATTR_DEFAULT_FETCH_MODE 171
PDO::FETCH_ASSOC 170
PDO::FETCH_NUM 170
PDO::FETCH_OBJ 170
PDOException 151
PDOStatementオブジェクト 161, 166
　　rowCount()メソッド 166
　　setFetchMode()メソッド 171
PHP
　　Webサイト構築における役割 1-4
　　概要 1
　　優れている点 4
　　対応テキストエディタ 241
　　バージョン x
　　フレームワーク 291
　　プログラミング言語とエンジン 3
　　プログラムの基本ルール 12-17
PHPエンジン 3, 313
　　インストール 313
　　構成ディレクティブの変更 316-321
　　デフォルトタイムゾーン 279
phpコマンドラインプログラム 255
PHP標準勧告（PHP Standard Recommendation：
　　PSR）.. 269
php -aコマンド 302
php -Sコマンド 302
php://outputファイルハンドル 190
PHP_SELF要素 114
phpdbgデバッガ 248
phpinfo()関数 316

php.ini構成ファイル 316
PHPSESSIDクッキー 205
　プロパティの変更 210
PhpStorm 271
PHPUnit 255
　IsolateValidationTestクラス 261
　phpコマンドラインプログラムでの実行 256
　RestaurantCheckTestクラス 257
　　失敗するアサーション 258
　　チップの計算方法のテスト 259
　インストール 255
　実行可能PHARファイルとしての実行 256
　情報源 264
PHPUnit_Framework_TestCaseクラス 257
POSTメソッド 114
　cURLによるPOSTリクエストの実行 229
　cURLを使ってPOST経由でJSONを送る
　　... 229
　file_get_contents()を使ったPOSTリクエスト
　　の送信 225
pow()関数 30
prepare()関数 11-12
PRIMARY KEYカラム 152
print文
　関数の返り値の出力 10
　コンソールに出力 299
printf()関数 25
privateアクセス権 108
privateキーワード 107
protectedアクセス権 108
protectedキーワード 107
PSR (PHP Standard Recommendation) 269
PsySH REPL 303
publicアクセス権 107
publicキーワード 98

Q

query()メソッド 166
　fetch()呼び出しを接続 168
quote()関数 173
　UPDATE文での正しい使用 174

R

realpath()関数 195
REPL (Read-Eval-Print Loop) 299
　実行 302
REQUEST_METHOD要素 114
requireコマンド
　global 303
　パッケージの追加 282
requireディレクティブ 94
returnキーワード 83
return文 84
Route::get() 293
rowCount()メソッド 166
rsort()関数 71

S

SELECTコマンド
　ORDER BYとLIMITを使う 168
　query()とfetch() 166
　quote()とstrtr()の正しい使用 173
　チュートリアル 167
　プレースホルダの使用 171
　ワイルドカードとLIKE演算子 171
session.auto_start 205
　構成設定の変更 210
session.gc_maxlifetime 209
session.gc_probability 210
session_start()関数 205
　ページの先頭に来る理由 217
setcookie()関数 200
　クッキードメインの設定 204
　クッキーのセキュリティ設定 204
　クッキーの有効期限 202
　クッキーパスの設定 203
　ページの先頭 201, 217
setrawcookie()関数 200
SimpleXML 303
SMTP (Simple Mail Transfer Protocol) 288
sort()関数 68
sort()メソッド 309
SQL (Structured Query Language) 12, 149
　情報源 149
SQLインジェクション攻撃 (SQL injection
　attack) 160
SQLite
　DSN 151
　PRIMARY KEY 152
SQLSTATEエラーコード 156
str_replace()関数 28, 182

strcasecmp() 関数 25
 否定演算子 50
strcmp() 関数 47-48
stream_context_create() 関数 224
strip_tags() 関数 131
strlen() 関数 24
 trim() との組み合わせ 124
 結果の出力 302
 必須項目の確認 122
 マルチバイト文字 306
strtolower() 関数 27, 307
strtoupper() 関数 27, 307
strtr() 関数 173
 UPDATE 文での正しい使用 174
substr() 関数 27, 306
Swift Mailer ライブラリ 287
 Composer によるインストール 287
 ドキュメント 289
 メールメッセージの作成 287
Swift_Mailer オブジェクト 289
Swift_Message オブジェクト 287
Swift_SmtpTransport クラス 288
Swift_Transport オブジェクト 287
Symfony フレームワーク 291, 293
 インストール 293
 ビュー 295
 ルート 294

T

T_VARIABLE トークン 242
time() 関数 202
trim() 関数 24, 124, 185
 strlen() との組み合わせ 124
true と false 40
 関数の返り値 77, 84
 式の判定 41
 ファイル処理関数 192
try/catch ブロック 103, 251
Twig テンプレートエンジン 295
TypeError 例外 92

U

ucwords() 関数 27
Unicode 305
unset() 関数 67

$_SESSION からキーと値を削除 217
UPDATE コマンド 157
 quote() と strtr() の正しい使用 174
 WHERE 句 158
 WHERE 句におけるワイルドカード 172
 構文 158-159
 プレースホルダの正しくない使用 173
URL
 cURL を使った包括的なアクセス 226-236
  GET メソッド 226
  HTTPS URL 232
  POST メソッド 229
  クッキー 230-232
 パス 203
 ファイル関数を使ったアクセス 221-226
US-ASCII 文字セット 305
use キーワード 109
UTC (協定世界時) 279
UTF-8 エンコーディング 305

V

VALUES キーワード 157
var_dump() 関数 246
VARCHAR 型 153

W

Web サーバ (Web server)
 PHP 組み込みサーバ 299
 PHP を使う 5
 デバッグメッセージをエラーログに送信 246
 ユーザアカウントとパーミッション 181
Web サイトとサービスとのやり取り (talking to websites and services) 221-237
 API リクエスト 233-236
 cURL を使った包括的な URL アクセス
  226-233
 ファイル関数を使った URL アクセス
  221-226
Web ブラウザ (Web browser)
 Web サーバとの通信 1-4
 エラーメッセージの表示 239
Web プログラミング (Web programming) 6
Web ホスティングプロバイダ (Web-hosting provider) 313
WHERE 句

DELETE 160
quote()とstrtr()の正しい使用 173
SELECTクエリ 167
UPDATE 158
　ワイルドカード 172
　演算子 168
　サブミットされたフォームデータや外部入力を
　　使う 171
while()構文 50
　1行ずつファイルを読み込む 186
　SELECTクエリ 166
　フォームの出力 52
Windows
　Composerのインストール 281
　PHPエンジンのインストール 315
　エンコーディング 305
　ファイルのオープン 186
WordPress Packagist 286

X

XDebug 271
Xdebugデバッガ 248
XHProf 271
XML 303

Y

Yahoo! Weather API 299

Z

Zend Debugger 248
Zend Framework 291, 295
　　コントローラ 296
　　ビュー 297

あ行

アクセサ（accessor） 107
アクセス権（visibility） 106
アサーション（assertion） 257
　　IsolateValidationTest 261
アサーションメソッド（assertion method） 258
アプリケーションフレームワーク（application
　framework） .... フレームワークを参照
アポストロフィ（'） 161

依存関係（dependency） 284
インスタンス（instance） 97
宇宙船演算子（spaceship operator、<=>） 49
エディタ（editor） 241
エラー（error）
　$errors配列 122
　cURLリクエスト 227
　exec()によるデータの挿入 155
　PDO警告エラーモード 156
　PDOサイレントエラーモード 155
　チェック 191-194
　ファイルアクセス関数を使ったURLの取得
　　... 226
　フォームデータのサブミット 120
　ログインとユーザID 214
エラーメッセージ（error message） 103
　PHPエンジンに生成させる 239
　行数 242
　フォームのエラーメッセージを表示 121
　ブラウザに表示 239
　ヘッダ 218
　無効なユーザ名とパスワード 215
演算子（operator）
　SQL WHERE句 168
　優先順位 30
大文字小文字（case）
　SQL 149
　キーワードと関数名 15
　変数名 32
　文字セット 307
　文字列操作 27
　文字列の比較 25
大文字と小文字の区別（case sensitivity） 15
オブジェクト（object） 97-110
　JSONオブジェクトをPHPオブジェクトに
　　変換 223
　拡張 104-106
　クラスの定義 98
　コンストラクタを使った初期化 100
　作成と使用 98
　静的メソッド 100
　データベースの行の取得 169
　名前空間 108-109
　プロパティとメソッドのアクセス権 106
　例外 101-104
オブジェクト指向プログラミング（object-oriented
　programming） 97

か行

改行 (newline)
 fwrite() 関数 187
 nl2br() 関数 144
開始タグと終了タグ (start and end tag) 12, 218
開発環境 (development environment) 269
返り値 (return value) 10, 77
 返り値型の宣言 92
 関数から値を返す 82
 取得 83
 別の関数に渡す 85
課題管理 (issue tracking) 269
カラム (column)
 定義 152
 データベースカラムの一般的な型 153
環境 (environment) 269
 構成情報をコードと分離 270
関数 (function) 77-96
 値を返す 82
 規則の適用 91-93
 宣言 78
 名前 78
 引数を渡す 79
 ファイルにまとめる 93-95
 フォームの処理 118
 変数スコープ 87-90
 呼び出し 78
 呼び出し前後での関数の定義 80
キー/値のペア (key/value pair) 55
キーワード (keyword)
 名前 15
 ホワイトスペース 13
疑問符 (quotation mark)
 PHP 対応エディタによるデバッグ 241
 文字列を括る引用符のエラーのデバッグ 243
逆順にソートする関数 (reverse-sorting function)
.... 71
行数 (line number) 243
クッキー (cookie) 199-205
 cURL 230-232
 セッション 200
 設定 200
 設定時のクライアントとサーバの通信 201
 ドメインの設定 204
 パスの設定 203
 パスを特定のディレクトリに設定 203
 有効期限 202
 有効期限の設定 202
 読み込み 200
国コード (country code) 309
クライアントサイド言語 (client-side language)
.... 3
クライアントとサーバの通信 (client/server
communication) 205
クラス (class) 97
 拡張 104
 コンストラクタ 100
 静的メソッド 100
 定義 98
 ファイルにまとめる 268
クラスプラットフォーム PHP (cross-platform
PHP) 5
グローバル Composer ディレクトリ (global
Composer directory) 303
グローバル変数 (global variable) 87
 $GLOBALS 配列を使った変更 89
 global キーワードにアクセス 89
クロスサイトスクリプティング攻撃 (cross-site
scripting attack) 131
 HttpOnly クッキー 204
警告 (warning) 240
警告エラーモード (warning error mode) 156
厳格注意 (strict notice) 240
 error_reporting の設定 240
言語コード (language code) 309
検証 (validation) 24
 関数を使ったフォーム処理 118
 日と月 277
 フォームデータ 120-133
  HTML と JavaScript 130
  構文以外 133
  数値範囲 125
  数値要素や文字列要素 123
  必須項目 122
  分離 260
  メールアドレス 127
  メニューの選択肢 128
 ログインフォーム 214
  ユーザ名とパスワード 215
厳密な型付け (strict typing) 93
降順 (descending order) 71
構成ディレクティブ (configuration directive)
.... 316-321

ini_set()による変更 319
　　php.iniファイルの変更 316
　　一覧 320
構成ファイル (configuration file) 270, 316
　　読み込み 270
構文強調表示 (syntax highlighting) 241
国際化とローカライゼーション
　 (internationalization and localization) 305
　　出力のローカライズ 310
　　テキストの操作 306-308
　　テキストのソートと比較 309
コマンドライン (command line) 299-302
　　PHP 299-303
　　PHP REPLの実行 302
　　Symfony 293
　　対話型シェル 299
　　プログラムを書く 299
　　　　PHP組み込みWebサーバを使う ... 302
　　　　コマンドライン引数 299
コメント (comment) 9
　　1行コメント 15
　　SQL 158
　　構成ファイル 270, 317
　　複数行 16
コンストラクタ (constructor) 98, 100
　　サブクラスに設置 105
　　呼び出し 100
　　例外を投げる 101
コンテントネゴシエーション (content
　 negotiation) 236

さ行

サーバサイド言語 (server-side language) 3
サーバとクライアントの通信 (client/server
　 communication) 201
最小値 (minimum) 26
サイレントエラーモード (silent error mode) ... 155
サブクラス (subclass) 104-106
算術演算子 (arithmetic operator) 29
　　変数の操作 32
時刻 (time)
　　構成要素 273
　　表示 273
辞書順 (dictionary order) 47
出力バッファリング (output buffering) 218
　　var_dump()出力をエラーログに送信 246

ショートオープンタグ (short open tag) 13
初期化式 (initialization expression) 52
真偽値 (boolean) 39-40, 91, 192
　　型の比較 123
シンタックスハイライト (syntax highlighting)
　 241
数値 (number) 29
　　さまざまな種類の数値の利用 29
　　算術演算子 29
　　数字と文字列の比較 46
　　フォームデータの数値範囲の検証 125
　　フォームデータの要素の検証 123
　　ロケールを意識したフォーマット 311
数値配列 (numeric array)
　　for()を使った反復 62
　　foreach()の使用 62
　　sort()によるソート 68
　　作成 58
　　多次元配列の反復処理 74
スーパーグローバル (auto-global) 90
スケーラビリティ (scalability) 271
スコープ (scope) 87-90
スタックトレース (stack trace) 103
ストリーム (stream) 224
ストリームコンテキスト (stream context) 224
　　HTTPヘッダを含む 224
　　methodオプション 225
スプレッドシート (spreadsheet) 148
整数 (integer) 29
　　フォームデータの数値範囲の検証 125
　　フォームデータの要素の検証 123
静的メソッド (staticメソッド) 98
　　定義 100
精度 (precision number) 26
セキュリティ (security)
　　SQLインジェクション攻撃 160
　　外部から提供されたファイル名の無害化 194
　　クッキーの設定 204
　　クロスサイトスクリプティング攻撃 131
　　パスワードをハッシュ化して格納 215
セッション (session) 200, 205-219
　　setcookie()とsession_start()がページの先頭
　　　 に来る理由 217
　　構成 209
　　情報の格納と取得 205-209
　　　　セッションデータの出力 208
　　　　フォームデータの保存 206

ページアクセス数のカウント 206
　　セッションの長さ 209
　　有効化 205
　　ログインとユーザID 211-217
セッションアイドル時間 (idle time for session)
　.. 210
絶対パス (absolute file path) 94
相対パス (relative file path) 94
ソート (sorting) 309
ソフトウェア開発で心得ておきたいこと (software
　engineering practice) 267-272
　　課題管理 269
　　環境と配備 269-270
　　スケーリング 271
　　バージョンコントロール 268
空の配列 (empty array) 60

た行

代入 (assignment)
　　代入演算をつなげる 40
　　テスト式 86
　　比較との違い 44
　　プロパティに値を割り当てる 99
タイムゾーン (timezone) 279
対話型シェル (interactive shell) 299
　　PHP REPLの実行 302
　　PsySHの実行 303
多次元配列 (multidimensional array) 72-75
　　作成 72
　　要素値の補間 75
　　ループ 73
短縮配列構文 (short array syntax) 57
単体テスト (unit testing) 255
致命的なエラー (fatal error) 240
注意 (notice) 240
データ型 (data type)
　　返り値型の宣言 92
　　型宣言 91
　　厳格な型付け 93
　　データベースカラム 152
　　引数型の宣言 91
データソース名 (Data Source Name：DSN) ... 150
データベース (database) 147-180
　　CSVデータのテーブルへの挿入 188
　　PHPとの連携 5
　　完全なデータ検索フォーム 174-179

　　完全なデータ挿入フォーム 162-165
　　異なる意味 148
　　取得した行の書式変更 169-170
　　情報の表示 11
　　接続 150
　　データ挿入フォームの例 162-165
　　データの書き込み 154
　　データの取得 166-169
　　データの整理 148
　　テーブルの作成 152
　　フォームデータの安全な取得 171
　　フォームデータの安全な挿入 160
　　ユーザ名とパスワードの取得 217
　　利点 147
データベース接続 (database connection)
　　PDO()による設定 11
　　構成ファイルの読み込み 270
テーブル (table) 148
　　DROP TABLEによる削除 154
　　作成 152
　　スプレッドシートとの比較 148
テキストエディタ (text editor) 241
テキストのソート (sorting text) 309
テスト (testing) 255-266
　　情報源 264
　　テスト駆動開発 (TDD) 262-264
　　テスト対象の分離 260-262
　　テストの記述 255-260
　　　　さまざまな状況を網羅 259
テスト式 (test expression) 41
　　forループ 52
　　if()構文 242
デバッガ (debugger) 247
デバッグ (debugging) 239-254
　　エラー出力場所の制御 239-240
　　パースエラーの修正 240-244
　　未捕提例外の処理 251
　　プログラムデータの検査 244-251
　　　　正しいファイルの編集 245
　　　　デバッガの利用 247
　　　　デバッグ出力の追加 244
デフォルト値 (default value)
　　関数 79
　　フォームの表示 133-135
等価演算子 (equal operator、==) 44
　　代入演算子 (=) との違い 44
　　文字列の比較 25

統合開発環境（integrated development environment：IDE）..........................241
　　　Xdebug 271
動的なWebサイト（dynamic website）..............vii
トークン（token）..242
ドメイン（domain）......................................204

な行

ナウドキュメント（now document）.....................35
名前空間（namespace）..............................108-109
　　　ディレクトリにまとめる 268

は行

バージョン管理（source control）........................268
　　　Composer 283
　　　Git 268
パースエラー（parse error）.............................239
　　　修正 240-244
　　　　　PHP対応テキストエディタ 241
　　　　　エラーメッセージに示される行数.........242
　　　　　文字列を括る引用符のエラー 243
パーミッション（permission）
　　　..................ファイルパーミッションを参照
バイト（byte）...20
配列（array）.................................9, 55-76
　　　JSON配列をPHP配列に変換 223
　　　PHP配列のインデックス 301
　　　基本 55
　　　サイズの洗い出し 59
　　　作成 56
　　　数値配列の作成 58
　　　ソート 68-72
　　　多次元配列 72-75
　　　データベースから取得した行を配列として
　　　　　返す 169
　　　変換した入力データ配列の作成 124
　　　変更 66-68
　　　命名規則 57
　　　要素ごとの配列の作成 57
　　　ループ 60-65
配列矢印演算子（array arrow operator、=>）.....99
パス（path）
　　　URL 203
　　　クッキーパスの設定 203
パス名（pathname）.......................................94

パスワード（password）.......................................211
バックスラッシュ（backslash：\）
　　　エスケープ文字.................................20-21
　　　トップレベル名前空間 109
パッケージ（package）
　　　Composerでインストールしたライブラリ
　　　　　の使用 282
　　　追加 282
　　　バージョン管理システムを使う 283
　　　プログラムへの追加 282
　　　便利なパッケージの検索 283
パッケージマネージャ（package manager）......281
ハッシュ（hash）
　　　データベースからパスワードを取得 217
　　　パスワード 215
バッファリング（buffering）...............................218
　　　fwrite()によるデータ書き込み 192
　　　output_bufferingディレクティブ 319
　　　var_dump()出力をエラーログに送信.........246
パディング文字（padding character）..................26
パフォーマンスの問題（performance issue）.....271
パラメータ（parameter）
　　　API URL...222
　　　cURL 227
　　　format=json 224
　　　キー 235
範囲（range）
　　　日付の表示範囲 278
　　　フォームデータの数値範囲の検証 125
判定（decision-making）..................................39
ハンドル（handle）.......................................226
ヒアドキュメント（here document）.......................9
　　　出力 23
　　　代入 31
　　　変数の補間 34
　　　文字列の定義 22
比較（comparison）.......................................39
　　　テキストの比較 309
比較演算子（comparison operator）...............39, 43
引数（argument）.......................................79
　　　2つの引数を取る定義の関数 80
　　　オプション引数.................................81
　　　型宣言 91
　　　コマンドライン 299
　　　デフォルト値 79
　　　引数値の変更 82
　　　複数のオプション引数 81

非推奨警告 (deprecation warning) 240
日付と時刻 (date and time) 273-280
 解析 275
 クッキーの有効期限 202
 計算 278
 構成要素 273
 タイムゾーン 279
 日時の出力 273
 日付や時刻部分の設定 276
 フォーマットされた日付文字列の出力 273
 フォームデータの日付範囲のチェック 126
未捕捉例外 (uncaught exception) 103
 処理 251
必須項目 (required element) 122
否定演算子 (negation operator、!) 49
ピリオド (period) 26
ファイル (file) 181-196
 CSVファイル 187-191
 外部から提供されたファイル名の無害化 ... 194
 クラスをファイルにまとめる 268
 正しいファイルの編集 245
 パーミッション 181
 ファイル全体の読み書き 182
 部分的な読み込みと書き出し 184-187
 別ファイルのコードの実行 93-95
ファイルの書き出し (writing file) 184
 CSVフォーマットデータ 188
 エラーチェック 191-192
 ファイルへのデータの書き込み 187
ファイルの読み込み (reading file) 182
 CSVファイル 187
 一度に1行 185
 エラーチェック 191
 構成ファイル 271
 部分的 184
ファイルパーミッション (file permission) 181
 検査 190
ファイルモード (file mode) 186
フェッチスタイル (fetch style) 169
フォーマット文字列 (format string) 25
 DateTime::format() 273
フォーム (form) 111-146
 $_SERVER配列の便利な要素 115
 PHPを使ってフォームを出力 9
 アプリケーションの例 136-144
 完全なフォーム 140-144
 フォーム要素表示のヘルパークラス
   136-139
 フォームを生成するPHPとHTML
   143-144
 安全な挿入 161
 関数を使った処理 118
 完全なデータ検索フォーム 174
 完全なデータ挿入フォーム 162-165
 セッションへのフォームデータの保存 206
 データ挿入フォームの例 162-165
 データの検証 120-133
 データベースからの安全な取得 171
 デフォルト値の表示 133-135
 パラメータの出力をvar_dump()を使って
  サブミット 246
 表示と処理 111
 ファイルに入るパラメータの無害化 195
 フォームパラメータへのアクセス ... 116-118
 ログインフォームの表示 212
符号 (sign) 26
浮動小数点数 (floating-point number) 29
 入力のフィルタリング 124
 比較 45
 フォームデータの検証 124
 フォームデータの範囲の検証 126
 フォームデータのフィルタリング 124
不等価演算子 (not equal operator、!=) 44
ブラウザ (browser) .... Webブラウザを参照
プリペアドステートメント (prepared statement)
  161
プレースホルダ (placeholder) 161, 171
 SELECTでプレースホルダを使わない例
   173
 UPDATEにおける正しくない使用 173
フレームワーク (framework) 291-298
 Laravel 292
 PHPフレームワークの選択 291
 Symfony 293
 Web開発 291
 Zend Framework 295
プロパティ (property) 97
 アクセス権 106
 値の割り当て 99
 矢印演算子でアクセス 99
プロファイラ (profiler) 271
ヘッダ (header) 217
 cURLオプション 227

HTTPリクエストに追加 224
HTTPレスポンス 233
エラーメッセージ 218
ストリームコンテキストを使ったHTTPヘッダ
  の送信 224
変数 (variable) 9, 19, 31
  PHP REPL 302
  値の代入 31
  関数から値を返す 82
  関数の内側と外側 77
  スーパーグローバル 90
  スコープ 87-90
  操作 32
  単一引用符で括った文字列 22
  名前 31
  配列 9
  配列を保持する変数の名前 57
変数置き換え (variable substitution)
  二重引用符で括った文字列 22
  ヒアドキュメント 23
変数の補間 (variable interpolation) 34
ホワイトスペース (whitespace)
  PHPコード 13
  文字列から取り除く 24
本番環境 (production environment) 270

ま行

マルチバイト文字 (multibyte character) 305
メール (email) 287-289
メールアドレス (email address) 127, 133
メソッド (method) 97
  アクセス権 106-108
  コンストラクタメソッド 100
  静的 98
  矢印演算子でアクセス 99
メッセージ (message) 310
文字セット (character set) 305
文字列 (string)
  explode()による配列への変換 68
  SQLクエリにおける文字列値 157
  substr()で文字列の一部を取り出す 27
  引用符のエラーのデバッグ 243
  結合 23, 40
  検証 24
  操作 306-308
  ソートと比較 309

テキストのフォーマット 25
テキスト文字列の定義 20
等価演算子で比較 25
配列 56
比較 46
  strcmp() 47
  数字を含む文字列 46
フォーマットされた日時文字列 275
フォームの検証 123
部分文字列の抽出 306
変数の補間 34
マルチバイト 20

や行

矢印演算子 (arrow operator、->) 99
有効期限 (expiration)
  クッキー 202
    デフォルトの有効期限 203
  セッション 210
ユーザ名 (username)
  データベースからの取得 217
  ログインフォームの検証 215
優先順位 (precedence) 30
  テスト式の論理演算子 50

ら行

ライブラリ (library)
  Composerでインストールしたライブラリの
    使用 282
  パッケージマネージャを使わずに統合 281
ルーティング (routing) 292
  Laravel 292
  Symfony 294
  Zend 296
ループ (loop) 50-53
  多次元配列 73
  配列 60-65
例外 (exception) 101-104
  PDOエラーモード 155
  処理 103
  捕捉 103
  未捕捉例外の処理 251
連想配列 (associative array) 59, 169
  多次元配列の反復処理 73
  要素値によるソート 69

ローカライゼーション (localization) 305,
　　国際化とローカライゼーションも参照
　　出力のローカライズ 310
ローカル変数 (local variable) 87
ログアウト (logout) 217
ログイン (login) 211-217
　　セッションに追加 211
ロケール文字列 (locale string) 309-310
ロジックと判定 (logic and decision-making)
　　... 39-54
　　true と false 40
　　繰り返し 50-53
　　判定 41
　　複雑な判定 43-50
論理演算子 (logical operator) 43, 50

わ行

ワイルドカード (wildcard)
　　SELECTクエリで*を使う 167
　　エスケープ 172
　　チュートリアル 172

● 著者紹介

David Sklar（デイビッド・スクラー）
Googleのソフトウェアエンジニア。その前はNing社でプラットフォーム、API、PHPランタイム環境サンドボックスの構築を行っていた。ニューヨーク市在住。趣味は食べることと歩くこと。この趣味を2つ同時に行うこともある。著書に『Essential PHP Tools』（Apress）、『PHP Cookbook』（O'Reilly）がある。ブログはwww.sklar.com/blog。

● 監訳者紹介

桑村 潤（くわむら じゅん）
1980年代に就職してからプログラミングを学ぶとともに、科学技術関連の数値シミュレーションやソフトウェアシステムの開発に携わってきた。1995年ごろより、Plamo LinuxやPostgreSQLなどのオープンソースソフトウェア関連プロジェクトに加わり、現在は、日本PostgreSQLユーザ会理事を務めつつ、ソフトウェア開発の仕事に携わる。著書に『PHP5徹底攻略エキスパート編』（共著、ソフトバンクパブリッシング刊）、訳書に『Kerberos』、『入門PHPセキュリティ』（共訳、オライリー・ジャパン刊）などがある。

廣川 類（ひろかわ るい）
1996年頃からPHPを使い始め、マニュアルの翻訳や国際化などの活動に携わる。日本PHPユーザ会の設立メンバーの一人。著書に『PHP徹底構築』（ソフトバンクパブリッシング刊）などがある。

● 訳者紹介

木下 哲也（きのした てつや）
1967年、川崎市生まれ。早稲田大学理工学部卒業。1991年、松下電器産業株式会社に入社。全文検索技術とその技術を利用したWebアプリケーション、VoIPによるネットワークシステムなどの研究開発に従事。2000年に退社し、現在は主にIT関連の技術書の翻訳、監訳に従事。訳書、監訳書に『Enterprise JavaBeans 3.1 第6版』、『大規模Webアプリケーション開発入門』、『キャパシティプランニング―リソースを最大限に活かすサイト分析・予測・配置』、『XML Hacks』、『Head Firstデザインパターン』、『Web解析Hacks』、『アート・オブ・SQL』、『ネットワークウォリア』、『Head First C#』、『Head Firstソフトウェア開発』、『Head Firstデータ解析』、『Rクックブック』、『JavaScriptクイックリファレンス第6版』、『アート・オブ・Rプログラミング』、『入門データ構造とアルゴリズム』、『Rクイックリファレンス第2版』、『入門 機械学習』、『データサイエンス講義』、『グラフデータベース』、『マイクロサービスアーキテクチャ』、『スケーラブルリアルタイムデータ分析入門』（以上すべてオライリー・ジャパン）などがある。

カバーの説明

カバーの説明本書のカバーの動物はワシ（eagle）です。ワシは、タカ（falcon、hawk）と同じ猛禽類と呼ばれる種目に属しています。猛禽類には、獲物を切り裂くのに適した形状のくちばしと短く曲がったかぎ爪を持つタイプ、そして獲物に噛み付くことに適した形状のくちばしと獲物をがっちりつかむことのできる長い爪を持つタイプの2種類が存在します。ワシは前者のタイプです。

オオワシ（sea eagle）は、魚などの滑らかな表面を持つエサをしっかり捕まえるために適した特殊な爪を持っています。ワシは優れた視力を持ち、空中や高い止まり木からエサを見つけることが可能です。獲物を見つけたワシは急降下し、エサを捕まえ、再び飛び去ります。これらの動作は優雅なひとつの動作として行われます。ワシは、空中で捕まえた動物を引き裂き、重さを軽くするために食べることのできない部分を捨てて食べることが可能です。他の猛禽類と同様に、ワシはしばしば病気の動物、怪我をした動物を食べます。ニュージーランドと南極を除く世界中に50種類以上のワシが存在します。

すべてのワシは、地上よりはるか高くの樹木や岩棚に巣を作ります。巣には木の葉、草、毛皮、芝草などの柔らかいものなどが敷きつめられ、一組のつがいのワシが何年も同じ巣を使います。巣は毎年大きくなり、これまで見つかった最大の巣の大きさは直径3メートル、深さ6メートルにもおよびます。狩猟、農薬の使用量の増加、生息環境の縮小、エサとなる動物の減少により、ワシの多くの種が絶滅に瀕しています。

初めてのPHP

2017年 3 月22日	初版第 1 刷発行
2023年 4 月28日	初版第 5 刷発行

著　　　　者	David Sklar（デイビッド・スクラー）
監 訳 者	桑村 潤（くわむら じゅん）、廣川 類（ひろかわ るい）
訳　　　　者	木下 哲也（きのした てつや）
発 行 人	ティム・オライリー
制　　　　作	ビーンズ・ネットワークス
印刷・製本	日経印刷株式会社
発 行 所	株式会社オライリー・ジャパン
	〒160-0002　東京都新宿区四谷坂町12番22号
	Tel　　（03）3356-5227
	Fax　　（03）3356-5263
	電子メール　japan@oreilly.co.jp
発 売 元	株式会社オーム社
	〒101-8460　東京都千代田区神田錦町3-1
	Tel　　（03）3233-0641（代表）
	Fax　　（03）3233-3440

Printed in Japan（ISBN978-4-87311-793-5）
乱丁本、落丁本はお取り替え致します。

本書は著作権上の保護を受けています。本書の一部あるいは全部について、株式会社オライリー・ジャパンから文書による許諾を得ずに、いかなる方法においても無断で複写、複製することは禁じられています。